氢能与燃料电池产业应用人才培养丛书

氢气储存和运输

Hydrogen Storage and Transportation

山东氢谷新能源技术研究院　组编

邹建新　主编

机 械 工 业 出 版 社

氢气的储运方式主要有气态储运、液态储运、固态储运，目前应用最广泛的是气态储运，但是随着氢能产业的快速发展和技术的创新，液态储运技术和固态储运技术发展迅速。本书主要对氢气的储存方式和运输方式进行详细的讲解，结合最新的技术以及发展现状，对氢气储运的原理以及关键技术进行了详细分析，内容包括氢气储运技术概述、物理储氢技术、化学储氢技术、固态储氢技术、其他储氢技术、储运氢技术应用现状。

本书不仅可以作为高等院校、氢燃料电池研究机构和企业工程技术人才培养的专业教材和参考资料，而且可以直接服务于氢能产业的自主创新，推动了我国氢能汽车技术进步。

图书在版编目（CIP）数据

氢气储存和运输/山东氢谷新能源技术研究院组编；邹建新主编. —北京：机械工业出版社，2023.2（2024.4重印）

（氢能与燃料电池产业应用人才培养丛书）

ISBN 978-7-111-72574-9

Ⅰ.①氢…　Ⅱ.①山…　②邹…　Ⅲ.①氢能-储存②氢能-输送　Ⅳ.①TK912

中国国家版本馆 CIP 数据核字（2023）第 010455 号

机械工业出版社（北京市百万庄大街 22 号　邮政编码 100037）
策划编辑：舒　恬　何士娟　　责任编辑：舒　恬　丁　锋　何士娟
责任校对：李　杉　王　延　　封面设计：王　旭
责任印制：刘　媛
涿州市般润文化传播有限公司印刷
2024 年 4 月第 1 版第 2 次印刷
184mm×260mm · 10.75 印张 · 258 千字
标准书号：ISBN 978-7-111-72574-9
定价：69.80 元

电话服务　　　　　　　　　　　网络服务
客服电话：010-88361066　　　　机　工　官　网：www.cmpbook.com
　　　　　010-88379833　　　　机　工　官　博：weibo.com/cmp1952
　　　　　010-68326294　　　　金　书　网：www.golden-book.com
封底无防伪标均为盗版　　　机工教育服务网：www.cmpedu.com

编写委员会

指导委员会（排名不分先后）：

衣宝廉　中国工程院院士

陈清泉　中国工程院院士

彭苏萍　中国工程院院士

丁文江　中国工程院院士

刘　科　澳大利亚技术科学与工程院外籍院士，南方科技大学创新创业学院院长

张永伟　中国电动汽车百人会副理事长兼秘书长，首席专家

余卓平　同济大学教授，国家燃料电池汽车及动力系统工程技术研究中心主任

编写委员会（排名不分先后）：

主　任：张　真

副主任：贡　俊　邹建新　赵吉诗　缪文泉　戴海峰　潘相敏
　　　　苗乃乾

委　员：刘　强　潘　晨　韩立勇　张焰峰　王晓华　宋　柯
　　　　孟德建　马天才　侯中军　陈凤祥　张学锋　宁可望
　　　　章俊良　魏　蔚　裴冯来　石　霖　程　伟　高　蕾
　　　　袁润洲　李　昕　杨秦泰　杨天新　时　宇　胡明杰
　　　　吕　洪　林　羲　陈　娟　胡志刚　张秋雨　张龙海
　　　　袁　浩　代晓东　李洪言　杨光辉　何　蔓　林明桢
　　　　范文彬　王子缘　龚　娟　张仲军　金子儿　陈海林
　　　　梁　阳　胡　瑛　钟　怡　阮伟民　陈华强　李冬梅
　　　　李志军　黎　妍　云祉婷　张家斌　崔久平　王振波
　　　　赵　磊　张云龙　宣　锋

丛 书 序

当今世界正经历百年未有之大变局，新一轮科技革命和产业变革同我国经济高质量发展要求形成历史性交汇。以燃料电池为代表的氢能开发利用技术取得重大突破，为实现零排放的能源利用提供了重要解决方案。因此，我们需要牢牢把握全球能源变革发展大势和机遇，加快培育发展氢能产业，加速推进我国能源清洁低碳转型。

国际上，全球主要发达国家高度重视氢能产业发展，氢能已成为加快能源转型升级、培育经济新增长点的重要战略选择。全球氢能全产业链关键核心技术趋于成熟，燃料电池出货量快速增长、成本持续下降，氢能基础设施建设明显提速，区域性氢能供应网络正在形成。

"双碳"目标的提出，为我国经济社会实现低碳转型指明了方向，也对能源、工业、交通、建筑等高排放领域提出了更高的标准、更严格的要求。氢是未来新型能源体系的关键储能介质，是推动钢铁等工业领域脱碳的重要原料，是重型货车、船舶、航空等交通领域低碳转型最具潜力的路径，也是零碳建筑、零碳社区建设的必要组成。可以说，氢能的发展关系着碳达峰、碳中和目标的实现，也是推动我国经济持续高质量发展的战略性新兴产业、朝阳产业。

过去三年，我国氢能产业在政策的指引及支持下快速发展。氢从看不见的气体，渐渐融入看得见的生活：氢燃料客车往来穿梭在北京冬奥会、冬残奥会的场馆与赛区之间，一座座加氢站在陆地乃至海上建成，以氢为燃料的渣土车、运输车、环卫车在各地投入使用，氢能乘用车、氢能自行车投入量产，氢动力船舶开始建造，氢能飞行器开启了人们对氢能飞机的想象。2022 年 3 月，国家发展改革委、国家能源局联合发布《氢能产业发展中长期规划（2021—2035 年）》，提出到 2025 年，基本掌握核心技术和制造工艺，燃料电池车辆保有量约 5 万辆，部署建设一批加氢站；到 2030 年，形成较为完备的氢能产业技术创新体系、清洁能源制氢及供应体系；到 2035 年，形成氢能产业体系构建多元氢能应用生态，可再生能源制氢在终端能源消费中的比例明显提升。未来，氢能产业在以国内大循环为主体、国内国际双循环相互促进的新发展格局下，将迎来更广阔的发展空间。

科技是第一生产力，人才是第一资源，氢能产业的高质量发展离不开人才体系的培养。2021 年 7 月，教育部发布《高等学校碳中和科技创新行动计划》，次年 4 月发布《加强碳达峰碳中和高等教育人才培养体系建设工作方案》，均提到了对氢制储输用全产业链的技术攻关和人才培养要求，"氢能科学与工程"成为新批准设立的本科专业。《氢能产业发展中长期规划（2021—2035 年）》也提出，要系统构建氢能产业创新体系：聚焦重点领域和关键环节，着力打造产业创新支撑平台，持续提升核心技术能力，推动专业人才队伍建设。2022

年 10 月，中共中央办公厅、国务院办公厅印发《关于加强新时代高技能人才队伍建设的意见》，提出构建以行业企业为主体、职业学校为基础、政府推动与社会支持相结合的高技能人才培养体系，加大急需紧缺的高技能人才培养力度。

氢能产业的快速发展给人才培养带来挑战，氢能产业急需拥有扎实的理论基础、完整的知识体系，并面向应用实践的复合型人才。此次出版的"氢能与燃料电池产业应用人才培养丛书"由中国电动汽车百人会氢能中心邀请来自学术界、产业界和企业界的专家学者们共同编写完成，是一套面向氢能产业应用人才培养的教育丛书，它填补了行业的空白，为行业的人才建设工作做出了重要的贡献。

氢不仅是关乎国际能源格局、国家发展动向的产业，也是每一个从业者的终身事业。事业的成功要依靠个人不懈的努力，更要把握时代赋予的机遇，迎接产业蓬勃发展的浪潮。愿读者朋友能以此套丛书作为步入氢能产业的起点，保持初心，勇往直前，不负产业发展的伟大机遇与使命！

中国工程院院士
英国皇家工程院院士
世界电动汽车协会创始暨轮值主席
2022 年 10 月于香港

前　言

氢能作为来源多样、应用高效、清洁环保的二次能源，广泛应用于交通、储能、工业和发电领域。氢能的开发利用已成为世界新一轮能源技术变革的重要方向，也是全球实现净零排放的重要路径。伴随我国"双碳"战略目标的提出，氢能因具有保障能源安全、助力深度脱碳等特点，成为我国能源结构低碳转型、构建绿色产业体系的重要支撑，产业发展方向确定且坚定。

当前，氢能产业发展迅猛，已经从基础研发发展到批量化生产制造、全面产业化阶段。面对即将到来的氢能规模化应用和商业化进程，具有扎实的理论基础和工程化实践能力的复合型人才将成为推动氢能产业发展的关键力量。氢能人才培养是一个系统化工程，需要有好的人才政策、产业发展背景做支撑，更需要有产业推动平台、科研院所以及众多企业的创新集聚，共同打造产学研协作融合的良好生态。

2021年7月，教育部印发《高等学校碳中和科技创新行动计划》，明确推进碳中和未来技术学院和示范性能源学院建设，鼓励高校开设碳中和通识课程。2022年10月，中共中央办公厅、国务院办公厅印发了《关于加强新时代高技能人才队伍建设的意见》，明确提出："技能人才是支撑中国制造、中国创造的重要力量。加强高级工以上的高技能人才队伍建设，对巩固和发展工人阶级先进性，增强国家核心竞争力和科技创新能力，缓解就业结构性矛盾，推动高质量发展具有重要意义"。为贯彻落实党中央、国务院决策部署，加强新时代高技能人才队伍建设，同时结合目前氢能产业发展对人才的要求，中国电动汽车百人会氢能中心联合上海燃料电池汽车商业化促进中心、佛山环境与能源研究院、上海氢能利用工程技术研究中心、上海智能新能源汽车科创平台、山东氢谷新能源技术研究院等单位共同编制了"氢能与燃料电池产业应用人才培养丛书"。

本系列丛书包括《氢能与燃料电池产业概论》《制氢技术与工艺》《氢气储存和运输》《加氢站技术规范与安全管理》《氢燃料电池汽车及关键部件》《氢燃料电池汽车安全设计》《氢燃料电池汽车检测与维修技术》，丛书内容覆盖了氢能与燃料电池全产业链完整的知识体系，同时力图与工程化实践做好衔接，立足应用导向，重点推进氢能技术研发的实践设计和活动教学，增进教育链、人才链与产业链的深度融合，可以让学生或在职人员通过学习培训，全面了解氢能与燃料电池产业的发展趋势、技术原理、工程化进程及应用解决方案，具备在氢气制取、储运、加氢站运营、氢燃料电池汽车检测与维修等领域工作所需的基础知识与实操技能。

本书聚焦氢能的储存与运输方式，介绍了氢气储运技术概况及发展现状，详细阐述了高压气态储运、低温液态储运、富氢液态化合物储运、固态储运的技术原理及应用现状。储存与运输在氢能产业链中密不可分，是降低氢能终端应用成本的关键环节。本书编写的目的，就是让学生和氢能相关从业人员全面了解氢气储运方式、设备与材料，掌握氢能储运的相关知识与关键技术，具备从事氢能储运工作所需的基本技能。

丛书编写委员会虽力求覆盖完整产业链的相关要点，但新技术发展迅速，编写过程中仍有许多不足，欢迎广大读者提出宝贵的意见和建议，以不断校正与完善图书内容，培养出产业急需的高技能人才。在此特别感谢各有关合作单位的鼎力支持及辛勤付出。

希冀本套丛书能够为氢能产业专业人才提供帮助，为氢能产业人才培养提供支撑，为氢能产业可持续发展贡献微薄之力。

张　真

"氢能与燃料电池产业应用人才培养丛书"编写委员会主任

中国电动汽车百人会氢能中心主任　　山东氢谷新能源技术研究院院长

CONTENTS

目　录

第1章 氢气存储与运输概述

1.1 概论

氢（H）是一种化学元素，在元素周期表中位列第一位。氢主要以化合态形式出现，而通常情况下，氢的单质形态为氢气。氢气是已知密度最小的气体，由双原子分子组成，无色、无味，具有还原性，可从水、化石燃料等含氢物质中制取，是重要的工业原料及能源载体。氢气燃点低、爆炸区间广且扩散系数大，见表 1-1。因此，氢气发生泄漏后容易消散，且不易形成可爆炸喷雾，在开放空间下较为安全可控。氢气的热值较高，是理想的二次能源载体。

表 1-1 氢气、汽油蒸气、天然气对比

技术指标	氢气	汽油蒸气	天然气
爆炸极限（%）	4.1~75	1.4~7.6	5.3~15
燃烧点能量/MJ	0.02	0.2	0.29
扩散系数/(m^2/s)	$6.11×10^{-5}$	$0.55×10^{-5}$	$1.61×10^{-5}$
热值/（MJ/kg）	142	44	47.5

氢能是指以氢气作为原料、来源广泛、清洁无碳、应用场景丰富的可再生能源。作为新型能源之一，氢能拓展程度相对较低，但环保效果极佳，具有热值高、制取成本较低、零碳排放等多重优点，可用于储能、发电、交通工具燃料驱动、家用燃料等。因此，氢能也成为支撑可再生能源大规模发展、推动传统能源结构转型的理想媒介，是实现我国"双碳"目标的重要途径，也是我国能源安全的一道重要保障，以及交通、工业、电力、建筑等多领域实现大规模深度脱碳的重要方式，有助于拉动产业链上下游多环节共同发展、协同多产业共同进步、提供经济发展驱动力。

目前全球多个国家和地区已颁布了氢能产业发展路径图。例如，2020 年 4 月，荷兰

1

正式发布国家级氢能政策，计划到 2025 年，建设 50 座加氢站、投放 15000 辆燃料电池汽车和 3000 辆重型汽车；到 2030 年投放 300000 辆燃料电池汽车。2020 年 6 月，德国政府正式通过了国家氢能源战略，为清洁能源未来的生产、运输、使用和相关创新、投资制定了行动框架。2020 年 6 月，法国交通部长宣布支持一项在 2035 年实现绿色氢燃料飞机的计划。2020 年 7 月，欧盟发布了《欧盟氢能战略》和《欧盟能源系统整合策略》，希望借此为欧盟设置新的清洁能源投资议程，以达成在 2050 年实现碳中和的目标，同时在相关领域创造就业机会，进一步刺激欧盟在后疫情时代的经济复苏。美国、日本、韩国也将在已推出的氢能发展路线图基础上继续支持氢能产业的发展。2022 年 3 月，国家发展改革委和能源局联合发布了《氢能产业发展中长期规划（2021—2035 年)》，明确了氢能的三大战略定位：氢能是未来国家能源体系的重要组成部分；氢能是用能终端实现绿色低碳转型的重要载体；氢能产业是战略性新兴产业和未来产业重点发展方向。根据中国氢能联盟的预计，2020—2025 年间，中国氢能产业产值将达 1 万亿元，2026—2035 年产值则将达到 5 万亿元。

氢能产业主要分为制氢、储氢、运氢、加氢、用氢等环节，如图 1-1 所示。氢能供应体系，以实现绿色经济高效便捷的氢能供应体系为目标，中国将在氢的制储运加各环节逐渐突破。

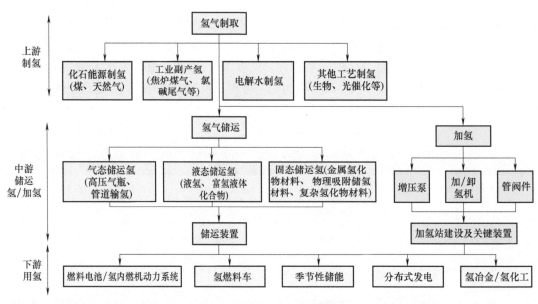

图 1-1 氢能产业的主要环节

1）制氢：化石能源制氢为目前主流，而电解水制氢是未来最具潜力的绿色制氢方式。

2）储氢：目前高压气储氢为主流，未来液氢、富氢液体、固体氢化物等先进储氢技术待突破。

3）运氢：与储氢方式紧密相关，气态储运、液态储运、固态储运等不同运气方式适宜不同应用场景。

4）加氢：加氢站为重要基础设施，到 2025 年我国加氢站建设目标为至少 1000 座。

5）用氢：氢气作为燃料，主要通过燃料电池或氢内燃机的方式转换成电能或动能，并用于氢燃料汽车、季节性储能、分布式发电等领域；或作为原料，用于氢冶金或氢化工等领域。

在氢能产业环节中，氢气的储存与运输是关键环节。根据储氢方式的不同，氢气的储存和运输可以分为高压气态储运氢、液态储运氢、固态储运氢，如图 1-2 所示。

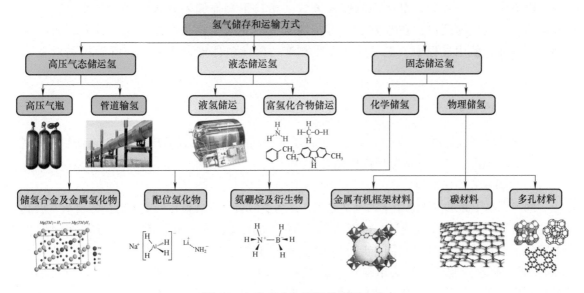

图 1-2　氢气储存与运输的主要方式

1）高压气态储运氢是指氢气以高压气态形式进行储存与运输的技术，氢气的储存密度与氢气压力直接相关。高压气态储运氢主要分为高压气瓶和管道输氢，前者将氢气储存在容器中进行运输，而后者则通过管道进行连续性运输。

2）液态储运氢是指氢气以液态氢或液态富氢化合物的形式进行运输的技术。液态储运氢主要分为液氢储运和富氢化合物储运，前者是将氢气降温至 −253℃ 液化成液氢进行储运，后者是将氢气储存在富氢化合物（如液氨、甲醇、甲苯、二甲基咔唑等）中进行储运，并通过催化加氢/脱氢的方式进行氢气储存和释放。

3）固态储运氢是指绝大部分氢固定于固态储氢材料中进行储存和运输的技术。固态储氢材料的种类繁多，大体可分为储氢合金及金属氢化物（如稀土基、Ti 基、Mg 基、V 基等）、配位氢化物（如 $LiAlH_4$、$NaBH_4$ 等）、金属氮氢化合物（如 $LiNH_2$、$LiAl(NH_2)_4$ 等）、氨硼烷及衍生物（如 NH_3BH_3、$LiNH_2BH_3$ 等）、金属有机框架材料（如 ZIF-8 等）、碳材料（如石墨烯、纳米碳管等）等。

目前，在众多储运氢技术中，高压气瓶储运是最为成熟的储运氢技术；管道输氢和液氢在国外已有较为成熟的应用，但是我国的工程应用相对缺乏；富氢化合物和固态储运氢技术处于产业化发展初期，只有少量示范应用。根据《氢能产业发展中长期规划（2021—2035年）》，我国未来的储运氢方式是高密度、轻量化、低成本、多元化的氢储运体系，多种储

3

运氢方式应根据应用场景的不同进行合理选择。

1.2 高压气态储运氢

氢气的存储是氢能使用过程中的关键环节之一，高压储氢是指在氢气临界温度以上通过增压的方式将其以高密度气态形式存储在压力容器中，以便于氢气的运输与使用，是现阶段最普遍、最直接、最成熟的储氢方式。相较于其他储氢方式而言，这种方法不仅成本低，充放气速度快，在常温下即可实现氢气的充放及相关充放速率的调节，而且在储存、运输、使用过程中，氢气并未发生相变，因此整体能量损失少，所需相关设备数量也较少。

1.2.1 高压气瓶

根据高压储氢容器的不同使用要求，高压储氢可分为固定式高压储氢和移动式高压储氢（车载轻质高压储氢和运输用高压储氢）。

（1）固定式高压储氢

固定式高压储氢主要应用于加氢站储氢，是为适应氢气大规模、低成本储存的要求发展起来的。据 H2stations.org 的统计，截至 2020 年底，全球共建成加氢站 553 座，其中约 430 座加氢站采用高压储氢技术。同年底，中国共建有 118 个加氢站（不包括 3 个拆除的加氢站），投产率超过 85%，均采用高压储氢技术，其中大部分，如安亭加氢站、张家口加氢站、东华能源加氢站等采用 35MPa 的加氢标准，少部分如常熟丰田加氢站采用 70MPa 加氢标准，而其他国家地区大部分（如德国汉堡港口新城加氢站、美国加利福尼亚本田加氢站）等均采用 70MPa 的加氢标准。

氢气的存储是加氢站中最重要的一环，一般有两种存储类型：一种是使用较大容积的压力容器进行存储；另一种是采用小容积的压力容器组进行存储。加氢站站内储氢系统所用高压储氢容器主要分为无缝高压储氢容器和钢带错绕式高压储氢容器两种。其中，前者主要是 45MPa 大容积钢制无缝储氢容器，该类储氢容器组参照美国机械工程师协会（American Society of Mechanical Engineers，ASME）标准及 TSG 21—2016《固定式压力容器安全技术监察规程》的要求进行设计制造，主体材质为 4130X 高强度结构钢[1]，单个容器公称容积为 0.895m³。后者一般是大容积多层钢制高压储氢容器，例如浙江大学设计的容积为 1~20m³ 的 50MPa 与 98MPa 压力容器，具体参数见表 1-2。由于加氢站主要利用储氢容器和车载供氢系统间的压力差进行加氢，因此其最高设计压力等级通常与加注车辆车载储氢的压力等级相匹配，除了利用长管拖车作为 20MPa 移动储氢设施外，35MPa 加氢站站内最高固定储氢设计压力一般取 45MPa、47MPa、50MPa，而 70MPa 加氢站站内最高固定储氢设计压力一般取 82MPa、87.5MPa、98MPa、103MPa[2]。通常情况下，加氢站内所用的储氢容器采用低压（20~30MPa）、中压（30~40MPa）和高压（40~75MPa）三级压力进行储氢，有时氢气长管拖车也作为一级储气（10~20MPa）设施，构成 4 级储气的方式[3]。

表 1-2　大容积多层钢制高压储氢容器参数

规格	1	2	3	4	5	6	7
设计压力/MPa	98	50	50	50	50	50	50
容积/m³	1.0	5.0	7.3	10.0	13.0	15.0	20.0
内直径/mm	500	1200	1500	1500	1500	1500	1500
总长度/m	5.9	5.5	5.3	6.8	8.5	9.6	12.2
有效储氢质量/kg	50	114	210	288	375	432	576

（2）移动式高压储氢

在移动式高压储氢中，运输用高压储氢容器主要用于将氢气由产地运往使用地或加氢站，而车载轻质高压储氢则是为适应氢能汽车移动式供氢要求发展而来的。运输用高压储氢容器早期多采用长管拖车来运输，其由数个旋压收口成型的高压容器组成，氢气存储压力为 16~21MPa，整车运输氢气量一般不超过 380kg。为进一步增大单车运输氢气量，降低运输成本，国外部分研究单位开始将缠绕技术用于研制运输用高压储氢容器，并成功开发了相关产品。如 2008 年 Spencer 复合材料有限公司成功研制玻璃纤维全缠绕结构的低成本大容器高压储氢容器，挪威 Hexagon Lincoln 复合材料有限公司也成功开发出碳纤维缠绕结构大容积高压储氢容器，其工作压力为 25MPa，单台有效容积达 8.5m³，储氢量约 150kg。随后，该公司又研制出公称压力达 25~54MPa 的纤维全缠绕高压储氢容器，并将其应用于长管拖车，单车运输氢气量达 560~720kg。在我国，石家庄安瑞科气体机械有限公司生产的 20MPa 大容积钢质无缝压力容器应用较为广泛。

为保障氢燃料电池汽车的续驶里程，车载轻质高压储氢需在车用有限空间中最大限度地存储尽可能多的氢气，这便对车载高压储氢容器提出了更高的要求。2003 年美国能源部（Department of Energy，DOE）提出的车载轻质高压储氢单位质量和单位体积储氢密度要求分别为 6wt%[⊖] H_2 和 60kg H_2/m^3，但考虑到现有示范成果的技术基础、成本等因素，DOE 随后对这一目标做出了修正。现阶段 DOE 针对轻型燃料电池车辆车载储氢的技术指标目标为：到 2020 年，质量储氢密度（系统）达到 4.5wt%，体积储氢密度（系统）达到 30g/L；到 2025 年，质量密度（系统）达到 5.5wt%，体积密度（系统）达到 40g/L；最终质量密度（系统）要达到 6.5wt%，体积密度（系统）应达到 50g/L。为达到这一目标，车载高压储氢容器不仅要轻，而且储氢压力还要高。国外许多企业近年来已研制出多种规格型号的复合材料高压储氢容器，其高压储氢容器的设计制造技术已处于世界领先水平。日本汽车研究所已开发出储氢压力达 35MPa 和 70MPa 的复合材料高压储氢瓶，但 70MPa 气瓶的储氢能力较 35MPa 气瓶仅增加 60%，其极限储氢能力和密闭性能还有待进一步提高和完善。丰田最新款氢燃料电池车"Mirai 二代"所搭载的 70MPa Ⅳ型储氢瓶数量，从一代的 2 个变成 3 个（布置图如图 1-3 所示），储氢密度从 5.7wt%提升至 6.0wt%，储氢容量从 122.4L 提高至 142.2L，储氢量增加到 5.6kg。韩国现代公司的 Nexo 燃料电池汽车，也搭载了 3 个 70MPa 储氢瓶（布置图如图 1-4 所示），储氢容量为 156.6L，共储存 6.33kg 氢气，储氢质量密度为

⊖　wt%为行业通用单位，表示质量分数。

5.7wt%。在我国，车载储氢瓶的研发和设计工作开始于"十五"期间，相较于国外起步较晚。浙江大学化工机械研究所在国内率先试制成功了工作压力 40MPa，容积在 0.1~100L 的高压储氢瓶。同济大学开发了 35MPa 与 70MPa 的铝合金内胆复合材料储氢瓶，并已小批量应用于上汽研发的荣威 950 燃料电池轿车。此外，北京天海公司和北京科泰克科技公司分别开发的 54L 和 65L 铝内胆储氢瓶，储氢压力达到 70MPa。现阶段，国内只有一家企业弗吉亚斯林达取得了高压塑料内胆复合材料储氢瓶的生产制造许可，其余企业均处于探索阶段。

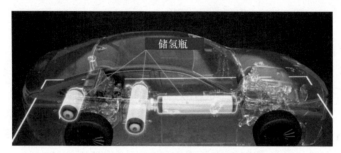

图 1-3 "Mirai 二代" 70MPa Ⅳ型储氢瓶布置图

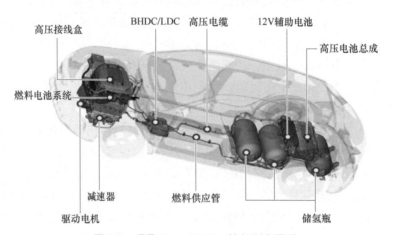

图 1-4 现代 Nexo 70MPa 储氢瓶布置图

在高压储氢技术实际运用中，值得注意的是，氢气在高温低压时可被认为是理想气体，通过理想气体状态方程 $PV=nRT$ 可计算其在不同温度和压力时的质量。然而，由于实际气体分子体积和分子相互作用力的原因，随着温度的降低和压力的升高，氢气将偏离理想气体的性质，范德华方程不再适用。实际气体与理想气体的偏差在热力学上可用气体压缩因子 Z 表示，定义为 $Z=PV/nRT$。从图 1-5 可看出，在 0℃时，氢气的压缩因子随压力的增加而增大，这意味着随着压力的增大，氢气越来越难被压缩[4]。因此，为达到更高的氢气储存

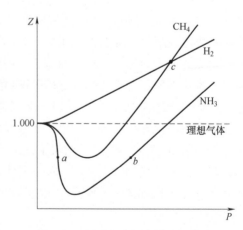

图 1-5 0℃时几种气体的 Z-P 曲线

量，实现 DOE 的技术指标或更高的质量储氢和体积储氢目标，将需要更高的储氢压力，这也对压力容器提出了更高的要求。在满足安全性的前提下，需通过改进储氢容器的材料和结构来进一步提高容器的储氢压力以增大储氢密度，同时降低储氢容器的成本，以满足商业应用。

高压气态运输是将氢气加压后储存在大容积压力容器内，将容器装载在交通工具上来运输。常温下气态氢的密度极低，高压容器能够装载的氢气质量通常只占运输设备总质量的 1%~2%，同时考虑到氢渗透带来的质量损失，运输的时空距离越长，经济性越差，因此高压容器运氢方式仅适用于短距离、小需求的陆路运输场景。

1）运输方式。高压气态氢气主要通过集装格与长管拖车运输。集装格是将多个小容积的工业钢瓶以直立或躺卧的形式集装在金属结构框架中，单个钢瓶容积约 40L，压力为 15~20MPa，通常有 12~28 瓶组不同规格。虽然这种方式的空间利用率低、质量运输效率低，仅适用于 50kg 以下氢气的运输，但胜在应用简单、灵活，且能够使用货车等常规车辆，一次性运输多个集装格。

长管拖车装载数个圆柱形无缝高压钢瓶进行运输，按照容器在拖车上的固定方式可分为捆绑式与集装箱式。捆绑式长管拖车的气瓶通过捆绑固定在半挂车上，两端依靠支撑板固定，由于省去了固定框架的重量，能够装载更多的容器，运输效率更高，但对公路的要求较高[5]，如图 1-6 所示。集装箱式长管拖车是将多个无缝压力容器头部连通，装配在标准的集装箱框架内，配备有相应的控制阀门、测量仪器、连接管道与安全装置，便于整体装卸，卸下的集装管束可直接作为加氢站的气源使用，集装箱式长管拖车现已成为氢气近距离运输的主要工具。

a）气瓶集装格　　　　　　　　b）集装箱式长管拖车

图 1-6　气态氢气运输方式

2）运输路径。气态氢通过长管拖车输送的路径如图 1-7 所示。集中式工厂生产的氢气可以通过管道输送到长管拖车装载终端；而在半集中式生产过程中，生产装置与配气站或城门站位于同一地点，制得的氢可利用配气站的装载间直接注入长管拖车，而富余的氢气则存入用于应对季节需求变化的储存系统。长管拖车将压缩氢气运至加氢站，利用压缩机从长管拖车中提取氢气，补充至加氢站的高压缓冲储存系统，用于车辆的加注。

3）发展及应用现状。目前，我国多数应用工作压力为 20MPa 的钢制大容积无缝压力容器长管拖车，材料为 4130X（CrMo 钢），单车可运氢 300~400kg，成本约为 2 元/kg，运氢的经济距离为 150km 以内[7]。一种常用的管束由 9 个工作压力为 20MPa、直径约为 0.5m、长约 10m 的钢制容器组成，共可充装氢气 3500Nm³[8]。钢制容器得到广泛应用的原因之一

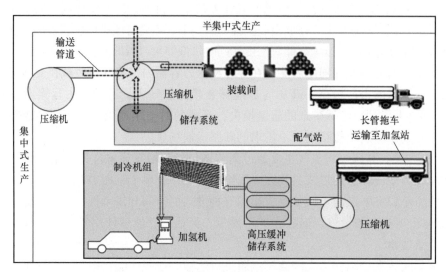

图 1-7　气态氢通过长管拖车输送的路径[6]

是其制造成本较低，但钢材密度大，且容易受到氢脆问题影响，如果要进一步提升工作压力，容器的壁厚与重量也要相应增加，受到道路承重的限制，难以进一步提升单程运载量。目前，用于指导高压气体道路运输的标准法规包括 GB/T 34542《氢气储存输送系统》系列标准、TSG R0005—2011《移动式压力容器安全技术监察规程》、GB/T 33145—2016《大容积钢质无缝气瓶》、NB/T 10354—2019《长管拖车》等，对于运输用大容积纤维缠绕压力容器还未有相应标准出台。

纤维缠绕压力容器相比钢制容器具有更低的密度、更薄的壁厚以及更高的强度，是提高氢气运输效率的有效技术手段。浙江蓝能已研发出 9 管的 20MPa 大容积Ⅱ型（钢内胆、碳纤维缠绕）管束箱并投放市场，充装质量达 549kg，与原有的 7 管Ⅰ型管束相比，充装质量提高 42.6%的同时整车质量降低了 14%。国际上，纤维缠绕压力容器已得到广泛使用，其中也包含Ⅲ型（铝合金内胆）与Ⅳ型（塑料内胆）容器，工作压力最高可达 50MPa，单车运氢量可达 700~1000kg[9]。国际上相应的指导法规包括美国交通部 DOT 标准、ISO 11120：2015《150~3000L 无缝钢质气瓶设计、制作和试验标准》、ISO 11515：2013《450~3000L 复合增强气瓶设计、制作和试验标准》、BN EN ISO 11114-4：2017《移动气瓶-气瓶和瓶阀材料与盛装气体的相容性》等。

4）面临挑战。当前长管拖车运输高压氢气仍面临一定技术难题：

①同加氢站内的高压容器一样，拖车使用的长管容器同样需要考虑压力循环、充装温升对其强度的影响。由于运输过程中车体发生振动，还需要考虑动载荷的影响，采取相应的减振措施。

②最小储存压力和压缩机的流量决定了加注所需的时间，需要对配气终端操作进行详细分析，以估计所需的压缩和储存压力以及最佳操作压力。

③为了在尽可能短的时间内对长管拖车进行加注，需要提高压缩机的压缩能力，而目前市面上缺乏具备足够大流量且能够可靠运行的氢气压缩机。

1.2.2　管道输氢

高压管道运氢是通过在地下埋设或地面架空的无缝钢管系统进行氢气输送，运输效率高、能耗低，适合长距离输送氢。高压管道被认为是向城市（日需求量>150t）内的大型加气站（日需求量>1000kg）供应氢气的成本最低的选择[6]。目前，高压输氢管道常用材料为钢，输氢压力为 1.0~4.0MPa，直径 250~500mm，其单位质量氢气的运输成本仅为 0.3 元/kg[7]，但管道建设所需投入的一次性成本巨大。

1）运输方式。高压管道的气体输送利用了管道进出口的压力差，在输送沿途因为气体本身的黏性和管道的摩擦造成压降，为了实现足够长距离的高效率的燃气输送，同时考虑管道的承压能力，需要限定管道输送气体的最低与最高压力，通常会采取每隔 80~100km 配备一个压缩站重新压缩氢气的方法来保证气体的高效率运输。而当不同工作压力的管道需要连接时，则需要设置降压站，通过节流阀降压实现并线[10]。

2）运输路径。运输路径如图 1-8 所示，集中式生产的氢气加压后通过长输管道送至配气站，配气站管网再将氢气输送至加氢站以及各类用户终端，通过半集中式生产的氢气直接经过配气管网输送。长输管道的运输距离长、氢气压力高、管径大，配气管道的运输距离短、氢气压力较低、管径较小。集中式生产的富余氢气可利用地下盐层、储水层、油气田等地质结构储存，以应对氢气的季节性需求变化。

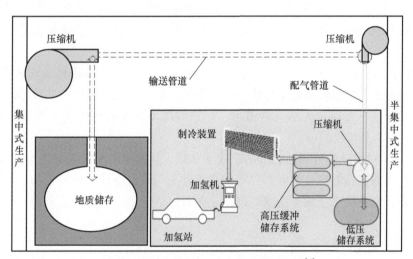

图 1-8　气态氢通过高压管道输送的路径[6]

3）发展现状。截至 2020 年 12 月，美国运营中的输氢管道里程约为 2500km，其中 90%位于得克萨斯州、路易斯安那州和亚拉巴马州的墨西哥湾沿岸，主要服务于该地区的炼油厂和合成氨厂。在欧洲已有约 1600km 的输氢管道，其中最长的管道穿过法国、比利时及荷兰，全长 1100km；2020 年发布的《欧盟氢能战略》和《欧盟能源系统整合策略》计划到 2030 年建成纯氢管网 6800km，2040 年建成 23000km，其中 75%由现有的天然气管网改造而来，25%为新建的氢气专用管网。德国预计于 2022 年建成一条长度为 130km 的绿色纯氢管道并投入使用，其输送的氢气将全部生产自可再生能源。与丰富的氢气长输管道建设经验相匹配，欧美地区的氢管道设计规范也相对完善，如美国机械工程师协会的 ASME B31.12：2014《氢用管道系统和管道》以及欧洲工业气体协会的 IGC DOC 121/04/E《氢气输运管道》等标准。

我国的氢气输送管道仍处于规划建设的初期，全国输氢管道累计长度仅约 100km，主要包括巴陵—长岭管道（42km）、金陵—扬子管道（32km）及济源—洛阳管道（25km），均用于为化学工业提供原料氢气。2021 年 7 月，中国石油天然气管道工程有限公司中标河北定州—高碑店氢气长输管道可行性研究项目，管道全长约 145km，是国内目前规划建设的最长氢气管道。《中国氢能产业基础设施发展蓝皮书（2016）》计划到 2030 年，我国将建成 3000km 以上的氢气长输管道。在标准规范方面，目前已有 GB/T 34542《氢气储存输送系统》系列标准对材料与氢的相容性、氢脆敏感性以及输氢系统的技术要求做了针对性的规定。受限于输氢专用管道建设的时间与经济成本，短时间内难以实现高压氢气的大规模管网输送。与输氢管道相比，我国运营天然气输送管道的经验要丰富得多，截至 2021 年，全国已累计建成天然气管道 11 万 km[11]，因此充分利用好天然气管网已有的设备与经验对氢气长输管道建设大有裨益。现阶段可采取在现有的天然气管道中掺入一定比例的氢气进行输送，或是将已有的天然气管道改造为输氢管道的方式，来探索管道运氢的技术要点与难点。

4）面临的挑战。目前，高压管道输送氢气的推广应用仍面临一定技术问题，包括：

① 高压、压力循环以及氢脆问题会影响管道钢材的耐久性。需进一步详细研究氢对结构材料的渗透机制，选择合适的材料、应用恰当的成型及热处理工艺来提高管道的寿命，降低维护成本。

② 管道沿线任意位置的泄漏都可能引发火灾、爆炸事故，导致整条输氢线路的故障，长距离输氢管道的泄漏监测依赖于低成本、高效率、精度高的长距离传感技术。虽然已有较成熟的泄漏检测技术应用在天然气管道上，但这些技术对于高压管道氢气的适用性仍有待研究。

③ 氢压缩机对组件的可靠性要求高、成本高昂，且其中的润滑剂可能会对氢造成污染。解决该问题的方案包括对膜片与密封件等特定组件进行改良设计，研发大功率、无润滑剂的新型压缩技术，以及研究低成本的氢气净化工艺等。

1.3 低温液态储运氢

低温液态储运氢技术是指将氢气从常温气态冷却至−253℃液化，并对液氢进行储存与输运的技术。氢气液化的理论能耗在 4~5kW·h/kg，而实际的低温工程中液化氢气的综合能耗在 6.5~20kW·h/kg 之间，这与氢气液化的规模有关：当氢液化的规模在 2t/天及以下时综合能耗超过 20kW·h/kg，而当氢液化规模在 150t/天时可降至 6.7kW·h/kg 甚至更低，10~30t/天氢液化工程的综合能耗在 10~14kW·h/kg 之间。这也是需要不断提高氢液化工程规模的重要原因，只有在大规模应用液氢时才具有经济性。一般来说，氢液化工程的经济平衡点在 8~10t/天，与可利用的电价和氢源有关。

液氢主要采用陆路或海上进行长距离运输。液氢槽罐车的单次运输能力在 2.5~3.3t，是 20MPa 长管拖车单次运输能力的 6~8 倍，且运输车的自重降低 30% 左右，因此液氢的经济运输距离可达 1000km 以上，如图 1-9a 所示。海上液氢运输是液氢储运的另一种重要途径，LH2 Europe 与 C-Job Naval Architects 合作设计开发了一艘 141m 的液氢运输船，该船由氢燃料电池提供动力，并将配备三个总容量为 37500m³ 的液氢储罐，足以为 40 万辆中型氢燃料汽车或 2 万辆重型氢动力货车补充燃料（图 1-9b）。

　　　　a) 液氢储罐及其槽罐车　　　　　　　　　b) 液氢运输船

图 1-9　低温液态储运氢

　　在液氢运输到加氢站后，如果面向 35MPa/70MPa 高压储氢的燃料电池汽车加注，可采用液氢泵增压然后汽化器复温（以环境作为热源，无需额外耗能）的方式，不仅压缩液体的液氢泵比压缩气体的压缩机节能，而且汽化器复温可以选择复温到 -40℃，可不必考虑高压加注膨胀温升的影响。因此即使液氢给 70MPa 高压车辆加注的综合能耗也不超过 2kW·h/kg，能耗优势明显。而在大功率长续驶里程的氢能重卡应用场景下，要求的车载储氢量达 50kg 以上，如果采用高压氢瓶，即使是 70MPa 氢瓶，也需要 5~8 个 250L 的大容积储氢瓶，而液氢瓶只需要一个 0.8~1.3m³ 的液氢燃料罐，其储氢系统的体积密度和重量密度远高于高压储氢系统。重卡的动力系统电堆功率超过 150kW，热管理系统采用水冷型强制冷却。在此系统中，车载液氢燃料也需要通过换热设备加热复温到常温，因此可以采用液氢冷能回收利用的方式来冷却大功率电堆，使得重卡电堆的设计可以更加紧凑、高效、长寿命。同时，液氢品质的优越性也是高压氢所不能比拟的，除了氢气之外所有的杂质气体遇到液氢都会凝固分离，因此液氢汽化后可直接获得超纯氢，这一品质可以从上游液化一直保持到终端进入电堆，对燃料电池汽车动力系统的长寿命、高性能保证具有重要意义。

　　总体来说，液氢的应用适合于大规模场景，其经济性体现在综合能耗的降低和储运、加注的经济性，以及终端的高密度储氢和高品质利用。终端车载液氢储氢更适合于重卡和船舶、列车、飞机等，在乘用车和中小型商用车车载储氢方面并不比高压储氢有优势。

1.4　富氢液态化合物储运氢

　　除高压气态储氢和低温液态储氢外，基于化学吸放氢反应的液体富氢化合物储氢技术以其具备储氢量大、能量密度高、液态储运安全方便等优点引起了氢能行业的关注。其不仅可用于长周期的季节性储氢，还可用于远距离输氢，以解决地区间能源分布不均的问题。该技术的瓶颈是如何开发高转化率、高选择性和稳定性的吸/脱氢催化剂，而通过制备高性能催化剂、设计结构合理的反应模式将可实现循环利用和低成本储运氢。本书将主要介绍目前研究广泛的液态有机储氢载体、液氨和甲醇三种储氢技术。

1.4.1 有机液体（LOHC）

液态有机储氢载体（Liquid Organic Hydrogen Carriers，LOHC）利用不饱和液态芳香族化合物和对应饱和有机物之间的加、脱氢反应来实现储放氢。常用 LOHC 物质包括苯（benzene）、甲苯（toluene）、萘（naphthalene）、咔唑（carbazole）、N-乙基咔唑（N-ethylcarbazole，NEC）、二苄基甲苯（dibenzyltoluene，DBT）等。LOHC 储氢技术具有较高的储氢密度（5~10wt%），在一定的反应条件下即可储氢，安全性较高，运输方便。其主要缺点是氢的吸放比物理储氢困难，存在副反应，循环使用稳定性低，需要配备额外的反应设备和氢分离纯化装置，放氢过程需要加热，高耗能导致成本增高。

1.4.2 液氨

液氨（NH_3）作为农业生产中重要的氮来源和化肥，由于富含氢且不含碳，具有极高的质量储氢密度（17.6wt%）和体积储氢密度（108g/L），而且运输成本低，储存和运输基础设施和运营规范已经存在。相比于低温液态储氢技术，氨在一个大气压下的液化温度（-33℃）要高得多，在 9 个大气压下的液化温度为 25℃，而且以"氢-氨-氢"的储氢方式耗能、实现难度及运输难度相对更低。利用氨作为化学储氢媒介的"氢经济"被命名为"氨经济"，目前正在引起更多的关注，其主要过程包含：氢与氮气在催化剂作用下合成氨，以液氨形式储运，液氨在催化作用下分解放氢后进行应用。要实现整个"氨经济"循环利用需要解决清洁能源基氨分解制氢、氢纯化技术和高效绿色合成氨催化技术，以避免电解水产氢储存和氢化合成与氨转化能耗问题。另外，合成氨储氢与氨分解制氢的设备与终端产业设备仍有待集成。

1.4.3 甲醇

甲醇（CH_3OH），是一种重要的化工原料和生物质能源载体，作为一种液相化学储氢物质，其具有较高的储氢质量密度（12.5wt%）和体积密度（99g/L）。由于与水催化重整反应后，可进一步从水中取得额外的氢气，甲醇单位质量的储氢密度可高达 18.75wt%。甲醇在常温、常压下是液体，储运方便，来源丰富且多元化，既可以来自传统化工行业，也可以通过可再生能源制备获得。甲醇储氢技术另一个重要的优势是，不需要另行建设加氢站（高压气氢或液/固态储氢），而是可以依托于现有加油站进行简单的改造和升级，将其变为兼具加注汽柴油和甲醇/水溶液的联合加注站。目前基于甲醇重整制氢的储氢技术主要瓶颈在于绿色甲醇的制取效率低、选择性低、制备成本高、能耗大和甲醇重整制氢反应器的效率低、高纯氢分离设备昂贵、运行成本高和寿命有限。

1.5 固态储运氢

固态储氢利用储氢材料将氢固化在材料中，与气态储氢和液态储氢相比，储运容器中仅存在极少量传统意义上的单质氢气，因此在氢储存和运输中具有安全性高、运维成本低等优势。常用的固态储氢材料主要有金属氢化物材料、轻金属配位氢化物、物理吸附材料等，储氢材料的充放氢压力从 0.01MPa 到 20MPa，充放氢温度从-196℃到 600℃均有，可根据不同应用场景选择合适的固态储氢材料体系。

从储氢机理来看，固态储氢材料分为物理储氢和化学储氢。物理储氢是一种通过依靠材料与氢气分子之间范德华力的相互作用进行吸脱附氢气的储氢方式，包括碳材料、沸石、金属框架材料、分子筛等。化学储氢机制是指储氢材料通过化学键将氢原子存储在体相内。基于化学机制的不同，固态储氢材料又可主要分为金属（合金）及其氢化物、配位氢化物与氨硼烷及其衍生物。依据放氢方式的不同，固态储氢材料还可分为热解放氢和水解放氢材料。其中，热分解放出氢气是固态储氢材料常用放氢方式，少部分储氢材料通过水解也能放出氢气，主要有硼氢化钠、氨硼烷和氢化镁等。常见的固态储氢材料如图 1-10 所示。

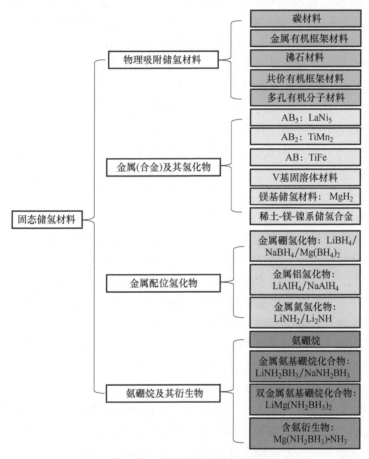

图 1-10　常见的固态储氢材料

固态储氢材料的使用场景包括分布式发电、氢燃料电池车、备用/应急电源、化工生产和加氢站等。基于不同的应用场景，以及氢燃料电池、氢冶金、氢化工等使用需求，固态储氢材料应关注储氢密度、吸放氢温度/速率、循环寿命、吸放氢能耗、活化性能以及成本等方面。

在分布式发电领域，固态储氢材料因其具有体积储氢密度较高、安全性高的特性，可以将太阳能、风电等一次能源转换为氢储存，从而适用于可再生能源消纳、电网调峰、灾害应援、家庭/楼宇氢利用系统等应用场景。2010 年，法国 McPhy 公司就已开发了利用镁基氢化物为储氢介质的 McStore 储氢系统，该系统目前在意大利的 INGRID 示范项目中用作储氢介质来实现电力调节。国内有研科技集团有限公司开发了储氢量 1000m³ 的 TiFe 储氢系统，未来应用于河北沽源风电制氢项目，可作为现场安全紧凑的氢气缓存，实现可再生能源消纳功能。

应急/备用电源具有储能密度高、结构紧凑、轻便易携带等特点。固态材料水解制氢系统可为应急/备用电源提供优良的氢源，水解制氢燃料电池的能量密度可达到传统锂离子电池的 2~3 倍，从而提供相同电量的燃料电池便携电源的重量只有锂电池的 $\frac{1}{3} \sim \frac{1}{2}$，方便使用者携带。早在 2001 年，Protonex 技术公司已为美国地面部队发展了一种硼氢化钠供氢的燃料电池电源。除此之外，Protonex 技术公司的无人机 ProCore 系统和韩国的无人侦察机都采用硼氢化钠供氢的燃料电池作为动力电源，分别可以运行 6~12h 和 10h 以上。2009 年，日本精工株式会社推出一款硼氢化钠供氢的 50W 便携式燃料电池。国内电源上海攀业氢能源科技有限公司基于硼氢化钠水解制氢应用于 -10~40℃ 的便携电源，额定功率为 200W。氢化镁的水解产氢密度可达 15.2wt%，基于水解开发的燃料电池系统具有能量密度高、安全性高、无污染等显著优点，可用于水下装备、备用电源、无人机等特殊装备。上海交通大学、上海镁源动力科技有限公司、上海宇集动力科技有限公司联合推出了氢化镁水解供氢的 50~200W 高能密度便携式燃料电池电源，可在 -40~50℃ 下工作，系统能量密度最高可达 600W·h/kg。

氢燃料电池车中，早在 20 世纪 80 年代，Mercedes Daimler Benz TN 310 厢式客车在柏林试运行，利用非化学计量比的 AB_2 型 $Ti_{0.98}Zr_{0.02}Cr_{0.05}V_{0.43}Fe_{0.09}Mn_{1.5}$ 储氢合金，配合压缩氢内燃机。日本丰田汽车公司于 1996 年将 Ti-Mn 合金用到燃料电池汽车上，其储氢装置的外形尺寸为 700mm×150mm×170mm，使用了 100kg 的 Ti-Mn 系储氢合金材料，储氢量为 2kg，每次充氢可行驶 250km。为进一步提高储氢量，2005 年丰田汽车公司又设计了一种新型的高压金属氢化物储氢罐。该罐以容积为 180L，耐压为 35MPa 的轻质复合容器为腔体，腔内填装 Ti-Cr-Mn 合金材料和内置式热交换器，罐体总重 420kg，储氢量达到 7.3kg。目前固态储供氢需求持续增加，未来，固态储氢材料基于其储氢密度、安全性优势适用于长距离、高能量密度需求的大中型客车、中重型货车车型等。

在氢化工中，氢冶金替代焦炭炼钢是高炉技术的革命性转变。2021 年 5 月，河钢集团在河北张家口启动"全球首例富氢气体直接还原示范工程"。2021 年 12 月，中国宝武在湛江钢铁开工建设全球首套百万吨级、具备全氢工艺试验条件的氢气竖炉直接还原示范工程及配套设施，可按不同比例灵活使用焦炉煤气、天然气和氢气。在固态储氢材料中，上海交通大学与氢储（上海）能源科技有限公司合作研制出我国首个 70kg 级镁基固态储氢装置原型，未来可用于氢的规模化存储与运输，并与宝武清洁能源有限公司合作开发了名为"氢行者"的"太阳能发电-电解水制氢-镁基固态储/供氢"撬装式一体化氢能源系统，来验证镁基固态储氢技术在氢能源及氢冶金工艺中的可行性。

在加氢站中，国内深圳市佳华利道结合低压合金储氢系统具有工作压力低、体积储氢密度高、安全性好、不需要高压容器和加压设备、可得到安全稳定性供氢的优点，在 2019 年

7 月首次在辽宁建成基于固态储氢合金加氢站。该低压加氢站无需高压压缩机和站内储罐，初始投资成本低，仅 300 万元，占地小，并且储氢合金能够无损回收利用，具有显著的优势，但目前也存在价格相对较高、重量较大等需要克服的问题。

1.5.1　储氢合金及金属氢化物

金属（合金）具有原子结构规则排布的特点，而其晶格间隙则用来作为空位储存氢原子。在一定温度和氢气压力条件下，一些金属材料能够大量"吸收"氢气，即与氢反应生成金属氢化物，同时放出热量。加热时，金属氢化物又会分解并将储存的氢释放出来。氢气的"吸收"和"释放"过程是可逆的，可以重复循环进行。金属的吸氢反应可分为以下四步：

1）在范德华力作用下，氢气首先被吸附于金属表面，在表面金属原子作用下，H_2 解离为 H 原子。

2）H 原子从表面向金属内部扩散，进入金属原子结构间隙。

3）随着体相中 H 原子浓度的持续增长，在金属晶格中开始形成 α 相固溶体。

4）氢原子浓度继续增加，其在 α 相固溶体中固溶度饱和后，发生化学反应，产生 β 相金属氢化物，氢化反应完成。

由于大多数金属氢化物吸氢反应是可逆反应，因此脱氢反应步骤是上述步骤的逆过程。目前研究和开发的储氢合金包括稀土系 AB_5 储氢合金、Mg 基储氢合金、AB_2 型 Laves 相储氢合金、AB 型 Ti 系合金、V 基固溶体储氢合金以及稀土-镁-镍储氢合金等。

储氢合金的现有开发技术成熟，包括感应熔炼法、机械合金化法、氢化燃烧合成法、等离子体气相法等，都适用于大批量工业化生产。在实验室中，为了得到性能更优越的纳米化储氢材料，原位浸渍法、熔融法、化学镀法、前驱体原位合成等是常见合成高性能储氢-催化剂-保护剂复合材料的方法。

稀土系 AB_5 储氢合金是最早实现应用的储氢材料，目前广泛应用于镍氢燃料电池中。$LaNi_5$ 稀土合金的优点是吸/放氢条件温和、速度快、易活化、对杂质不敏感，但由于 $LaNi_5$ 合金在吸氢后晶胞体积膨胀为 24%，导致材料易粉化、循环性能差。此外，高成本也限制了 $LaNi_5$ 的规模化应用。成分优化、结构调控和调节化学计量比是优化 AB_5 型稀土合金性能的常用工艺。永安行科技股份有限公司依托 AB_5 型储氢合金研发的氢能自行车，储氢 $0.5m^3$ 可续驶 70km，最高时速 23km。AB_2 型 $TiMn_2$、AB 型 TiFe 以及稀土-镁-镍系合金也是应用较广泛的固态储氢合金，其可逆储氢量都可达到 1.5wt% 以上。这三类合金的可逆储氢特性在可实用的范围内，且原料价格相对较低，资源丰富，在工业生产上占有一定优势。目前，国内的有研科技集团有限公司近年已开发了基于 $TiMn_2$ 系储氢合金的车载储氢系统，总储氢量 17kg，应用于氢燃料电池公交车，同时开发了储氢量 $1000m^3$ 的 TiFe 储氢系统，有望应用于河北沽源风电制氢项目，用于氢的安全存储。镁基储氢材料具有体积储氢密度大、工作压力低、安全性好等优点，可以大大节省安装空间，减少占地面积，特别适合对场所有严格安全限制的应用场合，如楼宇/园区/家用燃料电池热电联供系统、燃料电池备用电源、分布式氢储能系统等。固溶体合金主要指一种或几种吸氢金属元素溶入另一种金属形成的固溶体合金，不具有化学计量比或接近化学计量比的成分。在固溶体合金中，V 基固溶体合金具有较好的储氢性能。$Ti_{0.32}Cr_{0.43}V_{0.25}$合金的可逆容量为 2.3wt%，该合金具有很好的循环稳定性，1000 次吸放氢循环后，可逆容量仍保持在 2wt% 左右。目前，固态储氢应用技术还在持续发展和完善中，未来基于不同的储存和应用场景可选择不同的储运氢材料。

1.5.2 配位氢化物

配位氢化物是一种中心原子与氢原子以共价键的形式形成阴离子配位基团，再与金属离子形成的配位化合物，通式为 $A_x(B_yH_z)_n$，其中 A 代表金属（包括 Li、Mg、Ca、K、Na、Al、Zn、Zr、Hf 等），B 代表与氢形成配位基团的元素（包括 B、N、Al 等），x、y、z 和 n 代表原子的个数。配位氢化物主要包括铝氢化物、硼氢化物与氮氢化物，其理论质量储氢密度较高，但是配位氢化物在放氢过程中会产生 NH_3 等杂质气体，需通过吸附等方式提纯。

金属硼氢化物通式为 $M(BH_4)_x$，所带负电由 Li、Na、K、Be、Mg、Ca 等金属阳离子来补偿。在各种硼氢化物中，$LiBH_4$、$Mg(BH_4)_2$ 和 $NaBH_4$ 是关注的三种硼氢化合物。$LiBH_4$、$Mg(BH_4)_2$、$NaBH_4$ 的质量储氢密度分别为 18.4wt%、14.6wt%、10.6wt%，放氢反应复杂，通常需要高温条件下（>300℃）经过多步反应才能放氢，放氢速率较慢，且循环稳定性较差。改善硼氢化物储氢性能的方法主要包括：

1）热力学调控，包括元素替代和复合。

2）动力学调控，通过催化剂掺杂或原位反应生成的活性物质提供足够的活性反应点来提高反应动力学。

3）纳米化，通过减少颗粒尺寸、优化材料结构和纳米限域的方式，提高体系热力学和动力学性能。

目前 $LiBH_4$ 在实验室中已实现了可逆吸放氢，在 100 个循环后，样品的放氢容量仍接近 8.5wt%，达到目前硼氢化物研究中最佳的循环稳定性能。此外，$NaBH_4$ 是一种常用的水解放氢储氢材料。$NaBH_4$ 在常温、中性条件下，不需催化剂可以与水直接反应，生成氢气和偏硼酸钠。硼氢化钠水解制氢具有储存效率高、反应速度易控制、易储存、安全性高等优点，是作为备用电源的优选供氢材料。

铝氢化物中的 4 个 H 原子与 Al 原子通过共价作用形成 $[AlH_4]^-$ 四面体，而 $[AlH_4]^-$ 再以离子键与金属阳离子相结合成配位化合物，其典型代表有 $LiAlH_4$ 和 $NaAlH_4$。铝氢化物的储氢量为 7.4～10.7wt%，相较于硼氢化物分解温度较低，在经过催化剂改性之后，在 150℃ 即可完成放氢。其中，$NaAlH_4$ 在 100℃ 可逆吸放约 4.5wt% 的氢气，无副产物，氢气纯度高，且催化剂可用 Ni、Co 等非贵金属，成本相对较低，非常适用于车用低温氢燃料电池（80～200℃）供氢材料。但由于原料价格较贵，目前尚无 $NaAlH_4$ 的实际应用。金属氮氢化物是金属（如 Li、Na、Mg、Ca 等）离子与 $[NH_2]^-$ 或 $[NH]^{2-}$ 离子基团配位形成的化合物，其储氢量也较高（$LiNH_2$，约 8.7wt%），但热解时易产生 NH_3 等副产物，可逆性也较差，通常与其他氢化物结合来形成复合储氢体系，如 $2LiH-Mg(NH_2)_2$ 等。

1.5.3 氨硼烷及其衍生物

氨硼烷（NH_3BH_3）是最基本的 B-N-H 化合物之一，其理论含氢量高达 19.6wt%。氨硼烷分子中与 N 原子相连的 H 原子显现出正电性，与 B 原子相连的 H 原子为负电性。氨硼烷放氢方式可分为水解放氢和热解放氢。氨硼烷分子中含有 B—H、B—N、N—H 三种质子键，具有较高的热稳定性，因此分解过程需要很高的能量，所需的温度较高并且分解过程中容易产生乙硼烷等副产物。氨硼烷在水溶液中相对稳定，在无催化剂存在的情况下水解非常缓慢，在室温下需要合适的催化剂存在才能脱氢。脱氢反应的效率很大程度上也取决于催化剂的选择，目前适用于氨硼烷水解反应的催化剂包括贵金属、非贵金属-贵金属合金、非贵金属催化剂、负载型金属催化剂等。氨硼烷的衍生物主要包括金属氨基硼烷化合物、双金属氨基硼烷化合物和含氨衍生物等。这些衍生物相较于氨硼烷放氢温度明显下降，但由于其放氢反应过程复杂，会生成氨、乙硼烷等副产物，目前仍处于研发阶段。

1.5.4　物理吸附材料

物理吸附储氢是一种依靠材料与氢气分子之间范德华力的相互作用进行吸脱附氢气的储氢方式。在吸脱附过程中，氢气以 H_2 分子的形式存在，由于物理吸附通常为放热过程，并且氢与材料之间的结合力较弱，物理吸附储氢材料一般在低温条件下（一般为液氮的沸点 77K）吸附氢能力强。目前比较有代表性的物理吸附储氢材料包括碳材料、沸石、金属有机框架、共价有机框架、多孔高分子等。其中，碳材料对氢气进行吸附的相关研究在 20 世纪初就已经开始。碳材料在吸放氢过程中保持化学和热稳定的特点，可提高工作的可靠性，有利于其在储氢材料领域的应用，同时碳储量丰富、易加工、成本较为低廉，适合工业化和规模化的生产。金属有机框架材料（MOF）是一种金属离子为配位中心，有机酸根离子为配体的化合物，通过调控 MOF 的孔表面功能化可使其具备大量的强氢气吸附位点，从而具有更高的储氢容量。加州大学伯克利分校的研究人员开发了 Ni_2（m-dobdc），采用包装密度（0.366g/mL）计算体积储氢工作容量，该材料在 10MPa 下 $-75 \sim 25℃$ 温度区间内的体积储氢有效容量可达 23g/L。但是，目前物理吸附储氢条件仍苛刻，需低温环境才具有可观的储氢容量，同时储氢并低温保存也在一定程度上增加了氢气储存的成本，因此，物理储氢材料的研发应侧重于提高材料的工作温度。

1.6　各类储运氢方式的对比

对储运氢技术要求是安全、大容量、低成本以及取用方便。目前，具有产业化潜力的储运氢技术的对比见表 1-3。通过对比各类储运氢技术可以看出，高压气瓶储运氢技术目前最为成熟，应用也最广，但是储氢密度和安全性方面存在瓶颈；管道输氢技术则是成本最低的氢气规模运输方式，但是其对氢气运输规模要求高、固定投入成本极高，在氢能未大规模普及的时候，其应用受限；低温液态储运氢技术具有单位体积储氢密度大的优势，适合远距离氢储运，但目前储存成本过高，主要体现在液化过程耗能大，以及对储氢容器的绝热性能要求极高两个方面，而且液氢也无法避免地存在挥发现象，无法长时间储存；富氢化合物储运氢技术，由于其能耗、放氢纯度、催化剂寿命等问题，目前还未能大规模商业化应用；固态储运氢技术具有安全性高等优势，是未来重要的氢气储运方式，但是目前处于产业化初期阶段，技术相对不成熟。

表 1-3　储运氢技术的优缺点及目前主要的应用

储运氢技术		优点	缺点	应用情况
高压气态储运氢	高压气瓶	技术成熟、结构简单、充放氢速率高、能耗较低	储氢密度低、运输成本高、安全性低、大容量超高压碳纤维缠绕瓶成本高	小规模氢储运、车载储运氢系统，目前主流的氢储运方式
	管道输氢	运输体量大、超远距离的运氢成本低、能耗低	固定投入成本极高	国内管道输氢应用较少，需要解决运输需求的问题
液态储运氢	低温液态储运氢	储氢密度高、远距离运输成本低、纯度高	氢液化能耗高、储氢容器要求高、存在挥发	国外氢气远距离运输、重卡储氢系统、火箭推进器
	富氢化合物储运氢	体积储氢密度高、安全性相对较好、可长期储存、对容器要求低	能耗高、放氢存在副反应、操作条件苛刻	氢气跨海远距离运输
固态储运氢		体积储氢密度高、安全性好、能耗相对低、可长期储存、合金（尤其镁合金）成本低	系统质量储氢密度相对较低、技术相对不成熟	加氢站储氢、分布式发电储氢，处于产业化初期示范阶段

由于氢气的应用领域包括交通运输用氢燃料车、季节性储能、分布式发电、氢冶金、氢化工等领域，需要根据各个应用领域的特点选择合适的、经济性的氢气储运方式。在交通运输领域应用的氢能，利用燃料电池作为发电方式。与汽油机、柴油机等其他的常规能源利用形式相比，是否具有能源价格上的经济性，是未来氢能发展的关键技术经济指标。燃料电池系统可以达到45%~55%的燃料效率，并且可以与动力电池组合成混动模式动力总成，因此氢能源车与常规燃料汽车相比，有比较明显的能效优势。中国汽车工程学会发布的《世界氢能与燃料电池汽车产业发展报告（2018）》分析了乘用车和商用车的氢能耗[12]，通过整理公开渠道公布的燃料消耗进行比较，氢能汽车和其他乘用车的燃料消耗见表 1-4。从表中可以看出，氢能汽车的能耗水平低于纯燃油车，并且还有进一步降低的空间，在假定的 4 元/Nm^3 的氢气价格下，实际的燃料费用，氢能汽车低于汽油车，高于柴油车、天然气车和纯电动车。而在公交车、重型货车等应用场景中的能源费用，需要更为低价的氢才能满足和柴油货车的竞争。目前，财政部等五部门发布的关于开展燃料电池汽车示范应用的通知中给出氢气指导价≤35 元/kg H_2。因此，需要进一步降低制氢、氢储运和加氢等环节的成本，尤其是氢储运成本，从而使氢能源在供应终端尽快达到经济性拐点。

表 1-4　乘用车的能耗表

燃料消耗	氢轿车	柴油车	汽油车	电动车
燃料零售单价/元	4	6.21	6.4	0.8
百公里燃料消耗	10.58Nm^3 H_2	6.00L	7.7L	14.92kW·h
单位费用/（元/百公里）	42.29	37.26	49.28	11.94

氢气的储运是比较复杂的，现有和在研的具备工业应用条件的储运技术，包括高压气瓶、管道氢、液氢、富氢液态化合物、固态储运氢等技术，综合目前工业应用的实际情况，氢储运技术的关键指标比较见表 1-5。氢气的储运成本主要由固定成本、运行成本组成，固定成本包括储氢装备、运输装备和放氢装备的投资，运行成本主要包括充氢电耗、运输里程费和放氢电耗，即 6 个成本象限，见表 1-6。根据各种储运氢技术的特点，高压气瓶和管道两种方式的电耗较小，而液氢、富氢化合物和固态储氢运行时的电耗较高。这导致在短距离小规模输运时，高压气瓶是较为经济的方式；在中长距离运输时，液氢、富氢化合物和固态储氢则更具有竞争力；在超大规模超远距离运输时，管道氢是目前的最佳选择。但是这些储运氢技术也存在明显特点：高压气瓶存在单车储氢量低、高压安全风险高的问题；管道氢的固定投入成本极高，需要国家统一规划建设氢气管网；液氢的液化能耗过高，且易蒸发，无法长时间储存氢气；富氢化合物充放氢能耗高，需要贵金属催化剂，化合物本身多为有/微毒物质，存在环境污染、释放氢气不纯需要提纯等问题；固态储氢安全性高、可长时间存放，但是放氢能耗较高。因此，仍需根据应用场景的不同，来针对性地选择合适的储运氢方式。根据现有资料，规模在 2000Nm³/h 的供应能力的条件下，氢气运输的成本与运输距离的关系如图 1-11 所示。

表 1-5　现有储运氢技术对比表

储氢技术	高压气瓶	管道输氢	液氢储运	富氢液态化合物储运	固态储运
运输温度/℃	室温	室温	-253	室温	室温
运输压力/MPa	~20	4~10	<1	常压	常压
系统质量储氢密度（wt%）	约 1	—	5~9	5~7	4~7.6
系统体积储氢密度/(g/L)	约 18	—	40~60	40~60	50~75
单车运氢量/kg	300	连续	~3000	1300	1400
运输设备	长管拖车	管道	液氢槽罐车	液体槽罐车	金属罐车
充氢电耗/(kW·h/kg)	2	2	12~17	放热	放热
充氢压力/MPa	>20	4~10	~1	>1	1~1.5
放氢电耗/(kW·h/kg)	—	—	—	约 10	约 11
放氢温度/℃	室温	室温	室温	180~400	300~350
储运效率（%）	约 90	95	75	85	>90

表 1-6　氢能储运技术的成本象限及分析

固定成本	充氢端	运输端	放氢端	现状
高压气氢 20MPa	加压充装站	高压长管拖车	无	产业化
管道氢	加压设备	管道和增压设备	无	短距离
液氢	氢气液化厂	液氢槽罐车	液氢气化站	小型装置

（续）

固定成本	充氢端	运输端	放氢端	现状
富氢化合物	化合物加氢厂	液体槽罐车	催化脱氢厂	小型装置
固态氢	充氢装置	金属罐车	加热放氢装置	小型装置
运行成本	充氢端	运输端	放氢端	运载量
高压气氢 20MPa	运营及加压电耗	运输里程费	无	约 300kg
管道氢	加压设备电耗	管道增压电耗	无	连续
液氢	运营及液化电耗	运输里程费	无	单车约 3t
富氢化合物	运营	运输里程费	催化放氢电耗	单车约 1.3t
固态氢	运营	运输里程费	加热放氢电耗	单车约 1.2t

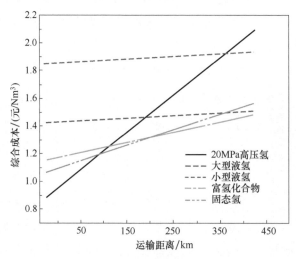

图 1-11　氢气储运距离和综合成本

　　短距离小规模的运输，高压长管拖车运输仍是主要方式，随着里程增加，其他的储运方式逐步显现经济性，但液氢由于目前过高的基础投资和液化能耗，更适合于大规模远距离输送。在 100km 的运输距离下，高压长管拖车的氢气综合储运成本约 1.2 元/Nm^3，随着氢气输送规模的增加，固态储氢和液体富氢化合物开始显现出中远距离的成本优势，有机液体储氢由于脱氢的化工属性和流体输送的特点，应该更适用于远程的海运场景，液氢则具有特殊的高纯优势和单车运输量，可能作为未来的大规模高品质应用。因此，短程的氢能分销场景，城市氢气管网、高压气氢和固态氢未来将成为相互补充的中短距离输送模式。管道输氢由于管道的基础投资大，属于连续的供氢系统，因此要求更高的输氢量。目前管道输氢都用于化工氢的供应，欧洲的大型管道输氢供氢量在 5 万 Nm^3/h 以上，规模超过其他运输方式，未来管道输氢将成为干线输氢的主要模式。

　　季节性储能支撑长时间、大规模、广域空间范围内的能量转移，是应对高比例可再生能源系统供能长时间歇的关键技术。分析固定储能成本一般可从投资成本和全生命周期成本两种角度出发。研究人员[13]分析对比了 2020 年和 2060 年，不同储能技术的储能平准化能源成本（Levelized cost of energy，LCOS），发现未来以锂离子电池、钠离子电池为代表的电化学储能技术有较大成本下降空间，并有望在 2040 年前成为成本最低的短周期（小时级）储能技术。而随着放电时长的拉长，各类储能技术的 LCOS 成本都上升，其中电化学储能的 LCOS 成本呈现加速上涨的趋势，而氢能、压缩空气和抽水蓄能的 LCOS 成本增长相对平缓。在季节性储能的应用场景下，目前电化学储能的 LCOS 是氢能的 6 倍以上，到 2060 年也接近 5 倍。因此，未来氢能是季节性储能的主要方式。而由于固态储氢材料、富氢化合物的可长期储存特点，是季节性储能领域潜在的储氢方式。

　　未来随着氢能技术的发展及其在交通、储能、工业、民用中的应用，可实现氢能支撑的统一社会能源体系，包括可再生能源输入、制氢环节（电转氢，Powder to hydrogen，P2H）、储氢环节（HS）、氢能转换环节（氢转电 H2P）、氢转气（H2G）、氢转氢（H2H）、氢转热（H2T），电、热、天然气、氢传输网络及负荷构成[14]，如图 1-12 所示。

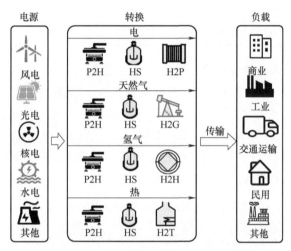

图 1-12　氢-电耦合的未来能源体系

　　1）电源：由太阳能发电、风电、水电、核电、氢气发电与生物质及其他可再生电源构成。其中，资源最丰富，开发技术最成熟的风电与太阳能发电具有不确定性，为保证风、光的利用率，发电机组耦合电解槽，将多余的电能转换为氢气。核电机组这类稳定可控的电源，承担电力系统负荷平稳部分（基荷），使其尽量在高效工况下运行，可节省系统燃料消耗，有利安全、经济运行。氢气发电稳定可控，水力发电具有预测可靠、快速响应与灵活调节等优点，可用于填补风、光间歇发电和负荷波动造成的电能缺失。氢-电耦合的能源系统中，风电与太阳能发电等间歇性电源占比较高，小时级电化学储能难以满足电力系统的稳定运行需求，通过电解水制氢将可再生能源电力转换成氢气并储存，电能不足时，存储的氢气通过燃料电池或氢燃气轮机发电，以满足用户对电能的需求，可实现日、月，甚至季节性储能，能够有效解决可再生能源消纳、平抑波动性和间歇性等问题。实现氢能支撑的电能系统可靠运行的基本模式：可再生能源电站-氢能系统（P2H-HS-H2P）-电网-电能用户。

2）热源：由电制热、氢制热、太阳能集热及地热等可再生热源构成。其中，太阳能集热与太阳能发电相似，具有间歇性；电制热可靠、清洁、稳定，是扩大区域电力消费，消纳富余电力，提高电气化水平的重要手段。氢制热是氢源锅炉直接燃烧氢气供热，或者联合烟气余热深度回收装置与氢能溴化锂热泵机组供热/冷，稳定可控，可用于补充太阳能集热间歇与热负荷波动造成的热能缺失。同时，热负荷是最具季节性波动的负荷之一，氢能支撑的热力系统可靠运行的基本模式：可再生能源电站-氢能系统（P2H-HS-H2T)-热网-热能用户。

3）气源：由电制气与天然气等清洁气源构成。其中，"电制气"包含：可再生能源电解水制的"绿氢"及"绿氢"耦合"煤/石油"生成天然气；"绿氢"与天然气被用于工业领域的化工产品生产、氢冶金以及交通运输等。工业与交通领域的气负荷波动受市场价格等影响。氢能支撑的气体系统可靠运行的基本模式：可再生能源电站-氢能系统（P2H-HS-H2G/H2H)-天然气/氢气管网-天然气/氢气用户。

1.7 氢储运过程的氢安全

氢安全是氢储运技术的重要因素，也是氢能大规模应用的前提条件。氢储运过程存在的典型风险因素见表1-7。储氢设备内胆、容器壁的腐蚀、氢脆、疲劳、氢气渗透等问题将造成储氢设备寿命下降，严重时会引起氢气泄漏事故。目前，我国已陆续建立了氢气储存输送系统安全的相关标准（GB/T 34542.1~GB/T 34542.3)，包括金属材料氢脆敏感度试验方法和金属材料与氢环境相容性试验方法。但相比国际及美国标准的系统性及完备性（表1-8)，我国相关标准仍需要不断完善。

表 1-7 氢储运过程存在的典型风险因素

典型过程	风险因素
储存过程	腐蚀和氢脆风险：临氢部件、管路和容器长期暴露在氢气环境，特别是当存储的氢气含有腐蚀性杂质或高温高压时，腐蚀和氢脆问题更为突出；氢脆一旦形成会使得容器储存安全性降低，最终导致氢气泄漏
	疲劳风险：高压储氢技术对金属内胆的高/低压疲劳要求高；镁基固态储氢技术涉及高/低温的热循环过程，对金属容器的疲劳寿命要求高
	氢气渗透风险：高压储氢技术，氢气在快速充装过程中会出现显著升温，对复合材料的树脂黏合剂产生影响，从而出现剥离现象，使得容器承载能力及使用安全性降低
运输过程	事故风险：运输过程的交通事故引发的意外
	高温风险：运输过程由于外部环境温度过高引起高压氢气压力增加，产生氢气泄露
装卸过程	装卸风险：储氢罐多次重复利用，产生细微裂缝或磕碰摩擦，发生氢气泄露
	氢气杂质风险：在高压氢气装罐的过程中，含杂质（氧气等）的氢气会留在储氢罐中，几次往复后若不及时检查余气，储氢罐中的氢气纯度会降低，致使氢气不纯而形成易燃混合气体
液化过程	汽化危险：氢气在-253℃温度下液化储存，一旦周围保温层破坏使得环境温度升高，会导致储存容器内部的液氢快速汽化，瞬间产生强大的压力，发生爆炸

表 1-8　氢气储存输送系统安全的相关标准

部分国际/美国标准	部分国内标准
国际标准 ISO 11114-4：2017《移动气瓶—气瓶及瓶阀材料与盛装气体的相容性》 美国标准 ASME BPVC Ⅷ. 3 KD-10《临氢容器的特殊要求》 美国标准 ANSI/CSA CHMC 1-2014《金属材料与高压氢气环境相容性试验方法》 美国标准 ASTM G142-98（2016）《高压或高温条件下金属材料与氢环境相容性的标准试验方法》	GB/T 34542.2—2018《氢气储存输送系统　第 2 部分：金属材料与氢环境相容性试验方法》 GB/T 34542.3—2018《氢气储存输送系统　第 3 部分：金属材料氢脆敏感度试验方法》

氢在受限空间内泄漏后，易发生氢气的积聚，形成可燃氢气云。氢燃烧范围宽，点火能量低，若泄漏后被立即点燃会形成射流火焰（氢喷射火）。因此，氢气的储存与运输过程，急需不断发展复合检监测技术、远程自动监测与安全大数据分析技术。此外，氢气的存储形式多样、环境与条件多变，安全操作与及时预警难以得到有效保障，急需形成氢气储运安全综合管理系统，如图 1-13 所示。

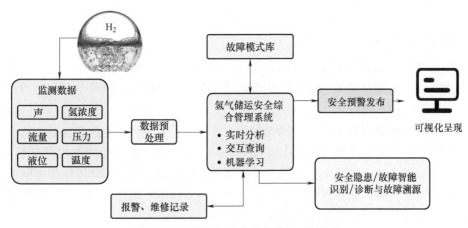

图 1-13　氢气储运安全综合管理系统架构

高精度、快响应、低成本的氢气传感器是氢安全的关键设备之一。氢气传感器是一种检测氢气并产生与氢气浓度成正比的电信号的设备。近几十年来，有许多不同类型的氢气传感器已经商业化或正在研发中。2015 年，美国能源部（DOE）设定了极具挑战的氢气传感器使用性能参数指标，包括浓度范围（0.1% ~ 10%）、工作温度（-30 ~ 80℃）、响应时间（<1.0s）、气体环境（相对湿度 10% ~ 98%）、使用寿命（>10 年）、市场价格（每单元 <40 美元）等。为了满足未来氢能发展的需求，除了降低传感器大小、成本和功耗外，应提高氢气传感器灵敏度、选择性和稳定性。目前氢气传感器主要有催化燃烧型传感器、电化学型传感器、电阻型传感器、光学型传感器等。

（1）催化燃烧型传感器

催化燃烧型传感器的工作原理是可燃气体与催化传感器表面的氧反应释放热量。催化燃烧型传感器由对可燃气体进行反应的检测片和不与可燃气体进行反应的补偿片 2 个元件构成，如图 1-14 所示。当存在可燃气体时，可燃气体在含催化剂的检测片表面发生催化燃烧（例如：氢气和氧气生成水），检测片温度上升使检测片内的热敏电阻增加。而补偿片不发生催化燃烧，其电阻不发生变化。这些元件组成惠斯通电桥回路，在不存在可燃气体的氛围中，可以调整可变电阻让电桥回路处于平衡状态。而传感器暴露于可燃气体中时，只有检测片的电阻上升，因此电桥回路的平衡被打破，表现出不均衡电压而被检测出来。该不均衡电压与气体浓度之间存在线性比例关系，因此可以通过测定电压而检出气体浓度。这一原理可用于检测包括氢气在内的任何可燃气体，且响应快速，计量准确，使用寿命长，但是需在有氧气的环境使用，选择性相对较差，且具有引燃爆炸的危险。

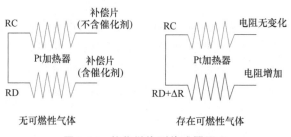

图 1-14　催化燃烧型传感器原理

（2）电化学型传感器

电化学型氢气传感器的工作原理是氢气与传感电极发生电化学反应引起电荷传输或电学性质的变化，传感器通过检测化学信号的变化实现氢气浓度检测。电化学型传感器可以分为两大类：电流型和电压型。

电流型氢气传感器在商业应用中比较常见，其通过对氢气进行电化学反应，从而产生与氢气浓度成正比的电流，主要由 3 部分组成（图 1-15）：第一部分是发生电子转移的电极，通常包括工作或感应电极、反电极；第二部分为电化学电池，包含固体或液体电解质，以允许离子在电极之间传输；第三部分为气体渗透层，覆盖感应电极的入口，并有助于限制氢和氧的扩散，从而使其成为决定速率的步骤。

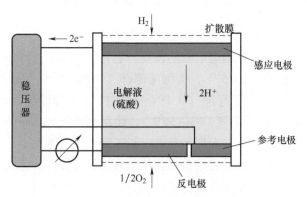

图 1-15　电流型氢气传感器结构示意

电压型氢气传感器结构类似于电流型氢气传感器，不同之处在于，电压型氢气传感器在零电流下工作，测量数值是感应电极和参考电极之间的电位差或电动势。这些电极通常由稀有元素如钯、铂、金或银制成。常用固体质子传导电解质，包括氧化铝、磷硅玻璃、氢化钠等。电化学型传感器具有低功耗和室温操作的优点，并具有良好的重复性和抗干扰性，但仍存在一些缺点，包括使用寿命仅 2 年左右、温度范围有限、选择性小、对环境条件（压力）敏感。相比之下，电压型氢气传感器的响应与氢气浓度呈对数关系（在较高浓度下精度较低），而电流型氢气传感器与氢气浓度是线性关系（灵敏度更高）。

（3）电阻型传感器

电阻型氢气传感器的感应机理是：当传感器暴露于氢气中时，氢气的吸附和渗透会改变传感器中氢敏材料的电阻，并且当氢气从氢敏材料中脱离时，氢敏材料的电阻会再次发生改变。电阻型氢气传感器主要分为半导体金属氧化物型和非半导体型（即金属或合金型）两种类型。

半导体金属氧化物型氢气传感器将半导体特性的金属氧化物层（如掺杂的氧化锡、氧化锌、氧化钨）沉积在加热器上，升温至约 500℃工作（图 1-16）。工作原理是环境中的氧气吸附在金属氧化物层时，该吸附层具有较高的电阻率。当氢气扩散到传感层并与氧反应后，吸附在半导体金属氧化物表面，吸附层的电阻率降低且下降值随氢气浓度的增加而增加。大多数半导体金属氧化物型氢气传感器灵敏度高，平均响应时间在 4~20s 之间，氢气测量浓度范围在 $10^{-5}~2\times10^{-2}$，然而单一的金属氧化物的响应速度难以满足实际需求，并且单一的金属氧化物对氢气的选择性较差，对氢气缺乏敏感性，极易受到 CO、CH_4、醇等还原性气体干扰。为了提高其选择性，可以掺杂对氢气选择性好的贵金属（Pt、Pd、Au 等）或过渡金属（Zn、Mn、Cu 等）来解决这一问题。半导体金属氧化物型氢气传感器虽然具有许多优点，但其适合在较高温度的工作环境中使用，不能在常温下使用，这导致其功耗较高，并且工作中易产生电火花，不适合易燃易爆等场所的氢气浓度检测。

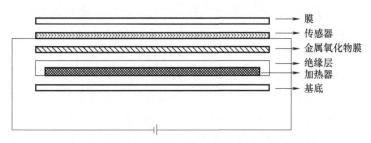

图 1-16　半导体金属氧化物型氢气传感器结构示意

非半导体型传感器一般采用金属氢化物作为氢敏材料，尤其是基于 Pd 的电阻式氢气传感器因工艺简单、成本低、灵敏度高、响应时间短及在室温下工作等优点而受到广泛研究，被认为是目前最先进的氢气传感器。室温下 Pd 与氢气进行可逆反应，从而形成电阻率高于 Pd 的氢化钯 PdH_x。通过检测基于 Pd 传感器的电阻信号，实现氢气的定量检测。

（4）光学型传感器

光学型氢气传感器利用光学变化来检测氢气，根据工作原理的不同，通常分为光纤氢气传感器、声波表面氢气传感器、光声氢气传感器 3 类，其中光纤氢气传感器具有本质安全性、耐腐蚀、适合遥感、抗电磁干扰等突出优势，已成为研究的热点。光纤氢气传感器利用光纤与氢敏材料（钯薄膜、氧化钨薄膜、镁基薄膜等）结合，当氢敏材料与氢气反应之后，光纤的物理特性改变从而导致光纤中透射光的光学特性发生变化。通过光纤技术测量薄膜的透射率、反射率等物理参数的改变实现对氢气浓度的检测。光纤氢气传感器是最具前景的氢气传感器之一，其不仅可以在常温下使用，而且使用光信号进行检测，无需加热，避免了爆炸的可能。在某些特殊场景下，选取适当波长的光和光纤，可以实现远距离检测，更安全实用。

目前，氢气传感器仍面临许多挑战：

① 氢气响应和恢复时间应进一步加速到 1s 以下。

② 进一步提高低浓度下氢气的敏感性，以检测早期阶段的氢气泄漏。

③ 提高各种气体混合物中传感器的氢气选择性，减少其他气体的影响。

④ 为了实现氢气传感器在各种环境条件下的稳定运行，应在不同的相对湿度水平（5%~98%）和温度（-30~80℃）下验证氢气传感器的可靠性。

⑤ 氢气传感器应稳定工作，可靠性高，6 个月内无明显的信号漂移。

课后习题

1. 若将氢气长管拖车作为一级储气，那么通常情况下，加氢站内所用的储气方式可分为（　　）级。

A. 1　　　　　　　　B. 2　　　　　　　　C. 3　　　　　　　　D. 4

2. 实际气体与理想气体的偏差在热力学上可用压缩因子 Z 表示，在 0℃时，随着压力的增加，氢气的压缩因子变化趋势为（　　）。

A. 先减小后增大　　B. 一直增大　　　C. 先增大后减小　　D. 一直减小

3. 氢气在 20℃、35MPa 压力下的压缩因子 $Z=1.225$，请计算在该条件下氢气的密度。在同一温度下，压力升高到 70MPa，$Z=1.459$，请计算氢气密度相对 35MPa 下提高了多少。

4. 基于目前的技术水平，150km 的运输距离，储运氢成本最低的是（　　）。

A. 液氢储运氢技术　　　　　　　　　　B. 20MPa 长管拖车

C. 富氢化合物储运氢技术　　　　　　　D. 固态储运氢技术

5. 根据高压储氢容器的不同使用要求，高压储氢可分为两大类，即_____和_____。

6. Mg 的储氢量最高可以达到 7.6wt%，其反应式为 $Mg+H_2=MgH_2$，该反应释放出 74.5kJ/mol H_2 的热量，放氢则为上述反应的逆过程，请计算存储每千克氢气需要多少质量的 Mg（原子量 24.3），MgH_2 释放每千克氢气需要多少热量？

7. 目前，我国多数应用工作压力为 20MPa 的钢制大容积无缝压力容器长管拖车，材料为_____。

8. 氢气传感器的主要种类有_____、_____、_____、_____。

9. 简述氢能的潜在应用领域。

参 考 文 献

[1] SURYAN A, KIM H D, SETOGUCHI T. Comparative study of turbulence models performance for refueling of compressed hydrogen tanks [J]. International Journal of Hydrogen Energy, 2013, 38 (22): 9562-9569.

[2] 郑津洋，马凯，周伟明，等. 加氢站用高压储氢容器 [J]. 压力容器，2018，35 (9)：35-42.

［3］ ELGOWAINY A, MINTZ M, KELLY B, et al. Optimization of compression and storage requirements at hydrogen refueling stations［J］. Proceedings of the Asme Pressure Vessels and Piping Conference, 2009, 5：131-136.

［4］ 天津大学物理化学教研室. 物理化学：上册［M］. 北京：高等教育出版社, 2017.

［5］ 王丽娜. 我国长管拖车的现状及安全使用［J］. 中国特种设备安全, 2011, 27（06）：51-53.

［6］ REDDI K, MINTZ M, ELGOWAINY A, et al. Challenges and opportunities of hydrogen delivery via pipeline, tube-trailer, liquid tanker and methanation-natural gas grid［J］. Hydrogen Science and Engineering：Materials, Processes, Systems and Technology, 2016, 35：849-874.

［7］ 中国氢能联盟. 中国氢能源及燃料电池产业白皮书（2019 版）［R］. 北京：中国氢能联盟, 2019.

［8］ 马建新, 刘绍军, 周伟, 等. 加氢站氢气运输方案比选［J］. 同济大学学报（自然科学版）, 2008（5）：615-619.

［9］ ELGOWAINY A, REDDI K, SUTHERLAND E, et al. Tube-trailer consolidation strategy for reducing hydrogen refueling station costs［J］. International Journal of Hydrogen Energy, 2014, 39（35）：20197-20206.

［10］ GONDAL I A. Hydrogen transportation by pipelines［M］. Amsterdam：Elsevier, 2016：301-322.

［11］ 国家能源局石油天然气司. 中国天然气发展报告（2021）［Z］. 2021.

［12］ 中国汽车工程学会. 世界氢能与燃料电池汽车产业发展报告（2018）［M］. 北京：社会科学文献出版社, 2019.

［13］ 刘坚. 适应可再生能源消纳的储能技术经济性分析［J］. 储能科学与技术, 2022, 11（1）：397-404.

［14］ 张红, 袁铁江, 谭捷, 等. 面向统一能源系统的氢能规划框架［J］. 中国电机工程学报, 2022, 42（1）：83-94.

第2章 高压气态储运氢

气态储运氢技术是指氢气以气体形式进行储运的技术，主流的气态储运氢方式主要有高压气瓶储运氢、管道输氢两种。高压气瓶储运氢是指采用高压容器进行氢气规模储存与运输的技术，而管道输氢是指采用中长距离的氢气管道输运氢气的技术。在气态、液态和固态储运氢技术中，气态储运氢技术是最普通和最直接的方式，通过减压阀的调节，即可直接释放出氢气，释放速度快且相对稳定。因此，该技术是目前最为成熟，应用最为广泛的技术。但是，高压氢气的压缩能耗高、对容器材料和制备技术要求高、氢气压缩机的成本与稳定运行、高压氢气的安全性是气态储运氢技术应用面临的关键问题。而且，尽管压力和质量储氢密度随着技术的进步提高了很多，但其体积储氢密度并没有明显增加。本章将介绍氢气高压储存的原理、制备及应用情况。

2.1 氢气高压存储原理

2.1.1 氢气增压原理

氢气在高温低压时可看作理想气体，通过理想气体状态方程

$$PV = nRT \tag{2-1}$$

来计算不同温度和压力时的质量。其中 P 为气体压力，V 为气体体积，n 为气体物质的量，R 为标准气体常数 $[8.314J/(mol \cdot K)]$，T 为热力学温度。理想状态时，氢气的体积密度与压力成正比。然而，由于实际气体分子体积和分子相互作用力的原因，随着温度的降低和压力升高，氢气越来越偏离理想气体的性质，范德华方程不再适用。使用修正的范德华方程：

$$P = \frac{nRT}{V-nB} - \frac{An^2}{V^2} \tag{2-2}$$

式中，A 为偶极相互作用力，或称为斥力常数（$a = 2.476 \times 10^{-2} m^6 \cdot Pa/mol^2$）；$B$ 为氢气分子所占体积（$b = 2.661 \times 10^{-5} m^3/mol$）[1]。

实际气体与理想气体的偏差在热力学上可用压缩因子 Z 表示，定义为 $Z = PV/nRT$，且氢

气的压缩因子随压力的增加而增大。

　　为正确地描述真实气体的性质，历史上曾提出过许多真实气体的半经验方程，著名的如范德华方程、Peng-Robinson 方程、Redlich-Kwong 方程、Beattie-Bridgeman 方程、Benedict-Webb-Rubin 方程、Martin-Hou 方程等。这些方程的形式一般由理论分析得到，方程中含有两个或多个与计算气体相关的常数，适用于不同的气体。此外，根据对比态原理又发展了各方程的对比态形式，此时方程中的常数不再随气体的不同而不同，而是为一定压力温度范围内的同类气体通用。

　　通过美国国家标准技术所（National Institute of Standard and Technology，NIST）材料性能数据库提供的真实氢气性能数据进行拟合，可得到简化的氢气状态方程：

$$Z = \frac{PV}{RT} = 1 + \frac{CP}{T} \tag{2-3}$$

式中，C 为系数（1.9155×10^{-6} K/Pa）[2]。在 173K<T<393K 范围内计算，最大相对误差为 3.80%；在 253K<T<393K 范围内计算，最大相对误差为 1.10%。

　　图 2-1 比较了几个不同状态方程计算的不同温度下氢气压力和密度的关系。

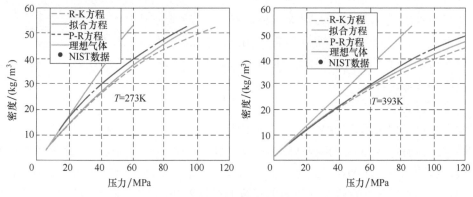

图 2-1　T=273K 和 393K 时氢气的压力和密度关系

2.1.2　氢气增压设备

　　氢气压缩机、高压储氢罐和加氢机是高压气态加氢站系统的三大核心装备。加氢站通过外部供氢和站内制氢获得氢气后，经过调压干燥系统处理后转化为压力稳定的干燥气体，随后在氢气压缩机的输送下进入高压储氢罐储存，最后通过氢气加注机为燃料电池汽车进行加注。

　　高压氢气一般由压缩机得到。压缩机可视作是增压泵，将系统低压侧的压力降低，并将系统高压侧的压力提高，使氢气从低压侧向高压侧流动。工程上，氢气的压缩主要有两种方式：一是直接用压缩机将氢气压缩至储氢容器所需要的压力后储存在体积较大的储氢容器中，二是先将氢气压缩至较高压力存储起来，需要加注时，先引入一部分气体充装，然后起动氢压缩机以增压，使储氢容器达到所需的压力。氢气压缩机有膜式、往复活塞式、回转式、螺杆式、涡轮式等各种类型，应用时根据流量、吸气及排气压力选取合适的类型。活塞式压缩机流量大，单级压缩比一般为 3∶1～4∶1；膜式压缩机散热快，压缩过程接近于等温过程，可以有更高的压缩比，最高达 20：1，但是由于流量小，主要用于需求氢气压力较高但流量不大的场合。

一般来说压力在 30MPa 以下的压缩机，通常用活塞式，经验证明其运转可靠程度较高，并可单独组成一台由多级构成的压缩机。压力在 30MPa 以上、容积流量较小时，可选择用膜式压缩机。膜式的优点是在高压时密封可靠：因为其气腔的密封结构是缸头和缸体间夹持的膜片，通过主螺栓紧固成为静密封形式，可以保证气体不会逸漏，而且膜腔是封闭的，不与任何油滴、油雾以及其他杂质接触，能保证进入的气体在压缩气体时不受外界的污染。这对于要求高纯净介质的场合，更显示出特殊的优越性。

氢气压缩机的结构包括基础部件（如曲轴箱、曲轴、连杆等）、缸体部件、柱塞部件、冷却器部件、安全保护控制系统以及其他附属部件。图 2-2 是型号为 D150Z750 型氢气膜式压缩机（功率为 37kW）。

加氢站用氢气压缩机为高纯无油氢气压缩机，是将氢源加压注入储气系统的核心装置，输出压力和气体封闭性能是其最重要的性能指标。从全球范围内来看，各种类型的压缩机都有使用。高纯无油氢气压缩机主要分为金属隔膜压缩机与高纯无油增压器压缩机。

图 2-2　D150Z750 型氢气膜式压缩机

（1）隔膜压缩机

隔膜压缩机又称为膜式压缩机，是一种特殊结构的容积式压缩机。气缸内有一组膜片，缸盖和膜片之间所包含的空间构成气体压缩室，膜片的另一侧为油压室。活塞在油缸内往复运动，膜片在油压、气压和自身弹性变形力的作用下来回折动，周期性改变气体压缩室的容积，实现对气体的压缩和运输。该压缩方式没有二次污染，对被压缩气体有非常好的保护，且具有压缩比大、密封性好、压缩气体不受润滑油和其他固体杂质污染的特点，适用于压缩高纯度、稀有贵重、易燃易爆、有毒有害及高压气体。然而其盖板的穹形表面为特殊型面，膜片容易损坏，因此加工、维护成本较高。此外，隔膜压缩机的排气量受制于压缩比和气腔容积而相对较小。

国内外生产中低压隔膜压缩机的厂家很多，但是能提供压力 45MPa 以上的厂家并不是很多。表 2-1 列出了可以提供用于加氢站的隔膜氢气压缩机的国内外相关企业。

表 2-1　加氢站用隔膜氢气压缩机的国内外相关企业

国家	品牌	制造厂家	备注
中国	天高	北京天高隔膜压缩机有限公司	为国内首个国产加氢站（北京绿能公司）提供隔膜压缩机，在国内已提供了七个加氢站的隔膜压缩机，且连续运行时间最长。国内唯一具备 90MPa 氢气隔膜压缩机开发经验
中国	恒久	江苏恒久机械股份有限公司	排气压力有 20~45MPa

（续）

国家	品牌	制造厂家	备注
中国	中鼎恒盛	北京中鼎恒盛气体设备有限公司	排气压力有 45MPa 和 70MPa 两种，45MPa 氢气隔膜压缩机单机最大流量达 2000Nm³/h
中国	京城	北京京城压缩机有限公司	与美国 PDC 签署了氢压缩机合作协议
英国	Howden	Howden Burton Corblin	主要为双螺杆工艺压缩机和单级离心鼓风机以及金属隔膜玉缩机和活塞压缩机
美国	PDC	PDC Machines Inc.	具有三层金属隔膜结构的氢气压缩机制造技术，输出压力上限超过 85MPa。加氢站用压缩机市场占有率高
德国	HOFER	Andreas Hofer Hochdrucktechnik GmbH	单机最高排气压力为 300MPa
美国	PPI	Pressure Product Industries	单机最大排气流量 680Nm³/h，最高排气压力为 200MPa

目前，隔膜氢气压缩机在国内外的加氢示范站大量使用，在国外主要是排气量 20kg/h 以下为多。国内加氢站所用的氢气隔膜机以排气压力 45MPa、排气量 41.6kg/h 机型为多，且主要为国内自主开发的隔膜压缩机。国家能源集团如皋加氢站采购的美国 PDC 的氢气隔膜压缩机，排气压力为 87.5MPa。国内针对 70MPa 加氢站用的氢气隔膜压缩机，目前只有北京天高和同济大学联合开发的 "863" 计划科研项目成果 90MPa 氢气隔膜压缩机样机，并在大连同新加氢站进行了示范运行，样机技术指标达到 70MPa 加氢站运行要求，但可靠性距离商业化应用有待进一步提高。

国内外加氢站所装备的隔膜压缩机都缺乏大规模高密度频繁加氢的应用案例，国内日渐增加的高密度加氢需求，为国内外氢气隔膜压缩机的可靠性验证提供了非常好的机会。

（2）高纯无油增压器压缩机

高纯无油增压器氢气压缩机也称液压驱动无油氢气往复活塞压缩机。标准设计产品最高排气压力为 100MPa。目前，此类型压缩机在撬装加氢站内用得比较多，主要规格为排气压力 45MPa，排气量 41.6~66.6kg/h（进气压力 12.5MPa，500kg/12h）；排气压力 87.5MPa，排气量 41.6~66.6kg/h（进气压力 28MPa，500kg/12h）。表 2-2 统计了可以提供用于加氢站的液驱柱塞氢气压缩机的国外相关企业。

表 2-2 加氢站用液驱柱塞氢气压缩机相关企业

国家	品牌	制造厂家
德国	MAXIMATOR	MAXIMATOR GmbH
德国	HOFER	Andreas Hofer Hochdrucktechnik GmbH
意大利	Idro Meccanica	Idro Meccanica srl
美国	HP	HYDRO-PAC, Inc.
美国	HASKEL	HASKEL International
荷兰	RESATO	RESATO International B. V.

（3）离子压缩机

离子压缩机的基本特征是使用某种离子液体代替活塞直接与被压缩工质接触完成压缩过程。目前离子压缩机还处在研发推广阶段，在国际上还没有形成统一的技术标准，各个压缩机厂商推出的离子压缩机结构也各有千秋。

德国 Linde 公司近年来推出了一款用于 90MPa 加氢站的离子压缩机，其结构如图 2-3 所示，采用液压系统推动气缸内的固体活塞运动，固体活塞上部注入离子液体，将活塞和被压缩的气体分隔开，这一设计将压缩系统与驱动系统通过固体活塞分隔开来。液压驱动系统中凸轮转动，依次驱动液压油进出气缸，液压油通过推动固体活塞进而驱使离子液压缩气体，实现压缩机的进气、压缩、排气、膨胀过程。离子压缩机本质上与活塞机相似，故可以做到相对高的转速与大缸径，实现大排量及高压力，并对加氢站频繁变化的宽工况具有良好的适应能力。其次，离子液体在气缸中除了作为压缩气体的介质，还兼具了密封与润滑的功能，解决了高压下传统活塞机润滑与密封的难题，且离子液体因其蒸气压极低而不会污染氢气。同时，由于液体的存在，提升了压缩系统的散热效率，可实现近似等温的压缩过程，降低压缩机排气温度，提高热效率。气缸中的离子液在压缩过程中能够改变边界，从而进入并填充阀腔通道等空间，可大幅度减小气缸的相对余隙，进而大大提高气缸的容积利用率，能够实现更大的单级压力比。

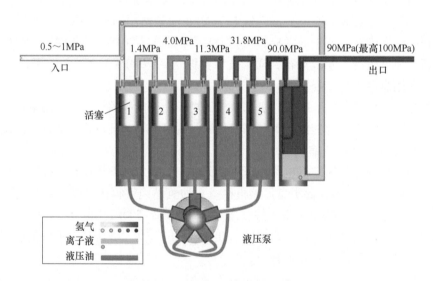

图 2-3　Linde 离子压缩机示意图

2.1.3　材料氢脆原理

（1）氢脆现象

压力容器的氢脆现象又称为白点，是指容器壁受到氢的腐蚀，造成材料的塑性和强度降低，并因此而导致的开裂或延迟性的脆性破坏。氢脆现象是由于材料缺陷中存在氢引起的，通常表现为延展性、韧性等力学性能的下降。

高温高压下氢以原子状态渗透进金属内部，在金属内部寻找可以积聚的高残余应力区域并在此处结合形成氢分子[2, 3]。此外，单原子氢还可以在空隙、掺杂、晶界、错位等缺陷位置形成原子键，从而导致内部压力增加产生气泡或开裂[4]。当金属内的氢气浓度达到临界压力时，就会发生氢致应力开裂。这种开裂机理可导致韧性钢在低于屈服应力的持续应力载荷下发生脆性断裂；通常易受这种机制影响的材料是碳钢和低合金钢。此外，氢脆也会导致金属材料的延展性下降，延展性损失的百分比直接取决于氢含量。

氢气在储运中最常用的材料之一是钢，在钢结构内部，氢会以质子的形式扩散[5]，进而对金属表面造成腐蚀。为了更好地理解氢脆原理，人们提出了诸如内压理论、氢增强局部塑形理论、氢增强脱粘脆化等理论来解释氢脆现象。其中，由 Zappfe 和 Tetelman 提出的内压理论被大众认可接纳。理论指出，在钢表面，氢原子被吸收，并在不同的结构位置聚集。在这些缺陷位置，原子氢可以结合并形成分子氢，这会增加局部内部压力产生的开裂，如碳化物、非金属夹杂物、晶界、位错、碳氮化物和其他高应力集中区域。当这些区域中的氢浓度产生的压力达到金属基体中的临界值时，就会产生裂纹[6, 7]。

氢脆取决于环境、材料成分和金属表面等因素。在环境因素中，气体压力、温度和其他条件是最重要的，因为它们在对现象的易感性中起主导作用。根据 Sievert 气压定律：

$$K = \frac{[\text{gas}]}{P_{gas2}^{1/2}} \tag{2-4}$$

式中，K 为平衡常数；$[\text{gas}]$ 为熔融金属中特定气体的质量浓度（wt%）；$P_{gas2}^{1/2}$ 为双原子分子形成的特定气体的分压。

可以假设氢脆的程度与氢气压力的平方根成正比。一般地，氢脆对温度和压力的敏感性很大程度上取决于材料本身，例如 Barthélémy 进行了一项调查以确定氢压力对高屈服强度钢的影响，观察到开裂阈值约为 60MPa，高屈服强度钢如果用于储氢，风险很高。相比之下，在 70MPa 高压氢气测试中，316 型和 A286 型钢表现出较好的性能。同样，现阶段也对其他金属材料（铝合金等）在高压下的储氢性能进行了探究。这些材料已被证明对氢脆有抵抗力，尽管在高氢压下观察到一定的强度损失，但它们的延展性却不会降低。

氢脆可以在很宽的温度范围内发生，但对于大多数材料来说，接近室温时对氢脆最敏感。当低于室温时，氢的扩散率太低而无法填充足够的截留位点，高于室温时，氢的迁移率增加，导致截留减少。对于一些铁基高温合金，由于它们的成分是从普通不锈钢演变而来的，因此在较低温度范围内倾向于表现出氢脆。在具有足够热活化能的高温下，氢反应脆化的可能性很高，氢原子与晶界中的某些成分或杂质发生化学反应。

Sugimoto 和 Fukai 进行了研究，他们计算了几种面心立方金属 Pt、γ-Fe、Cu、Au、Al、Ag 和 Ni，以及体心立方金属 Cr、α-Fe、Mo 和 W 的溶解度关于温度和氢压力的函数。对于氢与空位的相互作用，氢可以降低形成空位簇的生成能，在高温高压下促进空位过剩的形成。空位浓度可接近 10%~20%，最多可结合 6 个氢原子，这导致表观溶解度增加，并对扩散率产生影响。与其他缺陷位置相比，空位密度通常在较低的温度下相对较低；然而，金属的快速溶解会在裂纹表面附近产生大量的局部空穴，或者在裂纹尖端产生局部塑性变形[8]。

部件制造过程中的某些操作会导致金属吸收氢（例如焊接、电镀、酸洗等）。为了减少敏感金属中的氢脆，使用烘烤热处理以排出任何氢。同样，当环境允许阴极反应产生氢时，氢可以作为腐蚀过程的副产物出现，这会导致氢以原子形式解离并进入金属基体而不是分散在金属基体中。在这种情况下，开裂可能是由另一种称为应力腐蚀开裂的故障引起的。另一方面，如果钢基体中氢渗透的原因是由于硫化氢的存在，这种现象称为硫化物应力开裂。

（2）氢脆分类

1）环境氢脆：当金属浸入氢气气氛（例如储罐）中时，氢气可以被吸收或吸附，这会改变材料的力学性能，而不必形成第二相。材料所承受的应力在很大程度上决定了氢造成的影响，氢在室温下也会增加。

2）内部可逆氢脆：加工材料时，氢会进入基体，即使材料没有暴露于氢，也会导致结构失效。最显著的特征之一是内部裂缝显示出不连续的增长。这种类型的氢脆已在 $173 \sim 373K$ 的温度范围内以及平均 $10^{-7} \sim 10^{-5}$ 的氢气中观察到。在接近室温的温度下，内部可逆氢脆更为严重。

3）氢反应脆化：当材料的一种成分与氢发生化学反应形成气态氢气泡（称为起泡）或新相或微结构元素（例如氢化物）时，就会发生这种情况，并且通常发生在高温下。在这些条件下，这种现象通过出现起泡或膨胀而发生，由此材料变弱并开始开裂。

氢脆产生所必需的氢扩散现象可以在低温和高温下发生。在焊接过程中，在填充金属和母材金属之间会产生热影响区域，这是出现氢脆的关键点，即使母材金属不易受到这种现象的影响。在酸洗过程中，金属表面暴露于酸性、潮湿环境中，会发生腐蚀损坏，从而加速氢脆发生。

氢脆和应力腐蚀开裂有很多相似之处；然而，根本区别之一是阴极保护的行为，尽管阴极保护是最有效的腐蚀保护方法之一，但它并不能减少氢在金属中的扩散。

（3）不同材料的氢脆

1）不锈钢。在不锈钢的氢脆过程中，氢通过扩散过程进入晶界，与合金中的碳与铁结合，生成甲烷气体。由于生成的甲烷气体不移动而产生了巨大的压力增加，从而促进了裂纹的萌生。在使用铝以外的金属制造部件的核电站中，反应堆冷却剂的 pH 值保持在中性或碱性，以防止出现氢脆。

原子氢可在室温下被金属晶格吸收，通过晶粒扩散，并倾向于在夹杂物或晶格缺陷中积累。在这些条件下，产生的裂纹将是穿晶的。另一方面，在高温下，扩散的氢倾向于在晶界聚集，从而产生晶间裂纹。

当由于环境条件的变化而停止产生氢气且裂纹尚未开始时，被困的氢气再次扩散，从而恢复了材料的延展性，因此氢脆不是永久现象。

氢脆问题可以通过不同的控制方法得到解决，例如控制残余氢的量、减少制造过程中收集的氢量、研究抗氢脆的合金、开发抗脆化涂层，以及减少材料服役环境中存在的氢量。

2）碳钢。由于氢脆现象，在低于金属屈服强度的施加载荷下，结构元件会受到裂纹和脆性断裂的影响。图 2-4 显示了室温下碳钢中原子氢的吸收情况。吸收机制可能涉及氢的原子或分子形式。氢吸收后，氢通过金属块扩散并被捕获在晶界中形成气泡，这些气泡对金属晶粒施加内部压力，随着时间的推移而增加，并降低延展性和强度。

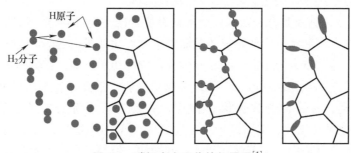

图 2-4　碳钢合金吸收的氢原子[1]

在结构元件的加工或装配操作过程中，富氢环境下的氢会在室温下扩散，例如酸洗用于清洁钢表面以去除氧化物，以及电镀等工艺。另外当金属暴露于酸或者发生腐蚀时也会产生氢脆。图 2-5 展示了镀锌螺栓钢的断口，其中单个晶粒发生沿晶断裂。

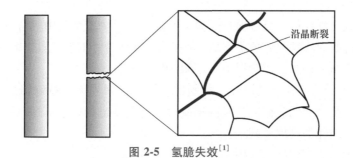

图 2-5　氢脆失效[1]

3）铝及铝合金。干燥的氢气环境对铝及其合金影响不大。氢气的主要问题是它与水分的接触以及通过铸造厂的熔化、铸造和凝固过程产生的充气空隙。这些空隙是材料缺陷，会影响铸铝和锻造铝的力学性能，例如延展性和断裂韧性。在从熔体冷却过程中，氢扩散到析出物和铸造缺陷中，由于氢在较低温度下在固体金属中的溶解度降低而产生裂纹。室温下的干燥氢气可承受高达 69MPa 的压力，并且在铝合金中不会产生显著的氢脆效应。然而，当高强度铝合金用氢进行电化学充电时，其延展性降低。铝合金在水介质上脆化的主要机制可能是硫化物应力开裂而不是纯氢脆效应。

4）铜及铜合金。铜和铜合金通常对氢脆不敏感，除非它们含有氧或氧化铜。含氧铜及铜合金在氢气介质中退火时，原子氢扩散并与氧化铜或氧气反应生成水，当温度高于 375℃时变为高压蒸汽。蒸汽会以裂缝和水泡的形式促进氢损伤，即使没有施加外部压力，也会降低铜的断裂韧性和延展性。

5）镍及镍基合金。镍和镍基合金具有可接受的高温强度、抗氧化性和抗热腐蚀性能。然而，并不是所有的镍基合金都具有良好的抗氧化等级，化学腐蚀环境并不一定意味着它们也不受氢脆的影响。作为一种元素，纯镍会被氢严重脆化。因此，大多数具有富镍成分的二元合金，例如镍铜、镍铁、镍钴和镍钨，在富镍区域会因氢而变得非常易于脆化。在一些富镍合金系统中，进行了相同的观察。例如，已知称为 K-Monel 1 的富镍合金会在高压下被氢脆化，但不受电解充电的影响，氢环境敏感性包括金属表面的裂纹萌生，在这种情况下，裂纹尖端的氢吸附导致裂纹扩展速率增加，进而引起脆化。

6）钛及钛合金。钛及其合金在水环境中具有优异的耐腐蚀性能，而这种较高的耐蚀性是由氧化条件下在空气和水中自然形成的薄而稳定的氧化钛膜引起的。然而，在外加电流的极端阴极充电下，这些钛合金中的一些在水性介质中经历了氢脆。在低到中等的阴极充电条件下，钛上自然形成的氧化钛膜可以有效地抑制氢吸收。然而，在高阴极充电电流密度下，这种保护膜会破裂，对钛合金失去保护作用，并使氢原子穿透钛块。处于近中性电解质（如海水）与金属（如锌、铝和镁）且温度高于80℃的环境时，会加速氢吸收和氢化物形成。在干燥的氢气环境中，随着温度和压力的增加，钛及其合金很容易吸收氢气。适度少量的氢化钛沉淀不会损害大多数应用，特别是在 $4 \times 10^{-5} \sim 8 \times 10^{-5}$ 的氢浓度范围内。然而，当温度高于250℃时，会迅速形成过量的氢化钛。这种类型的氢脆属于氢反应脆化类型；然而，在高温过程中，例如焊接或在氢气存在下的热处理，它也被某些行业认为是内部氢脆类型。

（4）氢脆预防

材料的氢脆敏感性评价，可以通过高温真空定氢技术测定金属中氢含量、氢在金属中的渗透率，以及通过断面收缩测定氢脆系数（0~1），所测的值越小，氢脆敏感性越小。

氢脆的预防措施有许多，现阶段有且不限于以下几种：

① 更换强度较低的钢和合金以降低氢脆的风险，但必须考虑特殊情形，以确保材料能够在整个过程中承受施加的载荷。如果高强度钢和合金是最佳材料选择，可以进行一些热处理以降低可能导致脆化的硬度和残余应力。

② 进行真空脱氢，通常在工业中用于去除钢中的氢。

③ 进行焊接后热处理。焊接后热处理通常在焊接后不久进行，以避免残余应力并调节操作条件和焊接程序之间的温度变化。

2.2 高压储氢装备技术

2.2.1 高压储氢装备分类

高压储氢装备是实现高压储氢技术的重要物质保障，它可凭借其足够高的设计强度容纳下高压氢气，并实现氢气的储存、运输与使用。为了更好地定义与描述高压储氢装备，现阶段可根据监管规程或制造材料对其进行分类。

（1）按监管规程分类

根据高压储氢装备的不同使用要求，结合 TSG 21—2016《固定式压力容器安全技术监察规程》、TSG R0005—2011《移动式压力容器安全技术监察规程》两大监管规程，可将其分为固定式压力容器和移动式压力容器两大类。为了保障压力容器的安全使用，预防和减少事故，保护人民生命和财产安全，促进经济社会发展，该类压力容器的设计、制造、安装等，都应满足相关监管规程中的要求。

《固定式压力容器安全技术监察规程》将固定式压力容器定义为安装在固定位置使用的压力容器，其主要适用于在该定义下同时满足以下条件的压力容器：

① 工作压力大于或等于 0.1MPa。

② 容积大于或等于 0.03m³ 并且内直径（非圆形截面指截面内边界最大几何尺寸）大于或等于 150mm。

③ 盛装介质为气体、液化气体以及介质最高工作温度高于或等于其标准沸点的液体。

在该规程中也对固定式压力容器进行了进一步划分，例如根据压力容器的设计压力划分为低压（代号 L，压力范围 $0.1MPa \leq P < 1.6MPa$）、中压（代号 M，压力范围 $1.6MPa \leq P < 10.0MPa$）、高压（代号 H，压力范围 $10.0MPa \leq P < 100.0MPa$）和超高压（代号 U，压力范围 $100.0MPa \leq P$）四个压力等级；根据危险程度划分为 Ⅰ、Ⅱ、Ⅲ 类（超高压容器属于第 Ⅲ 类），且该种划分类型的压力容器等同于特种设备目录品种中的第一、第二、第三类压力容器。在高压储氢中，该类高压储氢装备（即固定式压力容器）通常被应用于加氢站的氢气储存。

《移动式压力容器安全技术监察规程》将移动式压力容器定义为由罐体或者大容积钢制无缝气瓶与走行装置或者框架采用永久性连接组成的运输装备，包括铁路罐车、汽车罐车、长管拖车、罐式集装箱和管束式集装箱等。其主要适用于在该定义下同时满足以下条件的压力容器：

① 具有充装与卸载介质功能，并且参与铁路、公路或者水路运输。

② 罐体工作压力大于或者等于 0.1MPa，气瓶公称工作压力大于或者等于 0.2MPa。

③ 罐体容积大于或者等于 450L，气瓶容积大于或者等于 1000L。

④ 充装介质为气体以及最高工作温度高于或者等于其标准沸点的液体。

但值得注意的是，当罐体或气瓶为非金属材料制造时，该监管规程并不适用。针对此问题，现阶段由非金属材料制造而成的新型移动式复合材料压力容器，其设计、制造、安装等都需遵循《车用压缩氢气塑料内胆碳纤维全缠绕气瓶》中的相关规定。该标准是专门针对设计制造公称工作压力不超过 70MPa、公称容积不大于 450L、贮存介质为压缩氢气、工作温度不低于 -40℃ 且不高于 85℃、固定在道路车辆上用作燃料箱的可重复充装气瓶而设计的。在高压储氢中，该类高压储氢装备（即移动式压力容器）通常被应用于长管拖车、管束车以及燃料电池汽车等移动载具上的氢气储存。

（2）按照制造材料分类

根据制造高压储氢装备时使用的不同材料类别，共分为四种类型：Ⅰ 型（全金属压力容器）、Ⅱ 型（金属内胆纤维环向缠绕压力容器）、Ⅲ 型（金属内胆纤维全缠绕压力容器）、Ⅳ 型（塑料内胆纤维全缠绕压力容器），如图 2-6 和表 2-3 所示。

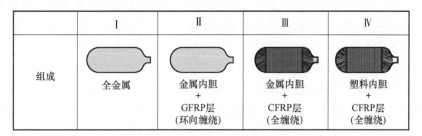

图 2-6　基于制造材料的高压储氢装备分类[9]

表 2-3　高压储氢瓶的类型与特点

类型	Ⅰ型瓶	Ⅱ型瓶	Ⅲ型瓶	Ⅳ型瓶
结构与材质	纯金属结构	金属内胆 纤维环向缠绕	金属内胆 纤维全缠绕	非金属内胆 纤维全缠绕
常用工作压力	10~45MPa	30~45MPa	30~90MPa	50~70MPa
常用材料	30CrMo 钢	30CrMo 钢 玻璃纤维增强	6061 铝合金 碳纤维增强	高密度聚乙烯 碳纤维增强
成本	低	一般	较高	较高
质量储氢密度	低	一般	较高	较高
常见用途	工业用气瓶 高压长管拖车 叉车储氢 加氢站储氢	高压长管拖车 加氢站用储氢	适合各种车辆的 车载储氢	乘用车储氢 高压长管拖车 加氢站储氢

Ⅰ型、Ⅱ型和Ⅲ型压力容器的内衬材料通常采用铝（6061 或 7060）或钢（不锈钢或铬-钼钢）制成。该部分可由 3 种不同的工艺进行制造[10]：

① 将板材通过深拉成型，形成凹形封头，再利用挤压或者旋压的方式对另一端收口。

② 将坯料加热后先冲压出凹形封头，后经过拉拔制成敞口的瓶坯，再按照挤压或者旋压的方法制成顶封头及接口管等。

③ 利用无缝管材，直接将两端通过挤压或者旋压的方式收口制成。最后对成品进行热处理以获得所需的力学性能。

对于Ⅳ型压力容器而言，由于其内衬材料常采用高密度聚乙烯、聚酰胺基聚合物等流动性较好的高聚物材料，通常利用滚塑、吹塑等成型方式即可获得。在Ⅱ、Ⅲ、Ⅳ型压力容器中，纤维缠绕层是其主要增强体。通过对高性能纤维的含量、张力、缠绕轨迹等进行设计和控制，可充分发挥高性能纤维的性能，确保复合材料压力容器的性能均一、稳定，爆破压力离散度小。目前，玻璃纤维、碳化硅纤维、氧化铝纤维、硼纤维、碳纤维、芳纶和 PBO 纤维等纤维均被用于制造纤维复合材料缠绕气瓶，不过碳纤维以其出色的性能正逐渐成为主流纤维原料（如日本东丽的 T300、T700、T1000）。

从Ⅰ型到Ⅳ型压力容器，其优缺点各不相同。Mori 等人[9]比较了在相同储存条件下，不同类型压力容器所需材料的壁厚情况，如图 2-7 所示。据图可得，从Ⅰ型到Ⅳ型，压力容器壁厚逐渐减少，加之内衬材料的更换，意味着整个压力容器的质量变轻，质量储氢密度增加。在实际运用中，虽然Ⅰ型和Ⅱ型压力容器的重容比大，质量储氢密度低，但由于其成本低，被广泛应用于工业中，例如氢气常以 20~30MPa 的压力储存在Ⅰ型压力容器中（质量储存效率约为 1wt%）。Ⅲ型和Ⅳ型压力容器由于采用了轻质、高强度的纤维，不仅质量轻，还能够承受更高的压力，因而被广泛应用于燃料电池汽车上，以便在有限空间中储存足够量的氢气来保障其续驶里程。目前我国燃料电池汽车上主要采用的是 35MPa 的Ⅲ型储氢瓶，而性能更优、储量更大的Ⅳ储氢瓶在国外应用较多、较为成熟，国内仍处于研发阶段。近年来，国内外提出仅靠碳纤维缠绕的气瓶制式（即Ⅴ型瓶），该型气瓶无需内胆，可以进一步降低高压储氢容器的质量，但是其安全性、耐压等级等仍需进一步研究。

2.2.2　固定式储氢容器

根据 TSG 21—2016《固定式压力容器安全技术监察规程》，固定式压力容器定义为安装在固定位置使用的压力容器，容器工作压力在 10MPa 以上时视为高压容器。为了利用压差进行加注并满足燃料电池汽车的加氢需求，加氢站用固定式储氢容器的压力通常要高于车载储氢压力（35MPa 或 70MPa）。GB 50516—2010《加氢站技术规范》规定加注压力 35MPa 对应的储氢系统压力不宜超过 45MPa，而 70MPa 加注压力对应

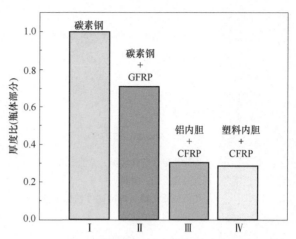

图 2-7　35MPa 相同容积下各类型压力容器壁厚比较[9]

的储氢系统压力不宜超过 90MPa。压力通常按 2~3 级分级设置。

固定式高压储氢容器按照结构形式可分为无缝高压储氢容器、钢带错绕式高压储氢容器以及纤维缠绕高压储氢容器。在加氢站中常配备有不同类型的固定式容器，以满足不同的加氢需求。

（1）无缝高压储氢容器

无缝高压储氢容器材料常用 CrMo 钢，常用牌号为 4130X，具有成本低、综合力学性能优良、在高强度水平下仍能保持较好的塑性和韧性的优点。容器整体由无缝高强钢管经两端锻造收口而成，避免了焊接引起的裂纹、气孔、夹渣等缺陷。钢制储氢容器的缺点在于容易受到氢脆的影响，且单个容器容量受到标准法规与材料强度的限制，美国机械工程师协会标准 ASME BPVC—Ⅷ—1：2019《锅炉与压力容器》将整体锻造容器的内径限制在 600mm 内，而通常单个容器的水容积不会超过 2600L。为了满足大容量储氢需求，可以将多个容器并联使用，如图 2-8 所示，但此举又会增加可能的氢气泄漏点，降低设备运行的可靠性。

图 2-8　大容积钢制无缝储氢容器组

在我国加氢站建设的起步时期，有关高压储氢设备的标准规范仍未成型，大容积无缝钢制储氢瓶多数参考美国 ASME 标准设计与制造。目前国内的相关规范正在逐渐完善，根据容器的公称工作压力，需要对应不同的设计与检验规范，见表 2-4。

表 2-4　国内无缝高压储氢容器设计及检验标准对比

标准号	T/CATSI 05003—2020	GB/T 33145—2016
标准名称	加氢站储氢压力容器专项技术要求	大容积钢质无缝气瓶
标准类型	团体标准	国家标准
工作压力	>41MPa	10～30MPa
设计温度	−40～85℃	−40～60℃
推荐材料	4130X、30CrMo、S31603	具有良好的低温冲击性能的优质钢材
检验项目	失效评定（塑性垮塌、脆性断裂、疲劳、局部过度应变、泄漏） 热处理后材料与焊接试件性能检验；耐压试验；泄漏试验等	钢管超声检测；金相检查 硬度检测；无损检测 拉伸、冲击、压扁、冷弯、水压、气密性、水压爆破、疲劳试验等
其他	还适用于奥氏体不锈钢衬里储氢容器与纤维环向缠绕储氢容器	除可用作固定容器外，也可用作长管拖车或管束式集装箱上的移动式容器

目前国内加氢站较多应用 20MPa/25MPa 的钢制无缝储氢容器组，需要通过压缩机实现 35MPa 以上的加注压力。为了更好地满足 35MPa、70MPa 压力的加氢需求，需要研发公称工作压力更高的无缝储氢容器。浙江蓝能解决了无缝钢制容器制造过程中关键的旋压和热处理问题，自主研制了 45MPa 大容积无缝储氢容器组，能够降低压缩机损耗并提高加注取气率和系统工作效率，产品已于 2020 年在邯郸河钢加氢站以及大兴海珀尔加氢站投入使用。

目前关于无缝高压储氢容器的研究多集中于钢材的强度与氢脆敏感性，为了方便进行更深度的研究，有必要建立高压氢气测试平台与材料氢脆数据库。美国桑迪亚国家实验室[11]自 20 世纪 60 年代就开始从事临氢材料的慢速拉伸试验、疲劳试验以及断裂韧性测量试验等研究，并将研究结果形成常用抗氢脆材料的数据库，供高压临氢设备制造的材料选择；日本产业技术综合研究所[12]将测试平台的测试压力升级到 210MPa，在目前所有测试平台中压力最高；浙江大学团队[13]于 2013 年自主建立了我国首套最高压力达 140MPa 的高压氢环境材料试验平台，并着手建立国产材料抗氢脆参考数据库，以此推动国产高压储氢设施进步。

除进行容器材料性能相关的研究外，也有学者尝试通过改进容器结构来提升无缝容器的承压能力与可靠性。一种新型夹套式高压储氢结构[14]如图 2-9 所示，该结构由内、外双层容器组成，内容器为奥氏体钢制成的大容积无缝气瓶，外容器为单面敞口的高强度钢大容积无缝气瓶，通过支撑杆与端塞板实现内容器在

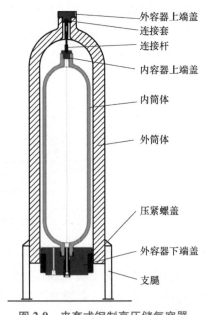

图 2-9　夹套式钢制高压储氢容器

外容器上端盖
连接套
连接杆
内容器上端盖
内筒体
外筒体
压紧螺盖
外容器下端盖
支腿

外容器中的支撑。外容器内充装有高压氮气，通过平衡气体压力可以调节内容器的应力水平，从而降低内容器的裂纹扩展驱动力，这种结构有望解决现有单层储氢容器材氢脆的难题，并克服多层高压储氢装置制造工艺复杂、焊缝多且密集、焊接质量控制难度大、生产周期长、成本高的缺点。

（2）钢带错绕式储氢容器

钢带错绕式容器（Multifunctional Steel Layered Vessel，MSLV）是我国首创的一种压力容器结构形式，自 1964 年研制成功以来，我国在该类型容器的设计、制造、使用、优化方面积累了丰富的经验，目前已形成适用于高压储氢的标准 GB/T 26466—2011《固定式高压储氢用钢带错绕式容器》，MSLV 的制造规范还被美国机械工程师协会列为规范案例。MSLV 的结构形式如图 2-10 所示。较薄的内筒由钢板卷焊而成，半球形封头由钢板冲压成型，材料选用抗氢脆性能好的奥氏体不锈钢，基材为 Q345R 或 16MnDR，复材为 0Cr18Ni9、00Cr19Ni10 或 00Cr17Ni14Mo2；钢带由多层厚度 4~8mm、宽 80~160mm 的热轧扁平钢带组成，材料选用 Q345R、16MnDR 或 HP345；加强箍是先由钢板卷焊成短筒节，再加工成与外层半球形封头相配合的圆柱面和锥面；最外的保护层是厚度为 3~6mm 的优质薄板，以包扎的方式焊接在钢带层外。在较薄的内筒外面倾角错绕多层（偶数层）扁平钢带，使钢带与筒体环向成一定倾角，相邻层钢带绕向相反，且仅将每层钢带两端与半球形封头和加强箍相焊接，就构成了钢带错绕式高压储氢容器。

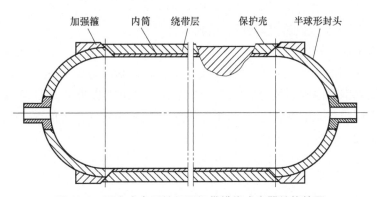

图 2-10　固定式高压储氢用钢带错绕式容器结构简图

MSLV 在储氢领域具备众多优势[15]：

① 利于制造高压、大容积容器：钢带错绕的工艺突破了无缝钢管长度和壁厚的限制，能够保障容器在大尺寸下仍具有优良的强度。

② 具有抑爆抗爆性：薄钢板与窄薄钢带的断裂韧性好，且在钢带缠绕预拉力与摩擦阻力的作用下，容器只会发生泄漏失效，不会发生整体脆性破坏。

③ 缺陷分散：容器全长无深环焊缝，且绕带层与封头处采用承载面积大的阶梯斜面焊缝，实现了应力水平的平滑过渡，结构可靠性高。

④ 可实时监测泄漏：只要在容器的外保护壳上部与两端的外层封头上开孔，并连接氢气泄漏收集接管，利用传感器即可监测氢泄漏情况。

⑤ 制造经济简便：MSLV 仅临氢部分采用抗高压氢脆性能优良的材料，其余则采用普通

高压容器用钢，钢带成本低廉，而绕带层设计避免了大量焊接、无损检测与热处理的工作量，且不需要大型重型设备和困难技术。

浙江大学与巨化集团合作解决了 MSLV 应用中临氢特殊不锈钢材料冶炼、焊接工艺评定、高压螺纹密封结构制造等难题，成功研制 42MPa、容积达到 5m³ 的 MSLV，并在位于中关村的中国第一座加氢站开展示范应用；北京飞驰竞立加氢站采用了 77MPa、47MPa 及 42MPa 的三级 MSLV，保持着良好的运行记录；2017 年江苏常熟的丰田加氢站应用了 98MPa 的 MSLV，是现有压力最高的 MSLV。在后续对 98MPa 容器的研究中，浙江大学团队又提出通过适当降低设计安全系数或采用更高强度的钢带材料，能够在保证安全性的同时有效减轻容器重量，并依此设计了一款 50MPa、7.3m³ 的 MSLV[16]，如图 2-11 所示。

（3）纤维缠绕高压储氢容器

纤维缠绕高压储氢容器通过使用与氢相容性好的材料制成内筒，外层使用纤维加强，从而能够克服临氢材料尺寸、厚度对容器强度与成本的影响。相较于 MSLV，纤维缠绕容器更为轻量化，且避免了焊接缺陷，但碳纤维材料的使用大幅增加了容器制造的成本。目前的纤维缠绕大容积高压储氢容器仍以Ⅱ型为主，适用 T/CATSI 05003—2020 标准。2016 年起开展示范运营的大连同新加氢站采用的 87.5MPa 大容积储氢容器[17]是我国首

图 2-11 浙江大学与巨化集团研制的钢带错绕式储氢容器

台Ⅲ型大容积固定储氢容器，是"十二五"863 项目石家庄安瑞科和同济大学联合开发的成果，其水容积达 580L，解决了结构设计、成型工艺、密封、氢脆等多个技术难题，填补了我国在碳纤维缠绕钢质内胆储氢容器技术领域的空白。浙江蓝能于 2021 年获得了碳纤维缠绕奥氏体不锈钢内胆容器的专利[18]，适用于储存压力在 70MPa 以上的 500~2000L 大容积储氢容器的设计制造。

2.2.3 移动式储氢容器

（1）运输用高压储氢容器

根据 TSG R0005—2011《移动式压力容器安全技术监察规程》，移动式压力容器定义为由罐体或者大容积钢质无缝气瓶与走行装置或者框架采用永久性连接组成的运输装备，包括铁路罐车、汽车罐车、长管拖车、罐式集装箱和管束式集装箱等。目前用于氢气运输的设备主要是集装管束与长管拖车，受到道路承重与运输成本的限制，仅适用于 200km 以内的公路运输。除了用作运输用途外，该类容器也能够将氢气经由压缩机直接加注到燃料电池车储罐当中。

市面上多数移动式高压储氢容器都由 4130X 无缝钢管材料制成的无缝钢管组成，工作压力在 20~25MPa。相较于钢制容器，纤维复合材料缠绕容器具有轻量化的优势，额定存储压力更大、储量更多，然而更高的工作压力也意味着更厚的碳纤维层、更大的容器质量和更高的运输成本，有计算结果表明使运输的质量密度达到最大的氢气储存压力为 40MPa 左右[19]。目前，中集安瑞科、浙江蓝能、洛阳双瑞等国内企业都具备生产运输用Ⅱ型 20MPa

容器与管束集装箱的能力。2021 年，中集安瑞科成功量产 30MPa 船用氢燃料大容积碳纤维缠绕储运容器，获得了法国验船协会及英国劳氏船级社认证机构的认证，出口欧洲用作海上及内河航运船用氢燃料储运装置。国际方面，Hexagon Lincoln 开发了 25MPa 的Ⅳ型管束车，单程运氢量达到 885kg；林德已成功研制 50MPa 移动式纤维缠绕储氢容器，单个容器容积较小，以垂直形式装载于管束集装箱内，单程运氢能力提升至 1100kg。

（2）车用轻质高压储氢容器

车用轻质高压储氢容器的设计制造要求相较于运输用高压储氢容器更高，主要涵盖以下要求：

① 体积小、布置形式合理，不能占用过多的座舱空间。

② 轻量化，容器过重会导致行驶能耗增加，续驶里程减少。

③ 质量储氢密度更高，需要满足车辆数百千米的续驶里程要求，因此需要装载 35MPa 甚至 70MPa 压力的氢气。

④ 与高压氢相容性更好，更安全可靠，发生车祸意外时不致破裂、伤及乘员。

⑤ 经济性好，当燃料电池汽车的购车成本达到与燃油车同等水平时，才有可能实现大规模推广。

参照 DOE 设定的发展目标，车载储氢系统最终的质量与体积能量密度需要分别达到 2.2kW·h/kg（6.5wt%）与 1.7kW·h/L（50g H_2/L），系统成本降至 8 美元/kW·h，储氢瓶用高强度碳纤维成本下降到 13 美元/kg。综合考虑以上因素，具备高安全性、高储氢密度的Ⅲ、Ⅳ型车载储氢瓶将是当今乃至未来车载储氢容器的重要发展方向，也是各大整车与零部件企业、机构的研究热点。

我国主要应用Ⅲ型瓶作为车载高压储氢容器。上汽大通 2020 年发布的多功能车型 EU-NIQ7 装载的储氢瓶如图 2-12 所示，在底盘中部配备有三个 70MPa 的Ⅲ型储氢瓶，3min 即可加注满 6.4kg 的高压氢气，在 NEDC 工况下可提供 605km 的续驶里程，气瓶在整车碰撞测试后仍完好无损。国内Ⅲ型瓶的主要制造商包括天海工业、中材科技、斯林达安科与科泰克等。

图 2-12　上汽大通 EUNIQ7 搭载的 70MPa 碳纤维缠绕铝合金气瓶

Ⅳ型气瓶是国际上主流的车载储氢容器。以丰田 2021 款 Mirai 二代为例，其搭载的储氢系统配备有三个 70MPa 的Ⅳ型储氢瓶，如图 2-13 所示。2021 年 8 月，Mirai 从美国加州的 TOYOTA Technical Center 出发，在满氢状态下累计行驶 1360km，创下了氢能源车行驶里程最远的吉尼斯世界纪录。就Ⅳ型瓶的生产制造而言，挪威的 Hexagon Composites 是复合材料

气瓶行业的领头者之一，能够规模化生产高
储氢密度的Ⅳ型储氢瓶，以供丰田、本田、
奔驰等汽车厂商安装应用。此外，法国佛吉
亚、德国 NPROXX、日本 JFE 与韩国 ILJIN
Composite 等厂商也具备高性能Ⅳ型瓶的生
产能力。在国内，车用Ⅳ型储氢瓶的生产许
可正逐步开放，斯林达安科是国内第一家获
得非金属内胆纤维缠绕气瓶生产许可的本土
厂商，现已成功研制 70MPaⅣ型储氢瓶产品

图 2-13　丰田 Mirai 动力系统

并亮相国际展会。从整体上看，我国Ⅳ型储氢瓶的生产制造技术与国外依旧存在较大差距，
距离商业化应用仍需进一步努力。

2.3　气态储运氢技术应用

2.3.1　高压气瓶储运氢应用

目前，高压气瓶储运氢技术主要用于高压氢气长管拖车运氢、车载高压储氢系统和固定
式高压储氢系统三个方面。基于高压气瓶储运氢技术的应用如图 2-14 所示，高压氢气长管
拖车主要用于氢气的规模运氢，车载高压储氢系统主要用于氢燃料电池汽车，而固定式高压
储氢系统主要用于加氢站、固定式/分布式储能等领域的氢气规模储存。

图 2-14　基于高压气瓶储运氢技术的应用示意图

（1）高压氢气长管拖车运氢应用

高压氢气长管拖车运氢是指将氢气压缩储存到几只到十几只钢制无缝气瓶中，用配管和
阀门将气瓶连接在一起固定在拖车中进行氢气运输，也是目前最成熟的氢气运输方式。长管
拖车最早于 1960 年由美国 CPI 公司研制，1987 年引入我国，并于 1999 年成功制造出我国
第一辆长管拖车。2002 年，石家庄安瑞科气体机械有限公司实现了长管拖车的量产，随
后十多年，我国长管拖车的设计制造水平取得巨大的进步，已达到国际先进水平。但是长管
拖车多用于充装天然气，高压氢气长管拖车的数量在 2011 年起有显著提升，多在长三角和
珠三角一带。近年来，随着氢能产业的兴起与发展，高压氢气长管拖车的应用更广泛。

长管拖车按其结构形式可以分为捆绑式长管拖车和框架式长管拖车两种，如图 2-15 所
示。其中，框架式长管拖车采用框架固定钢瓶，在国内数量最多、技术最成熟、应用最广
泛；捆绑式长管拖车则直接将气瓶固定在拖车底盘上，减少了框架质量，相对框架式长管拖
车的运输效率更高。由于氢气的易燃易爆特性，我国在长管拖车制造和运输方面提出了特殊
规定。国家能源局于 2019 年 12 月发布了中国能源行业标准 NB/T 10354—2019《长管拖

车》[20]，对运输氢气的长管拖车的材料、设计、制造、试验方法、检验规则、标志标识、储存与运输等要求做出了明确的规定。

长管拖车的总体结构一般分为行走机构、大容积钢制无缝气瓶及其连接装置三部分。行走机构需要满足转载总质量及轴荷等要求，且需要根据转载气瓶的特殊结构进行改装。拖车的外形尺寸、总质量及轴荷等应符合 GB 1589—2016《汽车、挂车及汽车列车外廓尺寸、轴荷及质量限值》的相关要求[21]。单只大容积钢制无缝气瓶的长度多

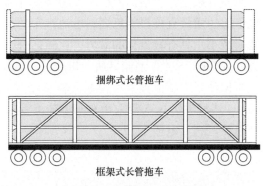

图 2-15　长管拖车结构简图

为 5~12m，容积 2~4.2m³，工作压力 15~35MPa。而气瓶作为长管拖车的主要承压部件，其质量与长管拖车的安全性能密切相关。我国对气瓶的材料、制造、气密性试验等做出了详细要求，应符合 TSG 23—2021《气瓶安全技术规程》[22]和 GB/T 33145—2016《大容积钢质无缝气瓶》[23]的规定，以确保气瓶的质量。气瓶内部状态为喷丸表面，满足纯度在 99.99% 以下介质充装需求。若需要储存高纯氢气，需要对内表面进行研磨处理，去除表面颗粒物、毛刺等。研磨分为粗磨和精磨两个过程，使用不同磨料，经数十小时研磨，表面粗糙度达到 3S，达到镜面效果，然后用高温去离子水清洗后，对气瓶进行加热、抽真空和置换等处理，将水分排尽，最终气瓶介质的含水量达到小于 1mg/L，避免内表面析出水分等杂质[24]。连接装置则将多只气瓶进行并联，管路、阀门等连接采用对接焊接，降低泄露风险，并设置有超压泄放装置、管路安全阀、紧急切断装置、导静电装置等安全附件，确保气瓶运输过程的安全性。

目前，我国高压长管拖车主要将氢气加压到 20MPa 左右，单车运氢量仅为 300~400kg。典型的 20MPa 高压氢气长管拖车的技术参数见表 2-5[25]。实际运行的充氢压力一般为 19.0~19.5MPa，泄气至瓶内的压力≤0.6MPa，每次实际运氢量 3750~3920m³（即 334~350kg），单车充气时间 1.5~2.5h，卸车时间 1.5~3h。但是，由于钢瓶质量重，20MPa 高压氢气长管拖车的系统储氢密度仅 1%~2%，仅适用于小规模、短距离的氢气运输，其运输成本随着距离的增加而显著上升。

表 2-5　典型的 20MPa 高压氢气长管拖车的技术参数

参数	参数值	参数	参数值
公称工作压力/MPa	20	钢瓶外径×长度/mm×mm	559×10975
环境工作温度/℃	−40~60	单瓶公称容积/m³	2.25
钢瓶设计厚度/mm	16.5	钢瓶数量/只	10
瓶体材料（结构钢）	4130	集装管束公称容积/m³	22.5
水压试验/MPa	33.4	充装介质	氢气
气密性实验压力/MPa	20	充装量（20MPa，20℃）/m³	3965

（2）车载高压储氢系统应用

轻量化、高压力、高储氢质量比和长寿命是车载高压储氢瓶的主要特点。目前，车载高

压气态储氢瓶主要包括铝内胆纤维缠绕瓶（Ⅲ型）和塑料内胆纤维缠绕瓶（Ⅳ型）。车载高压储氢瓶的质量直接影响氢燃料电池汽车的行驶里程，Ⅳ型高压储氢瓶因其内胆为塑料，质量相对较小，具有轻量化的潜力，比较适合乘用车使用。国外日本、法国、英国等国家已经可以实现70MPa的Ⅳ型储氢瓶的量产，实现Ⅳ型储氢瓶的制造与商业应用，见表2-6。2014年，丰田就量产了世界上首台氢燃料车型Mirai，续驶里程达到了550km。之后，日本本田Clarity、韩国现代ix35等乘用车车型陆续发布，美国通用、福特等车厂也陆续部署基于高压储氢瓶的氢燃料电池车。

表2-6　国外主要商用Ⅳ型储氢瓶

机构名称	技术特点	70MPa Ⅳ型储氢瓶应用情况
美国 QUANTUM	35/70MPa，寿命15~20年，容积26~994L，可用储氢量0.8~22.2kg（70MPa）	美国通用汽车配套
日本 TOYOTA	70MPa，容积142.2L（3支），5.6kg	日本丰田汽车配套
挪威 HEXAGON	70MPa，容积244L，9.8kg	美国福特汽车配套 戴勒姆汽车配套
韩国 ILJIN	70MPa，容积156L（3支），6.3kg	韩国现代汽车配套

我国从2010年35MPa铝合金内胆全缠绕储氢瓶首次应用于上海世博会新能源汽车上，到现在为止，储氢瓶仍以35MPa的Ⅲ型瓶为主。考虑到车辆空间的限制，70MPa才是车载更为经济的储存压力，但是随着压力的增加，气瓶的制造难度和危险性也同样增加。我国在2017年实施了GB/T 35544—2017《车用压缩氢气铝内胆碳纤维全缠绕气瓶》[26]的国家标准，将Ⅲ型储氢瓶的瓶体结构划分为图2-16所示的T型和S型结构。储氢瓶由碳纤维缠绕层、防电偶腐蚀层和铝内胆组成，T型为凸形底结构，S型为两端收口结构。储氢瓶根据工作压力的不同分为A类和B类，A类储氢瓶的公称工作压力≤35MPa，公称水容积要求≤450L，B类储氢瓶的公称工作压力>35MPa，公称水容积要求≤230L。每个出厂的储氢瓶需要按照该标准，进行严格的水压、气密性等试验后方能使用。未来，我国车载高压储氢瓶的发展方向是实现70MPa的Ⅳ型高压储氢瓶的国产化。

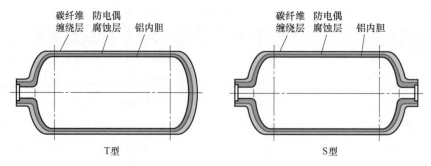

图2-16　铝内胆纤维缠绕瓶结构简图

（3）固定式高压储氢系统应用

固定式高压储氢系统多用于加氢站、储能等领域的氢气储存。目前，根据氢燃料电池车

的氢气加注压力，加氢站同样分为 35MPa 和 70MPa 两种。我国绝大多数在用或在建的是
35MPa 加氢站。一般设计压力 50MPa 的固定式储氢容器用于 35MPa 的加氢站建设，设计压
力 98~99MPa 的固定式储氢容器用于 70MPa 的加氢站建设[27]。国外 70MPa 加氢站使用的高
压储氢容器有多种形式，有钢质单层结构、多层金属补强结构、无缝内胆碳纤维缠绕补强结
构等。而我国现阶段实现商品化的只有钢带错绕式储氢容器，该储氢容器重量较重，生产成
本较高、生产效率较低，制造难度较大。而国外应用成熟、广泛的高压储氢容器为钢质无缝
瓶式容器和钢质无缝内胆碳纤维缠绕增强结构，比较典型的为日本 JFE 公司的全钢质瓶式容
器结构和美国 FIBA 公司设计压力为 100MPa 的钢内胆碳纤维缠绕储氢容器，已经在韩国加
氢站应用。早在 2012 年，国家 863 项目"站用大（高）容量储氢容器技术"，完成设计压
力 92MPa，工作压力 87.5MPa 的缠绕大容积储氢容器研制，并用于国内首个 70MPa 加氢站
示范运营，运行情况良好。该固定式站用储氢容器即采用了钢质内胆，碳纤维全缠绕的结构
形式。

　　而固定式储氢容器的高压环境氢脆问题，是固定式储氢容器实现"未爆先漏"的关键。
高压环境氢脆是指高压氢气环境中的氢进入金属后，在应力及氢的联合作用下，局部氢浓度
达到临界值时，发生金属延性和韧性损减或氢致滞后断裂的现象。高压环境氢脆存在氢的溶
解、扩散和偏聚过程，都会引起氢致开裂失效[27]。金属材料氢脆试验方法大致可分为两
类：一类用于材料初步筛选，快速评价材料是否可用于制造临氢零部件，如圆片试验、氢致
开裂应力强度因子门槛值试验等；另一类用于材料力学性能原位测试，为临氢零部件的设计
或者材料适用性评估提供性能数据，如慢应变速率拉伸试验、疲劳裂纹扩展速率试验、疲劳
寿命试验等，详见表 2-7。相较于车载用储氢瓶，固定式储氢容器的压力波动次数高达 10^3 ~
10^5 次，压力波动范围常为 20%~80% 的设计压力，固定式储氢容器同时需要考虑低周疲劳
失效问题。

　　我国固定式储氢容器的设计与制造主要依据 TSG 21—2016《固定式压力容器安全技术
监察规程》、GB/T 34542《氢气储存输送系统》系列标准，钢带错绕式储氢容器还应满足
GB/T 26466—2011《固定式高压储氢用钢带错绕式容器》的要求。通过对材料、材料制造
与加工应力的规范执行，可以尽可能避免固定式储氢容器的氢脆失效和疲劳失效，实现固定
式储氢容器"未爆先漏"的失效要求。

表 2-7　金属材料氢脆试验方法

试验目的	试验名称	测试方法概述	测试标准
材料初步筛选	圆片试验	高压氢气和氦气环境下对圆片试样进行爆破试验，以氦气和氢气环境下的爆破压力之比作为氢脆系数，用于评定材料氢脆敏感度	ISO 11114-4 ASTM F1459 GB/T 34542.3
	氢致开裂应力强度因子门槛值试验	高压氢环境下，对试样进行单调加载，获得材料的氢致开裂应力强度因子门槛值。该试验可根据不同标准采用不同的方法	ISO 11114-4 ASME BPVC Ⅷ-3 KD-10 ANSI/CSA CHMC 1 ASTM F1624 GB/T 34542.2

(续)

试验目的	试验名称	测试方法概述	测试标准
性能原位测试	慢应变速率拉伸试验	高压氢环境下,对光滑圆棒试样或带缺口试样进行拉伸试验,获得材料的屈服强度、抗拉强度、断后伸长率等力学性能	ANSI/CSA CHMC 1 ASTM G142 GB/T 34542.2
	疲劳裂纹扩展速率试验	高压氢环境下,对试样循环加载,获得材料的疲劳裂纹扩展速率与应力强度因子范围的关系曲线	ASME BPVC Ⅷ-3 KD-10 ANSI/CSA CHMC 1 GB/T 34542.2
	疲劳寿命试验	高压氢环境下,对光滑圆棒试样或带缺口试样循环加载,获得材料应力/应变-寿命曲线	ANSI/CSA CHMC 1 GB/T 34542.2

2.3.2 管道输氢应用

氢气管道可分为长距离输送管道和短距离配送管道,其应用如图 2-17 所示。长输管道输氢压力较高,管道直径较大,主要用于制氢单元与氢气站之间的高压氢气的长距离、大规模输送;配送管道输氢压力较低,管道直径较小,主要用于氢气站与各个用户之间的中低压氢气的配送。氢气配送管道建设成本较低,但氢气长输管道建设难度大、成本高,目前氢气长输管道的造价约为 63 万美元/km,天然气管道的造价仅为 25 万美元/km 左右,氢气管道的造价约为天然气管道的 2.5 倍[28]。

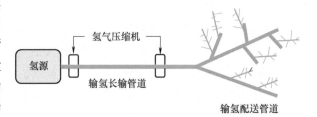

图 2-17 管道输氢应用示意图

国外氢气管道起步较早,氢气的管道运输历史可以追溯到 20 世纪 30 年代末。1939 年,德国建设了一条长约 208km 的管道,管径 254mm,运行压力 2MPa,氢气输送量达 9000kg/h[29]。截止到 2017 年,欧洲的氢气输送管道长度约为 1598km,输氢压力一般为 2~10MPa,多采用无缝钢管,管道直径为 0.3~1.0m,管道材料主要为 X42、X52、X56 等低强度管线钢[30],最长的氢气管道由法国液化空气集团所有,该管道从法国北部一直延伸至比利时,全长约 402km。美国氢气输送管道大部分位于得克萨斯州、路易斯安那州和加利福尼亚州,氢气输送管道长度近 2600km,多采用埋地布置,以 ≤6.9MPa 的氢气压力运行,管道材料主要采用 X52~X80 范围内的管线钢,预期使用寿命 15~30 年。

国内氢气长输管道建设处于起步阶段,氢气管道总里程约 400km,主要分布在环渤海湾、长三角等地,位于河南省济源与洛阳之间的氢气管道是我国目前里程最长、管径最大、压力最高、输送量最大的氢气管道,其管道里程为 25km,管道直径 508mm,输氢压力 4MPa,年输氢量达到 10.04 万 t。按照《中国氢能产业基础设施发展蓝皮书》预计[31],到 2030 年,我国氢气管道将达到 3000km。

但是,由于氢气长输管道昂贵的一次性建设投入成本,利用现存天然气管道输送掺氢天然气，或将天然气管道改造为氢气管道的技术受到了广泛关注。相较于天然气管道，目前氢气管道的建设量仍然较少，管道直径和设计压力也均小于天然气管道。世界范围内氢气管道与天然气管道建设现状对比见表 2-8。因此，如何利用现有天然气管道输氢并进一步发展成纯氢管道，是输氢管道快速发展的主要途径之一。

表 2-8 氢气管道与天然气管道建设现状对比[30]

管道类型	管道直径/mm	设计压力/MPa	建设里程/km	常用材料
氢气	304~914	2~10	6000	X42，X52
天然气	1016~1420	6~20	1270000	X70，X80

2019 年，世界上第一条由天然气管道改造而成的氢气管道已在 Dow Benelux 和 Yara 之间投入使用。我国在 2018 年由国家电投启动朝阳可再生能源掺氢示范项目，将可再生能源电解水制取的"绿氢"与天然气掺混后供燃气锅炉使用，已按 10% 掺氢比例安全运行 1 年。但是，国内掺氢天然气输氢短期内仍将以实验研究和试点示范为主。而且，氢气和天然气的物理性质差异较大（表 2-9）。

表 2-9 氢气和天然气的主要物理性质对比

物理性质	氢气	天然气
密度/(kg/m³)	304~914	1016~1420
定压比热/[kJ/(kg·K)]	2~10	6~20
热值/(kJ/kg)	约 142	约 47.5
可燃极限（体积分数，%）	4~75	5~15
爆轰极限（体积分数，%）	18.3~59	6.5~12
最小点火能量/MJ	0.02	0.28
燃烧速度/(m/s)	2.65	0.4
在铁中的扩散系数（100℃）/(cm²/s)	2.5×10^{-7}	—

① 燃烧能量方面：氢气密度较低，但单位质量的燃烧热远大于天然气。

② 燃烧性质方面：氢更容易点燃且其火焰速率要远快于天然气。

③ 安全性方面：氢在铁中会发生氢扩散进而引起氢脆，但是天然气则无需考虑氢脆影响。

因此，氢气管道不能直接采用天然气长输管道标准规范进行设计、建设等，掺氢天然气输送技术和天然气管道改造技术的可行性仍需进一步的评估，同时也缺乏相关的标准。

国外的氢气管道设计标准主要包括 ASME B31.12：2019《Hydrogen piping and pipe-lines》[32]、CGA G-5.6：2005《Hydrogen pipeline systems》[33]，两者均适用于长距离氢气输送管道和短距离氢气配送管道的设计。我国目前暂无长距离氢气输送管道的适用标准，仅 GB 4962—2008《氢气使用安全技术规程》[34] 和 GB 50177—2005《氢气站设计规范》[35] 适用于供氢站、车间内的短距离氢配送管道，适用于氢气长输管道的标准 GB/T 34542.5《氢气储存输送系统 第 5 部分：氢气输送系统技术要求》正在编制过程中。在标准的编制过程中，尤其需要考虑氢脆引起的管道性能变化。

管道是管道输氢技术的关键之一。氢气管道与天然气管道中钢管设计公式有所不同，氢气管道设计公式中增加一项"材料性能系数"，材料性能系数反映了氢气对金属管道力学性能的不利影响，增加材料性能系数后，管道计算壁厚会相对增大，设计压力会相对降低，这样更有利于保障氢气长输管道的安全性。氢气管道的设计公式如下[32]：

$$P = \frac{2S\delta}{D}F_f E_f T_f H_f \tag{2-5}$$

天然气管道设计公式为

$$P = \frac{2S\delta}{D}F_f E_f T_f \tag{2-6}$$

式中，P 为设计压力（MPa）；S 为最小屈服强度（MPa）；δ 为公称壁厚（mm）；D 为公称直径（mm）；F_f 为设计系数；E_f 为轴向接头系数；T_f 为温度折减系数；H_f 为材料性能系数。

不同材料的材料性能系数见表 2-10。

表 2-10　氢气管道材料的材料性能系数

材料类型	X42	X52	X60	X70	X80
屈服强度/MPa	289.6	358.5	413.7	482.7	551.6
抗拉强度/MPa	413.7	455.1	517.1	565.4	620.6
最大许用压力/MPa	20.68	20.68	20.68	10.34	10.34

注：设计压力处于中间数值时采用插值法取值。

除了管道本身的设计制造，氢气压缩机也是采用管道输氢所必需且非常关键的一个环节。表 2-11 介绍了几种大规模高压氢气压缩机[36]。具体选择哪种压缩机应根据流量、吸气和排气压力等参数综合考虑。

表 2-11　几种用于大规模管道输氢的压缩机对比

压缩种类	技术说明	优势/主要问题
活塞式压缩	技术成熟，适用多种气体；氢气因其分子量极低，需特殊设计	可输出高压氢气；需电机驱动；含油润滑型有助于控制气态氢，但会污染氢气；无油型的输出压力略低（25MPa以内）；体积大、部件多
离心压缩	技术成熟，适用多种气体，可用于30MW 以上的气体压缩；但氢气分子量过低，极难压缩，压缩段多，设备昂贵	多个压缩段间的机械公差很难维持，段间的密封必须考虑，导致压缩效率低、设备价格高
膜式压缩	适用所有气体；三层膜结构把气态氢和液压油分开，确保整个压缩过程无污染、无氢泄露；可达到高压（>70MPa）	与活塞式相比，每段的压缩比更高，可降低投资成本；缺少针对管道输氢的大尺寸设备；尺寸放大难度和成本高；最大能力 2000Nm³/h
金属氢化物压缩	采用吸放氢可逆的金属氢化物制作，比传统机械式氢气压缩机更经济，操作更简单	金属氢化物压缩机结构紧凑、无噪声、无需动密封，仅需少量维护，可长期无人值守运行；但是技术新，难以制造适用于管道输氢的大型压缩机

新的输氢管道设计与建设费用，其一次性投入成本高昂，这是新建输氢管道的主要障

碍。未来，随着氢能产业发展，氢气需求不断提升，以及输氢管道技术、掺氢天然气输送技术、天然气管道改造技术、大尺寸氢气压缩机的进一步研究，我国长距离输氢管道、掺氢天然气管道相关标准的完善，管道输氢将会因其经济性，成为氢气长距离运输的主要方式之一。当混合氢气浓度<10%时可依据美国压缩气体协会标准 CGA-5.6：2005《Hydrogen Pipeline System》分析，当氢气浓度≥10%时可依据美国机械工程师协会标准 ASME B31.12：2019 分析，分析的具体流程如图 2-18 所示。

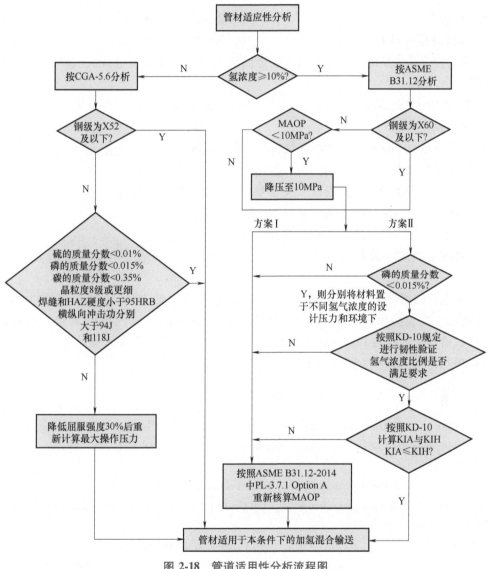

图 2-18　管道适用性分析流程图

课后习题

1. 单原子氢在（　　　）等缺陷位置形成原子键，从而导致内部压力增加产生气泡或开裂。

  A. 空隙   B. 掺杂   C. 晶界   D. 错位

  2. 隔膜压缩机的主要优点有（ ）。

  A. 压缩比大   B. 密封性好   C. 排气量大   D. 热效率高

  3. 钢带错绕式高压储氢容器（MSLV）的主要优点有（ ）。

  A. 抑爆抗爆   B. 缺陷分散   C. 结构可靠   D. 成本低

  4. Ⅲ型瓶的材料组成为（ ）。

  A. 全金属   B. 金属内胆+GFRP 层

  C. 金属内胆+CFRP 层   D. 塑料内胆+CFRP 层

  5. 高压管道运氢是通过在地下埋设或地面架空无缝钢管系统进行氢气输送，下述说法正确的有（ ）。

  A. 适用于短距离运输   B. 运输效率高

  C. 适合高压运输   D. 高能耗

  6. 氢脆现象由于材料缺陷中存在氢引起，通常表现为_____、_____等力学性能下降。

  7. 氢脆主要分为_____、_____、_____三类。

  8. 根据焦耳-汤姆孙效应，氢、氦等少数气体经节流膨胀后温度_____。

  9. 根据 Sievert 气压定律，氢脆程度与_____成正比。

  10. 车用轻质高压储氢容器的设计通常要求_____、_____、_____、_____、_____。

  11. 目前市场主流的长管拖车的氢气压力为_____，长管拖车的主要形式有_____和_____。

  12. 某型号的燃料电池汽车，储氢系统的最高储存压力是 70MPa，储氢瓶总的水容积为 141L，氢瓶内氢气使用的极限压力是 2MPa，假设该燃料电池汽车的氢耗为 0.6kg H₂/100km，试估算在室温为 15℃条件下，该燃料电池汽车的最大续驶里程是多少千米？（$\alpha=1.9155\times10^{-6}$ K/Pa，结果保留小数点后 2 位，条件压力均为绝对压力）。

参 考 文 献

[1] DEL-POZO A, VILLALOBOS J C, SERNA S. A general overview of hydrogen embrittlement [J]. Current trends and future developments on（Bio-）Membranes：Recent Advances in Metallic Membranes, 2020, 6：139-168.

[2] HUANG F, LIU J, DENG Z J, et al. Effect of microstructure and inclusions on hydrogen induced cracking susceptibility and hydrogen trapping efficiency of X120 pipeline steel [J]. Materials Science and Engineering：A, 2010, 527：6997-7001.

[3] DONG C, LIU Z, LI X, et al. Effects of hydrogen-charging on the susceptibility of X100 pipeline steel to hydrogen-induced cracking [J]. International Journal of Hydrogen Energy, 2009, 34：9879-9884.

[4] YEN S K, HUANG I B. Critical hydrogen concentration for hydrogen-induced blistering on AISI 430 stainless steel [J]. Materials Chemistry and Physics, 2003, 80：662-666.

[5] MOHTADI-BONAB M A, SZPUNAR J A, BASU R, et al. The mechanism of failure by hydrogen induced cracking in an acidic environment for API 5L X70 pipeline steel [J]. International Journal of Hydrogen Energy, 2015, 40：1096-1107.

［6］　KITTEL J, SMANIO V, FREGONESE M, et al. Hydrogen induced cracking（HIC）testing of low alloy steel in sour environment：Impact of time of exposure on the extent of damage［J］. Corrosion Science, 2010, 52：1386-1392.

［7］　CARNEIRO R A, RATNAPULI R C, DE FREITAS CUNHA LINS V. The influence of chemical composition and microstructure of API linepipe steels on hydrogen induced cracking and sulfide stress corrosion cracking［J］. Materials Science and Engineering：A, 2003, 357：104-110.

［8］　SUGIMOTO H, FUKAI Y. Solubility of hydrogen in metals under high hydrogen pressures：Thermodynamical calculations［J］. Acta Metallurgica et Materialia, 1992, 40（9）：2327-2336.

［9］　MORI D, HIROSE K. Recent challenges of hydrogen storage technologies for fuel cell vehicles［J］. International Journal of Hydrogen Energy, 2009, 34（10）：4569-4574.

［10］　BARTHELEMY H, WEBER M, BARBIER F. Hydrogen storage：Recent improvements and industrial perspectives［J］. International Journal of Hydrogen Energy, 2017, 42（11）：7254-7262.

［11］　SAN MARCHI C, SOMERDAY B P. Technical reference on hydrogen compatibility of materials［R］. California：Sandia National Laboratories, 2008.

［12］　IIJIMA T, ABE T, ITOGA H. Development of material testing facilities in high pressure gaseous hydrogen and international collaborative work of a testing method for a hydrogen society-Toward contribution to international standardization［J］. Synthesiology, 2015, 8（2）：62-69.

［13］　郑津洋, 周池楼, 徐平, 等. 高压氢环境材料耐久性测试装置的研究进展［J］. 太阳能学报, 2013, 34（8）：1477-1483.

［14］　黄淞, 惠虎. 一种加氢站用夹套式高压储氢装置：CN112178446A［P］. 2021-01-05.

［15］　许辉庭. 加氢站用多功能全多层高压储氢容器研究［D］. 杭州：浙江大学, 2008.

［16］　YE S, ZHENG J, YU T, et al. Light weight design of multi-layered steel vessels for high-pressure Hydrogen Storage；proceedings of the Pressure Vessels and Piping Conference［C］//American Society of Mechanical Engineers. ［s. n.：S. l.］, 2019.

［17］　王红霞, 张强, 张洪, 等. 一种大容量钢内胆全缠绕高压储氢容器：CN205101849U［P］. 2016-03-23.

［18］　全国锅炉压力容器标准化技术委员会. 固定式高压储氢用钢带错绕式容器：GB/T 26466—2011［S］. 北京：中国标准出版社, 2011.

［19］　氢能协会. 氢能技术［M］. 宋永臣, 宁亚东, 金东旭, 译. 北京：科学出版社, 2009.

［20］　国家能源局. 长管拖车 NB/T 10354—2019［S］. 北京：新华出版社, 2019.

［21］　中华人民共和国国家质量监督检验检疫总局, 中国国家标准化管理委员会. 汽车、挂车及汽车列车外廓尺寸、轴荷及质量限值：GB 1589—2016［S］. 北京：中国标准出版社, 2016.

［22］　国家市场监督管理局. 气瓶安全技术规程：TSG 23—2021［S］. 北京：新华出版社, 2021.

［23］　中华人民共和国国家质量监督检验检疫总局, 中国国家标准化管理委员会. 大容积钢质无缝气瓶：GB/T 33145—2016［S］. 北京：中国标准出版社, 2016.

［24］　骆辉, 薄柯, 李邦宪, 等. 高纯气体长管拖车结构特点及定期检验问题［J］. 中国特种设备安全, 2016, 32（3）：35-39.

［25］　许胜军, 盖小厂, 王宁. 集装管束运输车在氢气运输中的应用［J］. 山东化工, 2015, 44（2）：88-89.

［26］　中华人民共和国国家质量监督检验检疫总局. 车用压缩氢气铝内胆碳纤维全缠绕气瓶：GB/T 35544—2017［S］. 北京：中国标准出版社, 2017.

［27］　郑津洋, 马凯, 周伟明, 等. 加氢站用高压储氢容器［J］. 压力容器, 2018, 35（9）：35-42.

［28］　DRIVE U. Hydrogen delivery technical team roadmap［R］. California：Hydrogen Delivery Technical Team, 2013.

［29］ GILLETTE J L, KOLPA R L. Overview of interstate hydrogen pipeline systems ［R］. United States：Argonne National Lab, 2008.

［30］ 刘自亮, 熊思江, 郑津洋, 等. 氢气管道与天然气管道的对比分析 ［J］. 压力容器, 2020, 37 （2）: 56-63.

［31］ 全国氢能标准化技术委员会. 中国氢能产业基础设施发展蓝皮书 ［M］. 北京：中国标准出版社, 2016.

［32］ Hydrogen piping and pipelines：ASME B31.12：2019 ［S］.

［33］ Hydrogen pipeline systems：CGA G-5.6：2005 ［S］.

［34］ 中华人民共和国国家质量监督检验检疫总局, 中国国家标准化管理委员会. 氢气使用安全技术规程：GB 4962—2008 ［S］. 北京：中国标准出版社, 2008.

［35］ 中华人民共和国建设部, 中华人民共和国国家质量监督检验检疫总局. 氢气站设计规范：GB 50177—2005 ［S］. 北京：中国计划出版社, 2005.

［36］ 吴朝玲, 李永涛, 李媛. 氢气储存与输运 ［M］. 北京：化学工业出版社, 2020.

第3章 低温液态储运氢

液氢存储技术是指将气态氢冷凝为液态并储存的技术。在较低的压力下，液态氢密度远高于气态氢的密度。液氢是无色、无臭、无毒液体，在标准大气压下，饱和液氢的温度为20.37K（−252.78℃），密度约为70.85kg/m³，是标准状态下气态氢密度的790倍左右。由于液氢的临界温度低至33.19K（−239.97℃），因此氢气的液化和液氢存储难度远高于常见的气体。

3.1 氢气液化原理

想要把氢气液化，需将氢气预冷却到转化温度以下，才有可能进一步通过等熵膨胀或等焓节流的方法降温到临界温度以下，从而使氢气液化。正氢和仲氢是分子氢的两种自旋异构体，普通氢在常温下含75%的正氢和25%的仲氢，而在低温下正氢向仲氢逐渐转化并释放热量，为了避免液氢储存过程中转化热引起的液氢汽化损耗，必须在生产过程中就完成绝大部分的正-仲氢转化过程[1]。

3.1.1 正-仲氢转化

根据氢分子内两个原子核自转方向的不同，氢分子可被分为正氢（ortho-hydrogen）和仲氢（para-hydrogen）两种自旋异构体，其中正氢是指原子核自旋方向平行的氢分子，而仲氢的两原子核自旋方向反平行。正氢和仲氢在化学性质上完全相同，物理性质则略有不同，正氢的能量状态更高，比热容和潜热均略高于仲氢。

在热平衡状态下，正氢与仲氢的比例存在一个稳定值，并会随着温度的变化发生改变，如图3-1所示。常温和高温状态下仲氢占比维持在25%左右；当温度降至约120K时，正氢开始向仲氢转变，仲氢占比开始急速提升；在温度降至约20K时，热平衡状态下仲氢占比达到99.8%，此时氢分子几乎只具有仲氢一种自旋形式。但是，在没有人为干预的状态下，正-仲氢转化的发生速率极慢，如果常温氢气迅速液化，液氢中正、仲氢的比例远未达到热平衡状态。

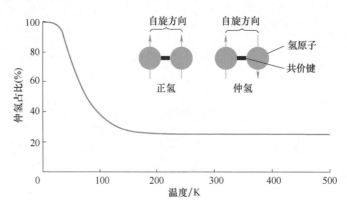

图 3-1 正、仲氢自旋方向及正、仲氢比例随温度变化图

正氢向仲氢转变时会释放约 1.42kJ/mol 的能量，而 20K 温度下液氢的汽化潜热仅为 0.89kJ/mol。这意味着，处在饱和温度的液态正氢转变为仲氢时释放的能量完全可以使其蒸发。实验表明，1h 内因氢的自旋形态改变而释放出的热，足以使液氢蒸发 1%，未达到正-仲氢平衡状态的液氢会在几昼夜内损失一半以上。

因此，工厂生产的成品液氢中，仲氢含量至少要≥95%，需要长期储运的液氢中仲氢含量要≥98%，必须在氢气的液化过程中对其进行正-仲氢转化，以减少液氢的蒸发，延长液氢的储存时间。在氢液化装置中设置正-仲氢转化器并浸没在液氢中，使得转化热被周围的液氢所吸收，并使用催化剂来提高转化反应速率。高效的催化剂主要是铬镍催化剂和氢氧化铁，包括 Cr_2O_3+NiO、$Cr(OH)_3$、$Fe(OH)_3$ 等。

催化剂在使用前必须活化。其中，铬镍催化剂的活化是将反应器和催化剂一起加热到 150℃并用氢气吹除。氢氧化铁催化剂的活化是将它在反应器中加热到 130℃同时抽到真空，经过 24h，然后用室温氢气代替其真空。但活化后的铬镍催化剂容易自燃，且一旦燃烧会不可逆地中毒。因此，生产中会选择使用效率偏低但不易中毒的氢氧化铁催化剂。

在大规模氢液化工程中，为了提高正-仲氢转化的效率，转化通常分两个或两个以上阶段进行。第一阶段在 80K 温区实现转化，正氢的转化热被预冷的液氮或冷氢气所吸收，此过程可以产生约 50% 的仲氢；第二阶段在 20K 温区进行，此时正氢几乎完全转化变成仲氢。转化过程中，氢分子不会直接分裂成原子再组合，而是在一个分子范围内通过核自旋重新定向。

3.1.2 焦耳-汤姆孙效应

焦耳-汤姆孙效应（Joule-Thompson Effect）是指在等焓条件下，当气流被强制通过一个多孔塞、小缝隙或者小管口时，由于体积膨胀造成压力降低，从而导致温度发生变化的现象。常温常压下的多数气体，经过节流膨胀后温度下降，产生制冷效应，而氢、氦等少数气体经节流膨胀后温度升高，产生致热效应。绝热节流前后气体的焓未发生变化，该过程气体状态量变化如下式所示[2]：

$$H = U_1 + P_1V_1 = U_2 + P_2V_2 \tag{3-1}$$

式中，H 为气体的焓（J）；U 为气体的内能（J）；P 为气体压力（Pa）；V 为气体体积

（m³）；角标 1 为节流前的状态；角标 2 为节流后的状态。

通常采用焦耳-汤姆孙系数 μ 来表征焦耳-汤姆孙效应，μ 定义为等焓条件下温度随压力的改变：

$$\mu = \left(\frac{\partial T}{\partial P}\right)_H \tag{3-2}$$

对于不同气体，在不同压力和温度下，μ 的值不同。对于任何真实气体，在压力-温度曲线上，当压力的降低不能改变温度时，由这些点连成的曲线称为该气体的转化曲线。氦气和氢气在 1atm（$1.01×10^5$Pa）时，转化温度很低，因此氦气和氢气在室温膨胀时温度会上升。真实气体在等焓环境下自由膨胀，温度会发生改变（升温或降温取决于初始温度）。对于真实气体，在给定的压力条件下会存在一个焦耳-汤姆孙转换温度，高于该温度时气体温度会上升，低于该温度时气体温度会下降，处于该温度时气体温度不变。温度变化的原因如下：

温度上升：当分子碰撞时，势能暂时转换成动能。由于分子之间的平均距离增大，每段时间的平均碰撞次数下降，势能下降，因此动能上升，温度随之上升。

温度下降：当气体膨胀时，分子之间的平均距离增大，因为分子间存在吸引力，所以气体势能上升。该过程是等熵过程，系统总能量守恒，因此势能上升会引起动能下降，气体温度下降。

氢气在标准大气压下的转化温度仅为 204.6K（−68.55℃），这是常温下高压加氢过程会急剧升温的重要原因。这也意味着必须对高压氢气进行充分预冷处理才能实现节流降温和液化。

3.1.3　氢液化工艺

氢的液化过程需要消耗能量。其中冷却消耗了液化所需能量的绝大部分，包括氢气的降温和正氢向仲氢转化，而其他能耗则主要为压缩流体做功。尽管有研究指出，液化氢气最小需要的理论能耗为 3.92kW·h/kg，而不可避免的传热损失使得实际工程中氢液化的能耗在 6.5~15kW·h/kg 之间，能耗的大小与氢液化系统的规模能力和绝热效率有关。

液化氢气的工艺流程具有以下特点：

① 通过膨胀或节流法制液氢，氢气需要预冷到临界温度以下。
② 整个系统需要高效绝热。
③ 在 20K 液氢温区，绝大多数气体会凝固，因此氢液化前需去除氦气以外的其他气体杂质。
④ 系统材料需具备耐超低温与抗氢脆的性能。
⑤ 减少各种与外界热量传递的可能，提高系统密封性。
⑥ 必须具备正-仲氢转化能力[2]。

根据以上特点，目前工业上制备液氢主要包含以下步骤：①氢气的提纯与干燥；②氢气压缩；③氢气冷却；④氢气膨胀/节流液化；⑤正-仲氢转化。下面分别介绍两种常见氢液化循环工艺：林德-汉普逊循环和克劳德循环。

1895 年，德国的低温工程师林德和英国的汉普逊分别独立申请了用于液化气体的专利，被后世称为林德-汉普逊循环。其核心在于，转化温度以下的氢气通过节流膨胀阀后，温度降低从而液化，如图 3-2 所示。氢气经压缩机增压后，在后续的热交换器 1（HE1）中与过冷氮气进行初级冷却，之后再在剩余的四个热交换器（HE2～HE5）内依次被压缩氮气和液氮冷却。待氢气的温度低于其转化温度后，经由节流膨胀阀完成正焦耳-汤姆孙效应的温降，这使得一部分氢气成功冷却为液氢，并经由分离器分离，剩余的氢气随后再循环并与新进料氢气重新混合。该循环所需装置简单，运转可靠易处理；缺点是效率较低。只有压力高达 10～15MPa，温度降至 50～70K 时进行节流，才能获得较理想的液化率（24%～25%）。该循环主要用于科研和试验装置中的小型氢液化装置。

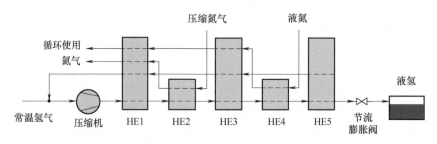

图 3-2　一种典型的林德-汉普逊循环氢液化工艺流程图

　　1902 年，法国工程师克劳德发明了一种带有活塞式膨胀机的空气液化工艺，后人把带膨胀机的气体液化循环统称为克劳德循环。膨胀机的作用是利用绝热膨胀效应，使得氢气利用其内能对外做功，进而实现氢气温度的下降。与林德-汉普逊循环相比，克劳德循环通过膨胀机的绝热膨胀效应将部分氢气温度下降，并利用其自身冷量作为预冷冷源为氢气降温，因此效率更高。氢液化系统通常采用透平膨胀机。

　　图 3-3 展示了一种典型的克劳德循环氢液化工艺。与林德-汤普逊循环类似，氢气经压缩后仍需通过几个热交换器（HE1～HE3）进行冷却，但热交换器之间安装了一台膨胀机，并可以不再需要液氮和高压氮气作为制冷剂。当经过冷却的高压氢气与过冷氢气在热交换器 1（HE1）换热后，一部分氢气进入膨胀机，用于冷却剩余的气体；另一部分则与林德-汉普逊循环相同，经过多级冷却后进入节流膨胀阀发生焦耳-汤姆孙效应，最终得到液氢。部分未被成功冷凝的氢气将与经膨胀机冷却的氢气一道在热交换器作为制冷剂，并再与新进料氢气重新混合。由于不需要使用高压氮和液氮作为预冷氢气的冷源，克劳德循环比林德-汉普逊循环的单位能耗更低，适用于中、大型氢液化装置，被广泛应用于全球各地的商业化液氢工厂。

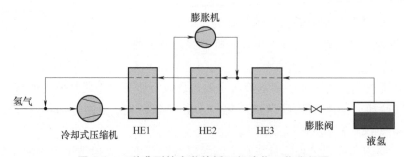

图 3-3　一种典型的克劳德循环氢液化工艺流程图

颇有意思的是，在发明相应的气体液化方法后，林德和克劳德均利用各自的技术创立公司为社会提供工业用气体。时至今日，它们发展为德国林德集团和法国液化空气集团，均已成为业界领先的跨国工程和工业气体生产公司。

3.2　液氢罐的关键材料与设备

3.2.1　液氢罐

作为盛装液氢的容器，液氢罐的应用场景多种多样，从液氢工厂和海上接收站用的巨型球罐，到运输用液氢罐箱、罐车，以及加氢站和交通工具用的类圆柱形液氢燃料罐，甚至实验室和卫星变轨用的异形微型液氢罐等。虽然体积和形状差异巨大，但它们在结构上基本都是带真空夹套的双层容器。这是因为，在标准大气压下，饱和液氢的温度低至−253℃且汽化潜热很小，为了维持液氢状态尽量减少蒸发，必须尽最大可能隔绝漏热，从热传导、热对流和热辐射三个方面切断热量传递的途径。这也正是液氢容器设计的关键技术[3]。

采用内胆和外罐之间夹套抽真空的双层容器结构，尤其是在 1×10^{-3} Pa 量级的高真空条件下，夹层空间内气体分子极其稀少，难以实现通过物质之间的接触和气体的对流实现热量传递，基本可以忽略其漏热影响。连接内胆和外罐之间的支撑结构，使用热导率低、强度高的非金属材料，尤其是高强度碳纤维增强复合材料在液氢容器中的应用，可以最大限度减少导热的传热量。液氢是密度最小的低温介质，因此液氢罐支撑结构的截面积可以做得更小。然而，热辐射不需要媒介，同时根据史蒂芬-玻尔兹曼公式，辐射传热量与温度四次方的差相关，而非热传导和热对流的与温差线性相关。因此，对于液氢罐而言，热辐射是影响传热的最重要因素，需要采取比普通低温罐更加谨慎的措施[4]。

图 3-4 展示了一种液氢罐典型结构的剖视图。在结构上，液氢罐由内胆、外罐、支撑结构和夹层绝热材料组成。内胆用于盛装液氢及其蒸发气，外罐为内胆提供封闭的真空环境，内胆与外罐之间的支撑结构用以维持内胆安装位置的相对稳定。在内胆与外罐的真空层中，还需要填充绝热材料，图 3-4 中采用的高真空多层绝热材料便是其中一种。

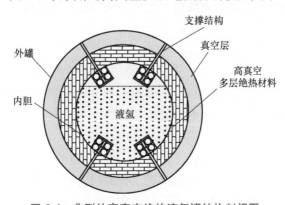

图 3-4　典型的高真空绝热液氢罐结构剖视图

为了满足液氢罐在应用场景的功能需求，还需要管路和其他附件。图 3-5 给出了典型的液氢储运容器的流程图，可以看出液氢罐的各种常用管线与功能主要分为以下几部分：顶/底加液管线、排液管线、泵吸管线、液位计、气液相管线、测满管线、超压卸放管线、增压管线、泵回气管线。其中，加液管线和泵吸入、回气管线由于与液氢直接接触，温度极低，因此管路和阀门均设计成真空夹套结构。

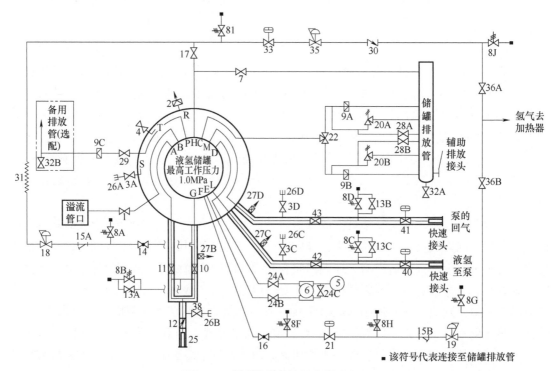

图 3-5 典型的液氢储运容器流程图

需要指出的是，氢分子极易渗漏进而降低夹层真空度，因此与液氢接触的内胆和管路，不仅要采用耐低温、抗氢脆的材料（如奥氏体不锈钢等），还要考虑焊缝连接处的致密性，比普通低温容器对缺陷的容忍度更低。此外，考虑到材料的膨胀系数，内胆和夹层管路在常温下制造，而在使用条件下温度急剧降低产生的尺寸收缩，需要在支撑结构和夹层管路设计时充分考虑。

3.2.2 液氢罐的绝热方式

低温液氢罐的绝热方式有堆积绝热、低真空绝热、高真空多层绝热、高真空多屏绝热，适用于不同体积大小和不同应用场景的液氢罐，每种绝热方式对应着不同的绝热结构组成和绝热材料[5]。

（1）堆积绝热

使用堆积绝热是成本最低的绝热解决方案。容器的夹层不考虑真空环境，而是将容器直接置于珍珠岩（珠光砂）、泡沫塑料、聚苯乙烯等密度较小、热导率低、价格低廉的粉末或纤维型材料之中。这些材料虽然能够有效减少固体导热，但由于并未形成真空环境，液氢容器外围的绝热材料会因空气和水蒸气冷凝甚至固化而影响绝热性能。这一类绝热材料的性能不尽如人意，但对于体积极大的液氢罐而言，尤其是单罐容积超过 1 万 m³ 的超级工程，考虑到建设和运营维护成本，堆积绝热仍然是优先考虑的方案。

（2）低真空绝热

在堆积绝热方案的基础上改良，把填充粉末或纤维的绝热夹层抽至低真空环境并维持，可以有效减少气体导热，并消除对流传热，最终实际热导率只有堆积绝热的几十分之一[6]。为了隔绝辐射换热，可以在绝热材料中加入金属粉末，或者在贴近内胆外壁的低温侧增加多层反射材料。

近年来，使用真空玻璃微球的绝热技术方案得到了广泛关注。如图 3-6 所示，真空玻璃微球是一系列直径小于 0.001mm 的玻璃气泡，其质量轻、强度高，且因为内部为真空环境，其绝热效果可以接近低真空条件下的热导率。1998 年，肯尼迪航天中心低温测试实验室开始对玻璃球产品进行低温恒温器测试和研究，并于 2003 年向 NASA 提交了将真空玻璃微球代替珍珠岩粉末的低温储罐改造方案。

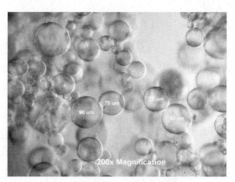

图 3-6　美国 3M 公司 K1 真空
玻璃微球 200 倍放大图

2008 年到 2016 年间，美国 NASA 进行了 5 万 US gal（约 189m³）液氢球罐绝热性能对比实验。采用真空玻璃微球作为绝热材料的液氢容器在 9 年间经历了 3 次完整的热循环测试，对比实验结果表明，绝热性能比采用珍珠岩颗粒时显著提高，该液氢球罐的平均蒸发率下降了 46%，达到 0.10%/d。2016 年，NASA 启动了全球最大液氢球罐的建设计划，把真空玻璃微球绝热作为首选方案。该储氢罐容量为 125 万 US gal（4730m³）并已在 2022 年建成和投入使用，如图 3-7 所示。

（3）高真空多层绝热

为了减少热辐射对储罐绝热性能的影响，通常会在绝热空间内安装由许多层反射屏和间隔材料交替组合的多层绝热结构，使热辐射的热量在传播中层层衰减，最终仅有极少部分到达液氢罐内胆外壁面[7]。相关技术要求可参看 GB/T 31480—2015《深冷容器用高真空多层绝热材料》。

反射屏最常见的材料是发射率高、造价低且轻便的铝箔或双面镀铝薄膜。与发射率较高的铝箔相比，发射率较低的双面镀铝薄膜能在低温侧建立起较大的温度梯度，而发

图 3-7　美国 NASA 采用真空玻璃
微球绝热的液氢球罐

射率较高的铝箔能够在高温侧建立起较大的温度梯度，这种差异会随着反射屏数量的增加而减小。对于液氢容器，由于冷侧温度更低，希望绝热材料建立起更大的温度梯度，因此适合

选择双面镀铝薄膜作为辐射屏材料。当辐射屏数量小于 30 个时，低温侧和高温侧选择不同的辐射屏材料，可以获得更好的绝热性能。当辐射屏数量大于 30 个时，双面镀铝薄膜和铝箔的多层绝热结构性能差异不大，反射屏材料的选择更多考虑工艺的需求。如对辐射屏强度要求较高的，应选用双面镀铝薄膜，而对抽真空过程加热温度要求高的，则应选用耐温性能更好的铝箔。

间隔材料的作用是增加热阻、减少导热，因此尽可能选用纤维长度短、热导率低的材料。常用的间隔层材料有玻璃纤维纸、化学纤维纸、植物纤维纸等。化学纤维纸和植物纤维纸的特点是单位面积重量低、纤维较短、强度好，但耐高温性能不佳，在真空下烘烤温度达到 150℃持续 4h 以上就会有炭化发黄、变脆的现象，因此在抽真空过程中的最高加热温度一般不超过 120℃。玻璃纤维纸的隔热性能与纤维长度有很大关系。短纤维的超细玻璃纤维纸虽然隔热效果好，但强度很差，很容易脆裂。常用的玻璃纤维纸是由全电窑火焰法工艺生产的超细玻璃纤维棉原料经特殊加工工艺生产的，遇明火不燃烧、克重低、均匀度好、热导率低、接触热阻大，缺点是抗拉强度低、易碎，粉尘有害于人体的呼吸系统，与皮肤接触会发痒等。

为了提高低温罐产品的生产效率和结构性能一致性，可以将高真空多层绝热材料复合成被子的形式。最常见的组合就是每十个反射层和十层隔热材料交替组合后缝制成一条绝热被，再根据容器的大小来裁剪设计绝热结构。由于存在边缘效应，多层绝热结构性能虽会下降，但也能换来结构的稳定性和层密度的保证，使得多层绝热结构在大规模应用时可获得稳定的绝热性能。同时，绝热被的使用还能保证在振动冲击环境下多层绝热结构不会发生脱落。为加快容器抽真空速度和确保绝热结构的层间真空度，还需要在多层绝热结构中开一定大小的气孔。相对强度较低的单层材料，绝热被不会因开孔造成材料的撕裂。

高真空多层绝热结构在液氢储存技术中应用非常广泛，可满足绝大多数液氢罐的绝热要求，实现 5~15 天甚至更长的不排放维持时间。从车载燃料罐，到运输用的液氢罐车与罐箱，以及液氢加氢站和液氢工厂用的储存罐，工厂制造的液氢罐容积从几百升到数百立方米不等，包括现场施工的液氢球罐。俄罗斯最大的高真空多层绝热液氢球罐容积可达 $1400m^3$。

（4）高真空多屏绝热

如果想要进一步提高液氢罐的绝热性能，延长液氢罐不排放的维持时间，可以在高真空多层绝热结构的基础上增加金属屏和液氮保护屏，形成多屏绝热结构。这种绝热结构非常复杂且成本较高，更多应用在海上长途运输的液氢罐箱中，可实现 35 天以上的维持时间。

（5）真空维持用吸附剂

实验表明，在 10^{-2}~10Pa 的真空度范围内，高真空多层绝热方式的有效热导率呈指数级增长，而其他条件下真空度变化对有效热导率影响不大，因此绝热夹层内的真空度应不大于 10^{-2}Pa。但是真空度不可避免地会因内胆、外罐体漏气和夹层材料释放气体等而逐渐下降。由外罐漏入夹层的气源是空气，主要组分是 N_2 和 O_2，由内胆漏入夹层的气源是 H_2，而材料放气的主要组分也是 H_2。为了获得和维持液氢罐绝热所需的高真空度，需要在绝热空间内使用吸附剂来吸收残余气体。对于液氢容器来说，残余气体的主要成分是 H_2。

根据高真空多层绝热容器的残余气体分布和吸气原理的不同，液氢容器需要同时使用低温吸附剂和常温吸附剂，并分别放置在多层绝热结构的内侧和外侧。常用的低温吸附剂有活性炭和 5A 分子筛。表 3-1 给出了两种常用吸附剂在不同吸附温度条件下的吸附容量。可以看出：随着温度的降低，吸附剂的吸附容量会明显提升；活性炭具有更好的吸附氢气的能力。而在常温侧采用的吸附剂为一氧化钯（PdO）。

表 3-1　分子筛与活性炭在相同条件下的吸附情况

吸附条件	吸附容量（mL/g）			吸附剂类型
	N_2	O_2	H_2	
288K（15℃）	8	>8	1×10^{-3}	5A 分子筛
	>8	>8	5	GH-0 椰壳活性炭
77K	85	>85	1×10^{-3}	5A 分子筛
	>85	>85	55	GH-0 椰壳活性炭
20K	—	—	160	5A 分子筛
	—	—	200	GH-0 椰壳活性炭

活性炭吸附剂包括微球形的活性炭和经炭化、活化处理的椰子壳等。高碳有机物在高温隔离空气条件下除去内部水分，经焦油进行炭化处理后，通入二氧化碳、水蒸气和氧气对炭化物完成活化处理，最终形成活性炭。活性炭具有较大的比表面积和丰富的微小孔道，且化学性质稳定，成本低廉，容易再生。

分子筛的成分主要是一种由四面体连接而成的骨架结构的铝硅酸盐，并经过高温烘烤处理而成为具有大量晶穴（直径为 0.12~0.25nm）的多孔晶体。因此，分子筛不仅具有很大的内表面积，能吸附直径小于晶穴尺寸的气体分子，还对极性分子（如水）具有极好的吸附性。虽然氢气分子尺寸远小于晶穴尺寸，分子筛对其吸附能力较差，但在低温尤其是液氢温区下可以实现对氢气的吸附。

一氧化钯（PdO）吸附氢气的原理更多是化学催化反应而非物理吸附[8]。PdO 可以与 H_2 反应生成 Pd 和 H_2O，也可以催化空气中的 O_2 与 H_2 反应直接生成 H_2O，而水可以很容易被分子筛吸收。因此，一氧化钯与分子筛结合起来使用，可以吸附大量的常温氢气。

3.3　液态储运氢技术应用

液态储运氢技术指以液氢或富氢液态化合物进行氢气储运的技术。液态储运氢技术是指将氢气冷却至液化温度以下，以液态氢气形式储存与运输的技术。液氢运输的最大优势是质量储氢密度高，但是其存在储存容器要求高、易挥发（每天挥发 0.3%~2%）、液化能耗高（>20kW·h/kg）、安全风险大等问题，目前国内仅在航天等领域得到使用。

当液氢的集中生产基地与用户相距较远时，需要把液氢装在专用的低温绝热液氢储罐内，用重卡、火车、船舶进行运输。液氢运输是一种运氢密度大、快速、长距离运输经济的氢气运输方法。目前，液氢的制备、运输和储存设备的相关技术已得到实用化，但是规模相对较小，相关核心专利多被林德集团、法国液化空气集团等国外气体企业掌握。液氢的可再生能源电-氢体系如图 3-8 所示。氢气液化的能耗较高，但是液氢技术路线中，液氢工厂可以建在风光发电厂旁边电价便宜的地区，而在大规模用户所在的大城市区，液氢在终端加注使用的单位能耗非常低，仅有 $1kW\cdot h/kg$，为高压储运加注的 $1/6\sim1/4$；加上运输及加氢站运营等方面的优势，综合用氢成本与高压氢相比甚至更低。而且相比于绿氢制备的电解能耗 $45\sim55kW\cdot h/kg$，氢气液化的能耗占比为制氢能耗的 $1/9\sim1/5$，其能耗高低影响相对较弱。当然，在氢能示范及发展初期，氢能应用规模不大、氢气运输距离较短、季节性储能调控等情况下，液氢储运的技术路线优势不太明显。

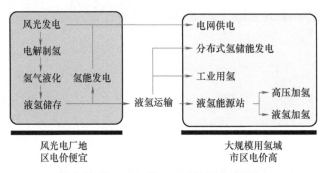

图 3-8 基于液氢的可再生能源电-氢体系

一般来说，液氢液化站的规模越大，液化能耗相对越低。国内航天 101 所、中科富海、国富氢能等相关单位一直在开展氢气液化装置的国产化工作。2021 年 9 月 9 日，航天 101 所研制出我国首套具有自主知识产权的基于氦膨胀制冷循环的氢气液化系统，调试成功并产出液氢，仲氢含量 97.4%，额定工况透平膨胀机效率达 80%，设计液氢产量为 1.7t/d（$1m^3$/h），实测满负荷工况产量达到 2 t/d。而目前国内制作的最大液氢储存容器容积为 $300m^3$，用于文昌的火箭发射，最大的液氢运输半挂车容积为 $25m^3$，在北京航天试验技术研究所内常年运行，用于各种试验的液氢供应。在标准方面，我国于 2021 年通过了 GB/T 40060—2021《液氢贮存和运输技术要求》[9] 和 GB/T 40061—2021《液氢生产系统技术规范》[10]，为液氢的储运和生产提供标准。

车载液氢储氢系统方面，2021 年我国车载液氢储氢系统在重型货车上的应用取得突破，研制出全球首辆 35t 级、49t 级分布式驱动液氢燃料电池重型商用车（图 3-9），于 2021 年 9 月 11 日顺利通过我国液氢燃料电池汽车的首次综合测试，完成了车载液氢燃料电池系统绝热、加注与蒸发率测试及整车动力性能评价，为实现车载液氢燃料电池技术从科研探索向产业应用迈出关键一步。

图 3-9 液氢供氢的燃料电池重卡车头

液态储氢加氢站方面，目前全球已有 120 多座液氢储氢加氢站，超过全球总加氢站数量的1/5，其中运营时间最长的已超过 10 年。我国此前的 GB 50516—2010《加氢站技术规范》中，并未提及液氢在加氢站上的任何应用，而在 2021 年修订的 GB 50516—2010《加氢站技术规范（2021 年版）》中，则明确提出加氢站应结合供氢方式进行设计，可采用氢气长管拖车、氢气管束式集装箱、液氢罐车、液氢罐式集装箱运输或管道输送等方式供氢。2021 年 11 月，我国首座液氢供氢储氢加氢站——浙江石油虹光（樱花）综合供能服务站在浙江平湖建成，由北京航天试验技术研究所承担设计、施工、安装、调试任务。此站设有一座 14m³ 的液氢储罐，两台 90MPa 的高压储氢瓶，一台 35MPa 加氢机为氢燃料电池汽车加注氢气，并配套建设一台 120kW 充电桩整流柜及两个充电车位（图 3-10）。该加氢站每天可满足燃料电池汽车最多 1000kg 的加氢量。

图 3-10　我国首座液氢供氢储氢加氢站

在液氢运输方面，根据液氢的运输方式，可分为陆地运输、水路运输和液氢罐箱多式联运等。

（1）液氢陆地运输

类似于液化天然气（LNG），液氢作为商品，可以从液氢工厂或液氢接收站运送至加氢站和工业用汽化站等终端用户；由可再生能源制绿氢的能源基地或液氢贸易的中转接收站，运往能源或化工原料需氢量较大的城市和地区。陆地运输的液氢装备包括液氢罐式集装箱、液氢公路罐车与铁路罐车等。

液氢属于列入国家标准的危险货物，根据我国《危险化学品名录（2015 版）》和 GB 12268—2012《危险货物品名表》，液氢的国内编号为 21002，联合国编号为 UN1966。在公路和铁路上运输时，应遵循交通运输部颁布的危险货物运输管理相关规定。液氢罐车如图 3-11 所示。需要注意的是，各个国家和地区的道路运输法规和管理要求并不一致，陆地运输的罐车所允许的最大尺寸和容积也有差异。在我国，低温液体汽车罐车的最大容积不超过 52.6m³。

a) 美国Praxair公司　　　　　　　　　b) 法国Air Liquide公司

图 3-11　美国和法国的液氢罐车应用

在罐车运输中，液氢罐与车辆行走机构固定连接在一起，因此液氢罐车仅能在陆地上使用。而罐箱是带有标准尺寸框架结构和标准化角件的罐体，可以方便地装卸和转运，如图 3-12 所示。在公路上运输时，罐箱可以直接放置在通用的平板运输车上，到了目的地之后，可以将罐箱卸车，多个标准尺寸的罐箱可以堆放和层叠。国际标准化（ISO）罐式集装箱的外廓尺寸一致，是可以标准化批量生产并在全球使用的运输载体。最常用的液氢罐箱规格是 40ft（1ft＝30.48cm）ISO 罐式集装箱。

a) 日本川崎重工　　　　　　　　　　　　b) 德国Linde公司

图 3-12　日本和德国的液氢罐箱应用

罐箱的运输与应用方式灵活，且钢结构框架不仅适用于堆码，同时对罐体也有很好的保护作用，比公路罐车的安全性更高。缺点是有效容积和装载量比罐车少，最常用的 40ft ISO 液氢罐式集装箱容积约 40m³。

（2）液氢的水路运输

在液氢运输船方面，最早采用船舶运输液氢的美国于 20 世纪 60~70 年代开展"阿波罗航天项目"，该项目曾使用 947m³ 的储罐通过驳船进行液氢运输，通过海路把液氢从路易斯安那州运送到佛罗里达州的肯尼迪空间发射中心，比陆地运输方式更加高效安全和经济。另外，德国也在 2004 年试制过 SWATH（Small Waterplane Area Twin Hul）船，船体长度超 300m，配置 5 个球形储罐。

出于大规模氢液化和液氢进出口的需求，海上长距离运输的液氢船技术也在不断发展。自 2014 年起，川崎重工开始研发世界上第一艘海上贸易专用的液氢运输船。2019 年 12 月 11 日，这艘命名为"Suiso Frontier"的液氢运输船从川崎重工位于日本神户港的船厂下水，如图 3-13 所示。该船总长 116m、宽 19m，自重约 8000t，配置两个长 25m、高 16m 的真空绝热液氢储罐，单罐可储存 1250m³ 的液氢。

图 3-13　日本"Suiso Frontier"号液氢运输船和大阪神户空港岛液氢接收站

日本川崎重工集团布局液态氢海上运输和构建液氢供应链由来已久。2018 年初它与澳大利亚政府合作，分阶段建设 770t/d 褐煤制氢和氢液化项目，将在 2030 年之前完全达产，届时还会再建造两艘 16 万 m³ 的液氢运输船实现超大规模海上运输。大阪神户空港岛液氢接收站也在 2021 年建成和投入使用。船运来的液氢先转注至直径 19m、容积 2500m³ 的液氢球罐，再经由原料输入设备卸液至液氢运输车，经由公路配送至各液氢使用站点。日本液氢运输船下水和液氢海上接收站的启用，将会揭开氢能全球贸易的新篇章，液氢未来将会像液化天然气一样，通过数万乃至数十万方的运输船实现万里之遥的海上运输，成为最高效的氢能储运方式。

（3）液氢罐箱多式联运

液氢船配送到陆地各地的运输方式，中间需要经过多次液氢转注环节：液氢船到液氢接收站，液氢接收站到液氢罐车，液氢罐车到加氢站或汽化站。由于液氢的温度低于空气的凝固温度，每多一次转注，就多一次空气进入液氢系统形成固体颗粒物的风险，同时每次转注都需要浪费一定量的氢气进行吹扫。只有在液氢进入超大规模应用时，这种运输方式才具备经济性。而从目前全球液氢应用来看，这一技术路线还有很长的路要走。

而液氢罐箱多式联运，不仅可以海上运输和公路运输，还可以直接放置在加氢站和汽化站作为固定容器使用，实现了液氢从生产工厂直接到用户，最多可以减少三次转注。在海上液氢生产尚不具备超大规模时，可快速实现液氢产业链的产业化推广，比液氢船更具有经济性。液氢罐箱多式联运如图 3-14 所示。

a) 公路运输　　　　　　　　　　　　　b) 水路运输

图 3-14　罐箱的堆码与公路水路多式联运应用

从液氢公路运输的安全性角度来看，液氢罐箱运输的安全性远高于液氢罐车。由于罐箱堆码的要求，液氢罐箱必须有框架的保护，因此在公路运输时，即使出现追尾、碰撞翻车等交通事故，液氢罐箱仍能在框架的保护下确保不损坏和泄漏，从而大大提升其安全性。而罐车因为没有刚性框架的保护，一旦发生追尾碰撞，很容易发生泄漏和二次燃烧爆炸，不管是在人员密集区还是高速公路上，都会引起灾难性事故，例如 2020 年的温岭罐车爆炸事件。提升装备的安全性，减少事故发生的概率，对于氢能产业的健康快速发展具有重要意义。从这个角度来看，大力发展多式联运液氢罐箱运输，更容易快速推动产业化进程。

整体来说，国内的液氢液化和储运技术远落后于国外。其中，中大型氢气液化装置研制、大型液氢球罐、液氢高压泵、液氢罐箱、液氢加氢枪、液氢输送泵等关键工艺设备均需要进行自主化突破。

课后习题

1. 真空性能良好的高真空液氢罐，对绝热性能影响最大的传热方式是（　　）。
A. 热传导　　　　B. 热对流　　　　C. 热辐射　　　　D. 以上都是

2. 在常温下，仲氢分子数占氢总分子数的比例约为（　　）。
A. 99%　　　　B. 75%　　　　C. 50%　　　　D. 25%

3. 液氢罐的真空夹层中，由外罐漏入夹层的主要气源是（　　）和（　　），由材料放气和内胆漏入夹层的主要气源是（　　）。
A. He　　　　B. N_2　　　　C. O_2
D. CO_2　　　　E. H_2

4. 常用的液氢罐箱规格是（　　）。
A. 40ft ISO 罐式集装箱　　　　B. 40m GB 罐式集装箱
C. 20ft ISO 罐式集装箱　　　　D. 20m GB 罐式集装箱

5. 常用的正-仲氢转化催化剂包括两类，即_____和_____。

6. 气体节流后，压强和温度都下降的效应称为_____效应，而温度保持不变所对应的温度被称为气体的_____。氢气在标准大气压下的转化温度为_____。

7. 典型的液氢罐结构包括_____、_____、_____、_____、_____、_____和_____。

8. 液氢罐可以采用的绝热方式有四类，即_____、_____、_____、_____。

9. 液氢罐的高真空夹层中，常用的低温吸附剂有_____和_____，而在常温侧采用的吸附剂为_____。

10. 陆地运输的液氢装备包括_____、_____与_____等。

11. 我国低温液体汽车罐车的最大容积不超过_____。

12. 请简述氢液化工艺中需要进行正-仲氢转化的原因。

13. 请简述氢液化工艺流程的特点。

14. 请分析林德-汉普逊循环和克劳德循环两种氢液化工艺的异同。

15. 高真空多层绝热又被称为"超级绝热"，请简述这一绝热方式的原理，并体会其绝热性能优异的原因。

参考文献

[1] 陈邦国，林理和. 低温绝热与传热 [M]. 杭州：浙江大学出版社，1989.
[2] 徐成海，张世伟，谢元华. 真空低温技术与设备 [M]. 北京：冶金工业出版社，2007.
[3] 徐烈. 低温绝热与贮运技术 [M]. 北京：机械工业出版社，1999.
[4] XU W Q, YANG G D, LOU P. Design and simulation of airborne liquid-hydrogen tank for unmanned aerial vehicle [J]. Chinese Journal of Vacuum Science, 2015, 35 (3)：266-270.
[5] BARRON R F, NELLIS G F. Cryogenic heat transfer [M]. Florida：CRC press, 2007.
[6] 陈树军，谭粤，杨树斌，等. 低温绝热气瓶漏放气性能的研究 [J]. 真空科学与技术学报，2012,

32（5）：5.

［7］魏蔚. 打孔高真空多层绝热被的传热机理及其复合结构的开发研究［D］. 上海：上海交通大学，2013.

［8］曾宇梧. 一氧化钯在高真空多层绝热结构中的吸氢特性研究［D］. 上海：上海交通大学，2009.

［9］全国氢能标准化技术委员会. 液氢贮存和运输技术要求：GB/T 40060—2021［S］. 北京：中国标准出版社，2021.

［10］全国氢能标准化技术委员会. 液氢生产系统技术规范：GB/T 40061—2021［S］. 北京：中国标准出版社，2021.

第4章 富氢液态化合物储运氢

除高压气态储氢和低温液态储氢外，富氢液态化合物也可以作为一类化学储氢载体。其中，含有苯环的芳香化合物等可逆储氢分子的质量储氢密度在5~7.6wt%之间，体积密度约45~85g/L（图4-1）。液氨（NH_3）和甲醇（CH_3OH）等常见富氢化合物由于可以催化裂解完全释放分子内的氢，其单位质量储氢密度显著大于芳香化合物。例如，NH_3发生直接脱氢反应，其理论质量储氢密度可达17.6wt%，甲醇直接脱氢理论质量储氢密度约为12.5wt%。由于合成原料N_2或CO_2从空气中来，用完又会释放到空气中去，液氨和甲醇被称为循环储氢载体（Circular Hydrogen Carrier，CHC）。需要特别指出的是，甲醇可通过与水蒸气重整，来额外释放水中的氢分子，从而使甲醇单位质量储氢密度突破理论上限达到18.75wt%（图4-1）。基于水蒸气重组反应，乙醇、二甲醚等C-C双碳分子如能完全重整制氢，则可使其质量储氢密度提高至26wt%。

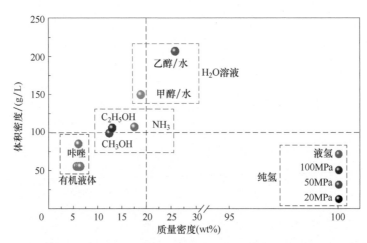

图4-1 富氢液态化合物储氢技术的单位质量储氢和体积储氢密度比较图

在实际氢储运过程中，尽管具有相对更高的理论储氢质量密度，可循环的储氢密度需要使用高效的催化氢化储氢和催化释氢反应才能兑现。例如，乙醇分子中含有的C-C键需要高温转化才能实现完全重整产氢，且副产物 CO、CH$_4$ 等选择性较高，导致下游分离过程成本高昂和燃料电池应用困难。二甲醚与乙醇分子是同分异构体，具有相同的单位储氢密度，相比乙醇来说，二甲醚重整条件温和。但是，相比常温下为液体的甲醇，二甲醚常温常压下为气体，存在运输不易等问题。在各个循环储氢分子载体中，有机液体、液氨和甲醇催化重整制氢技术相对成熟可靠、条件温和、副产物少、效率高，因而受到了广泛的关注。因此，本章将着重介绍基于有机液体、液氨和甲醇的储氢技术。

4.1　有机液体

有机液体储氢材料，又称液态有机储氢载体（Liquid Organic Hydrogen Carriers，LOHC），指的是一类能够在催化剂作用下通过发生化学反应实现吸、放氢的有机物[1]。从原理上讲，每一个含不饱和键（C=C 双键或 C≡C 三键）的有机物都能通过氢化反应（hydrogenation，放热反应）实现储氢，通过脱氢反应（dehydrogenation，吸热反应）实现放氢（图 4-2）[2]。常用不饱和液体有机物主要包括环烷烃、N-乙基咔唑、甲苯、1,2-二氢-1,2-氮杂硼烷等。LOHC 储氢技术具有较高的储氢密度，在环境条件下即可储氢，安全性较高，运输方便。其主要缺点是氢的吸放过程比物理储氢困难，需要配备额外的反应设备和氢分离纯化装置，放氢过程需要加热，因而高耗能导致成本增高[3]。2020 年，日本使用甲苯储氢技术，在汶莱和川崎市间成功建立了世界上首个国际氢能源供应链[4]。总部位于德国 Erlangen 的 Hydrogenious LOHC 公司也一直在开发基于二苄基甲苯 LOHC 氢储运技术。整体来说，LOHC 储氢技术术在日本和欧洲发展迅速，在我国尚属于示范阶段。

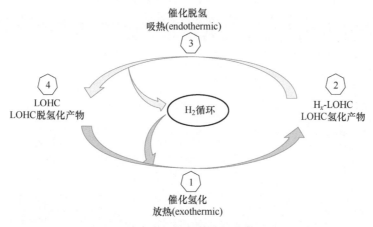

图 4-2　液态有机储氢载体储氢基本原理

4.1.1　常见有机液体储氢原理

有机液体储氢技术是通过不饱和液体有机物的可逆加氢-脱氢反应来实现储放氢循环。理论上，烯烃、炔烃、环烃等不饱和芳香烃以及其相应氢化物，如苯-环己烷、甲基苯-甲基环己烷等可在不破坏碳环主体结构下进行可逆加氢和脱氢反应。理想的有机液体储氢载体，不仅需要具备高的储氢密度，还需满足其他一系列要求，如储氢稳定性、脱氢速率或效率、成本、储运安全性，并且需要与现存储氢技术和运输设施相匹配。目前，常用 LOHC 物质包括（图 4-3，表 4-1）苯（benzene）、甲苯（toluene）、萘（naphthalene）、咔唑（carbazole）、N-乙基咔唑（N-ethylcarbazole，NEC）、二苄基甲苯（dibenzyltoluene，DBT）[5]。

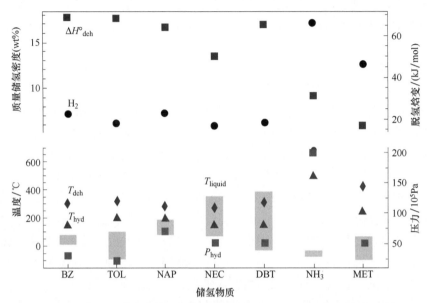

图 4-3　常见 LOHC 储氢密度和脱氢反应焓变及脱氢反应温度和压力[5]

表 4-1　常见有机液体储氢特性比较

指标	甲苯	二苄基甲苯	N-乙基咔唑	液氨	甲醇
运输温度/℃	室温				
运输压力/MPa	常压			1	常压
系统质量储氢密度/wt%	4~6.5	4~6.2	4~5.8	17.6	12.5
系统体积储氢密度/(g/L)	40~55	40~55	40~55	108	99
充氢电耗/(kW·h/kg)	放热反应(3~5)			放热反应(约6.8)[5]	放热反应(约4.4)[5]
充氢压力/MPa	1~2	1~5	1~5	20~30(哈伯法)	4.9~9.8(中压法)
放氢电耗/(kW·h/kg)	约9	约9	约8	约4.8[5]	3.2~7.2[5]
放氢温度/℃	约320	约310	约270	300~500	200~300
共性特点	需催化剂及大型加/脱氢装置；放氢气纯度低，需进一步提纯；循环次数低			需催化剂及大型加/脱氢装置；放氢气纯度较高，循环次数中等	
独有特点	—	可在液态状态脱氢			

苯/环己烷储氢体系（benzene/cyclohexane，BZ/CHE），利用苯-氢-环己烷的可逆化学反应来实现储氢，其质量储氢密度为 7.2wt%，且在常温 20~40℃时环己烷为液态，其脱氢产物苯在常温常压下也处于液态，可以用现有的燃料输送方式进行储运。1mol 环己烷可以携带 3mol 的氢，反应所需热量远低于氢燃烧时所释放的热量，因而可以提供较为丰富的氢能。但是，苯存在剧毒性，环己烷的低沸点（高挥发性）使产生的氢气分离纯化困难[5]。

甲苯/甲基环己烷储氢体系（toluene/methylcyclohexane，TOL/MCH），其质量储氢密度为 6.2wt%。由于甲苯的毒性相对较低，脱氢可产生氢气和甲苯。甲基环己烷和甲苯在常温常压下均呈液态，且加氢和脱氢过程可逆、相对简单。因此，TOL/MCH 储氢体系已被日本千代田化工建设株式会社（Chiyoda Corporation）商用[6]。

萘/十氢化萘储氢体系（naphthalene/decahydronaphthalene，NAP/DEC），储氢能力相对较强，其质量储氢密度为 7.3wt%，体积储氢密度为 62.9g/L，常温下呈液态，便于储氢，但在加氢、脱氢以及运输过程中可能存在原料不断损耗的问题。1mol 反式-十氢化萘可携带 5mol 的氢，反应所需热量约为 66.7kJ/mol H_2，约占氢气燃烧所释放热量的 27%，可提供丰富氢能。

N-乙基咔唑/十二氢乙基咔唑（N-ethylcarbazole/perhydro-N-ethylcarbazole，NEC/PNEC）储氢体系，其质量储氢密度为 5.8wt%。N-乙基咔唑为无色片状晶体，溶于热乙醇、乙醚、丙酮，不溶于水，遇光易变黑，易聚合[7]。相比于其他 LOHC 储氢体系，NEC/PNEC 体系具有较低的氢化/脱氢焓变（约 50kJ/mol H_2），在 130~150℃可实现快速加氢，150~170℃可实现脱氢，与燃料电池工作温度相匹配，是理想的储氢介质[8]。但是，较弱的氮-烷基键，使得在 270℃以上发生去烷基化反应。另外，N-乙基咔唑工业产量较低，熔点较高，高于室温，需要加热达到液态氢运输目的。

二苄基甲苯/十八氢化苄基甲苯（dibenzyltoluene/perhydro-dibenzyltoluene，DBT/H18-DBT）储氢体系，其质量储氢密度为 6.2wt%，具备低毒性、高热稳定性。该 DBT/H18-DBT 体系在约 140℃可实现快速加氢，在 270~320℃可实现脱氢，而且可使用氢气混合物加氢，与工业产氢过程相容，无需氢分离纯化过程[7]。但是，其储氢密度受操作过程影响大，在几个氢化/脱氢循环过程后，由于存在不完全脱氢，其储氢密度下降约 77%。

LOHC 储氢技术很有应用前景，质量储氢密度高，运输方便安全，可与现有的石油运输设施匹配，可以实现大规模、长距离、长期性的氢能存储和运输，为车用燃料电池提供氢源。与高压气氢和低温液氢储运、固态金属氢化物储氢方法相比，有机液体氢化物储氢具有很多明显的优点：有机液体具有较高的质量和体积储氢密度，现常用材料（如环己烷、甲基环己烷、十氢化萘等）均可达到规定标准；环己烷和甲基环己烷等在常温常压下呈液态，与汽油类似，可用现有石油管道设备进行储存和运输，安全方便，并且可以长距离运输，解决我国东西部地区能源分布不平衡的问题；催化加氢和脱氢反应可逆，可长期储存，储氢介质可循环使用，如果能大规模获取化学原料，可降低储氢成本[7]。LOHC 储氢技术也存在不足：技术操作条件较为苛刻，催化加氢和脱氢的装置要求较高；脱氢反应需在低压、高温非均相条件下，受传热传质和反应平衡极限的限制，脱氢反应效率较低，容易发生副反应，使得释放的氢气不纯，而且在高温条件下容易破坏脱氢催化剂的孔结构，导致结焦失活。

4.1.2　有机液体合成与裂解工艺

常见有机液体氢化和脱氢工艺示意图如图 4-4 所示。一般来说，镍金属催化剂（Ni/Al$_2$O$_3$）或铂金属催化剂（Pt/Al$_2$O$_3$）是氢化和脱氢反应的常用催化剂。对于苯/环己烷（BZ/CHE）储氢体系，环己烷是苯氢化后的储氢载体，在常温下为液体，反应放热（约 68.8kJ/mol）。Biniwale 等人开发了活性炭负载的镍-铂双金属催化剂在喷射脉冲反应器（Spray-pulsed Reactor）300℃下实现了环己烷的高效脱氢[9]。其中，20wt% Ni+ 0.5wt% Pt/ACC 催化剂活性，比单一的 0.5wt% Pt/ACC 和 20wt% Ni/ACC 催化剂分别高 60 倍和 1.5 倍，产氢选择性从98.8%提高到99.7%。他们还证实10wt% Ag+ 1wt% Pt/ACC 双金属催化剂产氢效率是单一的10wt% Ag/ACC 催化剂两倍。Chen 等则开发了非贵金属双金属催化剂 Ni-Cu/SiO$_2$（17.3mol%$^\ominus$ Ni，3.6mol% Cu）用于环己烷脱氢化反应[10]，在平推流反应器（Plug Flow Reactor）和250℃下，实现了95.0%的转化率和99.4%的苯选择性。

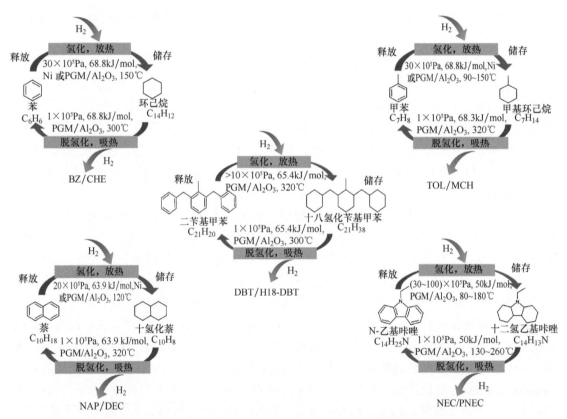

图 4-4　常见有机液体氢化和脱氢工艺示意图[3]

对于甲苯/甲基环己烷（TOL/MCH）储氢体系，甲基环己烷在常温下为液体，沸点为100.9℃。从热力学讲，反应压力越低，越有利于甲基环己烷到甲苯的转化。因此，在允许的操作条件下，应尽量降低反应体系压力。在高温条件下，甲基环己烷的脱氢放氢是气相反

$\ominus$　mol%代表摩尔分数。

应。Okada 利用控制酸碱方法来控制氧化铝的孔径分布从而获得高效的铂金属高分散的 Pt/Al_2O_3 催化剂[11]。其中，MCH 的转化率为 95%，甲苯选择性为 99%，产氢效率为 50Nm³/h。除了商用 Al_2O_3 催化剂载体，La_2O_3、ZrO_2、TiO_2、CeO_2、Fe_2O_3、MnO_2 和 perovskite 等载体都可以用来合成铂金属催化剂用于甲基环己烷脱氢。另外，钯金属膜反应器（Membrane Reactor）可同时实现甲基环己烷脱氢和氢分离。Gora 等人用 1wt% Pt/Al_2O_3 催化剂，在钯金属膜反应器 225℃条件下，实现了在固定床反应器和 245℃条件下才能实现的 70%转化率[12]。该工作证实了使用钯金属膜反应器，通过连续选择性去除反应体系的氢，打破化学平衡，从而提高平衡转化率。

对于萘/十氢化萘（NAP/DEC）储氢体系，萘常温下为固体（熔点为 80℃），十氢化萘的脱氢化反应是不可逆的，这对循环脱氢/氢化会产生巨大的复杂性，因而每一循环需要加入新的萘。Suttisawat 等人使用 1wt% Pt/ACC 催化剂，在固定床反应器，320℃条件下，比较了微波和电加热两种情况下的十氢化萘脱氢机理。同一催化剂，转化率从 85%下降到电加热的 10%，和微波加热条件下的 13%[13]。尽管拥有很高的储氢密度，这些缺陷使得 NAP/DEC 储氢体系不适合氢储运，十氢化萘脱氢催化剂研究仍处于实验室阶段。

N-乙基咔唑/十二氢乙基咔唑（NEC/PNEC）储氢体系，具有较低的氢化/脱氢焓变（约 50kJ/mol H_2），在 130~150℃可实现快速加氢，150~170℃可实现脱氢，与燃料电池工作温度相匹配，是理想的储氢介质[8]。但是，N-乙基咔唑常温下是固体，而且较弱的氮-烷基键，使得在 270℃以上发生去烷基化反应。因此，对于反应体系的改性催化剂和加快传质传热显得至关重要。Yang 等人研究了 Al_2O_3 负载不同贵金属催化剂（Pt、Pd、Rh、Ru），在同一负载量（5wt%）、180℃下，对十二氢乙基咔唑脱氢反应的影响[14]。其中，金属的活性顺序遵循 Pd>Pt>Ru>Rh。Sotoodeh 等人用 5wt% Pd/SiO_2 催化剂，在 170℃下，实现了十二氢乙基咔唑 100%的转化率，60%的氢产率[15]。

对于二苄基甲苯/十八氢化苄基甲苯（DBT/H18-DBT）储氢体系，二苄基甲苯是一种商用导热油，常温下为液体（熔点-32℃），具有很高的沸点（390℃），无毒无挥发性；由于具有很高的密度（0.91g/mL），H18-DBT 具有极高的体积储氢密度。一般情况下，十八氢化苄基甲苯在适当的铂基金属催化剂，大于 250℃条件下，可以裂解释氢。其另一个优势在于，二苄基甲苯可以使用氢气混合物进行加氢，与工业产氢过程相容，无需成本高昂的氢分离过程。德国 Hydrogenious Technologies GmbH 公司采用 DBT/H18-DBT 有机液体用于商用储氢。Jorschick 等人[16]尝试使用 H_2/CO_2 混合气对二苄基甲苯氢化，发现催化剂选择至关重要，尤其是甲烷化和二氧化碳还原是副反应。其中，Pd/Al_2O_3 和 Rh/Al_2O_3 是最适合的催化剂。在 210℃和 270℃条件下，Pd/Al_2O_3 和 Rh/Al_2O_3 的氢化效率达到 80%。

目前，传统有机液体氢化物作为储氢介质存在的主要问题包括：加氢和脱氢温度较高，导致装置费用较高、使用寿命短；贵金属催化剂成本较高，且易中毒失活；非贵金属催化剂成本低，但在使用过程中加氢和脱氢效率较低；若用于燃料电池，加氢时压力较高的问题仍需解决。提高低温下有机液体储氢介质的脱氢速率和效率，研究更高效的催化剂和反应条件，降低脱氢成本，为目前的主要研究方向。在现有研究基础上，采用低温煤焦油中含量较高的多环芳烃作为原料，既可解决低温煤焦油高附加值利用问题，又可得到大量的储氢介质，节约原料成本；同时采用非贵金属制备双金属或多金属催化剂，减少贵金属的使用量，从而降低催化剂成本，通过实验提高催化剂的活性和稳定性，优化反应条件，可实现储氢介质低成本化。

4.1.3 LOHC 储氢工艺

LOHC 储氢技术是基于不饱和有机物与氢气进行可逆加氢和脱氢反应来实现氢的储存和释放，加氢后形成的液体有机氢化物性能稳定，安全性高，储存方式与石油产品相似，因而可以利用现有的设备进行储存和运输，适合于长距离氢能的输送。从储氢含量、储氢过程能量消耗、储氢成本高低等角度综合考虑，类似苯、甲苯这样的单环芳香烃储氢密度高、储氢过程可逆、效果好，接近美国能源部对储氢系统的要求。此外，加氢过程为放热反应，脱氢过程为吸热反应，循环系统热效率较高，加氢反应过程中释放出的热量可以回收作为脱氢反应中所需的热量，从而有效地减少热量损失，使整个循环系统的热效率提高。但是，加氢和脱氢反应设备较为复杂，操作费用较高，LOHC 载体存在反应温度较高、脱氢效率较低、催化剂易被中间产物毒化等问题。目前，LOHC 氢储运技术处于研究示范阶段，全球范围内的企业包括日本 Chiyoda 公司、德国 Hydrogenious 公司等。

2017 年 7 月，在日本新能源和工业技术发展组织指导下，千代田（Chiyoda Corporation）、三菱商事、三井物产、日本邮船四家公司联合成立先进氢能源产业链开发协会，开发利用甲基环己烷（MCH）的储氢技术（图 4-5）[6]。2019 年 12 月，先进氢能源产业链开发协会开展有机液储氢远洋长距离运输示范，从文莱海运至日本川崎，年供给规模将达到 210t。2022 年 2 月，千代田公司表示实现了"世界上第一个"以甲基环己烷（MCH）的形式进行氢气海上运输的里程碑，证明在全球范围内以 MCH 的形式对氢气进行长期储存和运输是可行的，这对实际的氢运输至关重要，并证明新的氢气接收设备投资不一定是必要的，因为现有的设施可以用于 MCH 的接收。MCH 氢储运是一种潜在的全球清洁能源解决方案，这种方式也将助力国际社会脱碳供应链的生成。

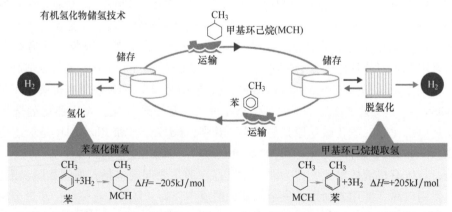

图 4-5　日本千代田公司开发的基于 TOL/MCH 储氢体系的 SPERA 储氢技术工艺[6]

2020 年 3 月，德国提出 GET H2 计划，致力于在风能和太阳能资源丰富的区域，实现绿氢工业化生产并与下游应用领域连接，进而逐步打造覆盖全德的高效氢储运基础设施。该计划包括可再生能源发电设施、利用电解废热进行区域供热的高温热泵、燃氢轮机、LOHC 存储和运输系统设施（Hydrogenious 技术）及 Lingen 加氢站。2022 年 2 月，汽车及工业产品供应商舍弗勒集团与德国 Hydrogenious Technologies 公司及亥姆霍兹埃尔朗根-纽伦堡可再生能源研究所达成合作协议，三方将携手开发基于 LOHC 技术的氢燃料电池（图 4-6）[17]。Hydrogenious 公司开发的 LOHC 储氢技术采用二苄基甲苯/十八氢化苄基甲苯（DBT/H18-DBT）储氢体系，氢化压力在 3~5MPa，常压下释氢温度为 300℃，十八氢化苄基甲苯可以在常规环境下运输。与传统燃料电池设计不同，LOHC 燃料电池及整个供应体系中没有氢分子。在氢燃料电池中采用 LOHC 技术，可以让氢气以液态的方式储运，这一技术为移动式和固定式能源用户提供了一种更加便利和安全的供应方式。

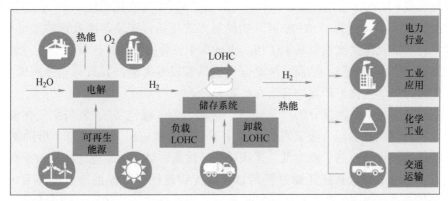

图 4-6　德国 Hydrogenious 公司开发的基于 DBT/H18-DBT 储氢技术工艺[17]

我国当前仍把氢气作为危化品管控，氢气在特殊压力、温度下的储存、运输、加注各环节安全要求很高，不少领域大规模应用尚有制度、规范的空白，阻力较大。LOHC 技术一个显著的优势是其安全性，可采用与石油、汽油相似的成熟管理办法并共享设施。2019 年，国际能源署（International Energy Agency，IEA）发布《氢能未来》报告，LOHC 和 NH_3 被作为国际氢气贸易和远程氢气运输的最佳方式[18]。在远距离海运中，不同方式的氢运输和转换成本差距明显，LOHC 低至 0.6 美元/kgH_2，氨气为 1.2 美元/kgH_2，而液氢高达 2 美元/kgH_2。陆上货车运输中，在 500km 范围内运输 LOHC 的成本仅 0.8 美元/kgH_2，但考虑到脱氢和提纯，成本将增加 2.1 美元/kgH_2。目前 LOHC 的主要问题在于[18]：

① LOHC 储氢和脱氢过程成本较高，所需能量相当于氢能本身的 35%~40%。

② LOHC 储氢材料需额外返厂，增加运输成本。

③ LOHC 材料本身成本较贵。按照氢阳能源宜都一期 1000t 项目年产值 5000 万元计算，每吨储油价格 5 万元，公开资料估算储氢质量不超过 5.5wt%，计算后实际储油价格约 900 元/kgH_2。

为了降低氢储运成本，未来 LOHC 技术需要在三个方面取得突破性应用[5]：

① 氢气生产企业与用氢企业匹配不平衡的情况下，可以利用 LOHC 技术高效储氢/长距离运氢。

② 电网储能方面。

③ 垃圾超高温转化直接制氢油方面。

4.2 液氨

4.2.1 液氨储氢原理

液氨（NH_3）作为一种不含碳的能源和化学储氢手段，具有极高的质量储氢密度（17.6wt%）和体积储氢密度（108g/L）、高能量密度（22.5MJ/kg），其安全可靠、运输成本低，而且储存和运输基础设施和运营规范已经存在[19]。相比于低温液态储氢技术要求的极低氢液化温度−253℃，氨在1atm（1atm=101.3kPa）下的液化温度−33℃要高得多，9atm下的液化温度25℃，而且以"氢-氨-氢"的储氢方式耗能，实现难度及运输难度相对更低。同时，液氨体积储氢密度比液氢高1.7倍，更远高于长管拖车式高压气态储氢。该技术在长距离氢能储运中有一定优势。然而，液氨储氢也具有较多劣势，其具有较强腐蚀性与毒性，储运过程中对设备、人体、环境均有潜在危害风险。

利用氨气作为化学储氢媒介的"氢经济"被命名为"氨经济"，氢与氮气在催化剂作用下合成氨，以液氨形式储运，液氨在催化作用下分解放氢应用（图4-7）。借助氨燃料的补给方便、液体运输设施成熟、成本低、无碳排放等优点，结合燃料电池发电效率高、能量密度高等优点，通过电解水和氮还原过程可以实现无碳氨燃料电池的高效循环发电应用[20]。但是，由于氨会破坏Nafion™质子交换膜而本身不能直接用于质子交换膜燃料电池（Proton Exchange Membrane Fuel Cell，PEMFC）[21]，因此，氨作为储氢技术在用于燃料电池前，需要实现高效的氨分解产氢和高纯度的氢分离。实现整个"氨经济"循环利用需要解决：

① 低温（80~150℃）高效的氨分解制氢和氢纯化技术，以整合集成应用到燃料电池和直接燃烧应用。

② 高效的绿色合成氨催化技术，将空气中的氮气和水结合起来直接合成液氨，以避免电解水产氢储存和氢化合成氨转化能耗问题。

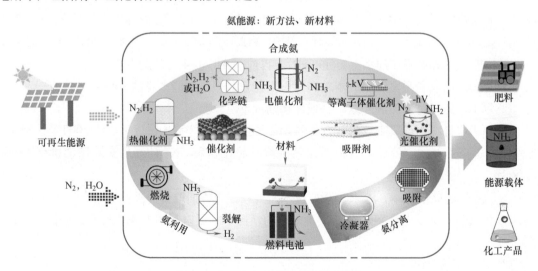

图4-7 氨循环经济产业链示意图[22]

另外，合成氨储氢与氨分解制氢的设备与终端产业设备仍有待集成。

4.2.2　液氨合成与裂解工艺

（1）液氨合成工艺

目前主要的合成氨技术包括哈伯法合成氨技术（Haber-Bosch process）、化学链合成氨技术（Chemical looping ammonia synthesis，CLAS）、电化学合成氨技术（Electrochemical ammonia synthesis，ECAS）、等离子体合成氨技术（Plasma ammonia synthesis，PAS）和光化学合成氨技术（Photochemical synthesis of ammonia，PCSA）[22]。本章主要介绍前面三种合成氨技术。

哈伯法合成氨技术（Haber-Bosch process）由德国的弗里茨·哈伯（Fritz Haber）和卡尔·博施（Carl Bosch）开发。自 1905 年发明以来，哈伯法仍然是合成氨最常用的方法。合成氨靠近终端用户，目前大于 85% 的全球氨产量，约 2 亿吨/年，用作农业肥料，其余的则用作化学加工工业。合成氨是放热反应，平衡后产率 10%~20%，传统的哈伯法在 20~30MPa 高压和 300~500℃ 高温下进行，选择高温是为了提高反应速率。因此，合成氨工业能耗巨大，每年消耗全球能量产出的 1%~2%，产生 4~5 亿吨二氧化碳[22-24]。对于合成氨反应，氮气分子解离化学吸附（$N\equiv N$ 键断裂成 N 原子）仍然是关键决速步骤，主族氧化物促进剂（例如 Al_2O_3、CaO、K_2O）负载铁仍然是最广泛使用的催化剂[25]。合成氨工厂经常需要与甲烷重整制氢和氮气分离工厂进行耦合。整个工艺流程如图 4-8 所示。甲烷和水通过重整产生合成气（$CH_4 + H_2O \rightarrow CO + 3H_2$），接着与空气进行混合，甲烷进一步氧化成合成气（$2CH_4 + O_2 \rightarrow 2CO + 4H_2$），一氧化碳通过水煤气变换反应进一步完全氧化变成二氧化碳（$CO + H_2O \rightarrow CO_2 + H_2$），通过二氧化碳洗涤器（water scrubber）去除 CO_2 和 H_2O，得到高纯度的合成氨 N_2 和 H_2 原料。N_2 和 H_2 混合气原料经过机械压缩、预加热，进入到 300atm 和 450℃ 的反应器，反应生成氨气（$N_2 + 3H_2 \rightarrow 2NH_3$），单次转化率在 10%~20% 之间。出来的混合气（$N_2 + H_2 + NH_3$）通过冷却器将氨气变成液氨分离出来，剩余的 N_2 和 H_2 混合气则继续循环进入合成氨反应器，最终总转化率能够达到 97%。相对于传统的合成氨技术氢气来源于甲烷水蒸气重整，绿色哈伯法合成氨技术则使用电解水产生的绿氢和空分装置（Air separation unit，ASU）分离出来的氮气，生产 1t 合成氨/天需要 27kW，而 ASU 装置和机械压缩则需要 3.5kW 和 1.5kW[26]。

化学链合成氨技术（chemical looping ammoniq synthesis，CLAS）常被用于碳原料转化成化学品或能量的过程中，具有高的能量效率、产物选择性和分离性能。将化学链技术和合成氨技术整合，可以实现化学链合成氨技术（图 4-9），具体有三种模式[27]。第一种是 H_2O-CLAS，采用 H_2O 和金属氮化物分别作为 H 和 N 来源，CH_4 还原金属氧化物（M-O）产生金属，金属和氮气进行固氮反应生成金属氮化物（M-N），金属氮化物进行水解反应合成氨（图 4-9a）。但是，其合成温度高（>1000℃），金属/金属氮化物的再生能耗大。第二种是 H_2-CLAS，采用 H_2 作为还原剂，金属通过固氮反应生成金属氮化物（M-N），金属氮化物（M-N）和氢气反应合成氨（图 4-9b）和金属。该反应发生在 400~550℃ 之间，金属氮化物的键能和氢气活化能对整个过程影响显著。综上，前面两种化学链合成氨技术都是基于金属固氮反应（金属还原氮气）。第三种是 AH-CLAS，是基于碱金属/碱土金属氢化物或酰亚胺盐，氮气是通过氢负离子（H^-）进行还原的，碱金属/碱土金属酰亚胺盐通过氢化反应来合成氨（图 4-9c）。在这个过程下，氨能在 1atm 和 100℃ 条件下合成出来。

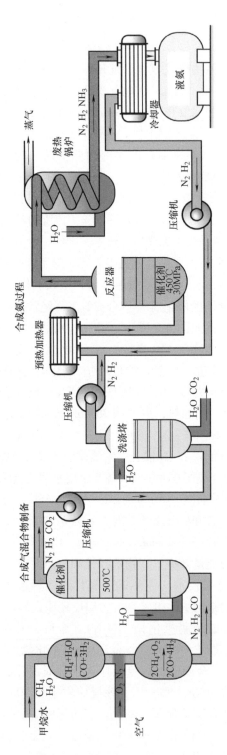

图 4-8 哈伯法合成氨工艺示意图

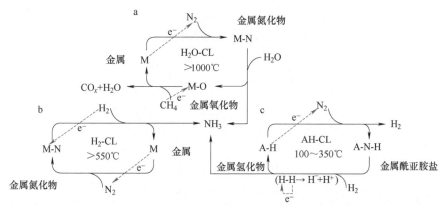

图 4-9　化学链合成氨技术示意图[22]：**M、M-N 和 M-O** 分别表示金属、
金属氮化物和金属氧化物。**A-H 和 A-N-H** 分别表示碱金属或碱土金属氢化物和酰亚胺盐

电化学合成氨技术（electrochemical ammonia synthesis，ECAS）是另一个具有广泛应用前景的合成绿氨路线，具有以下有点[22]：

① 相比于使用传统的热化学合成氨，电化学合成氨能够在温和的条件下，实现氮气的活化和转化。

② 温和的操作条件有利于分散合成过程，适合基于可再生能源产生电的小规模合成和分布式合成氨。

③ 利用水作为合成氨的氢来源，避免了传统合成气产氢的碳排放问题。

电化学合成氨也存在一些问题：

① 缺乏高效的 $N \equiv N$ 键活化、断裂电催化剂。

② 与析氢反应（hydrogen evolution reaction，HER）过程竞争的低选择性。

总体来说，考虑到使用阴离子交换膜（anion exchange membrane，AEM）电化学合成氨和直接氨燃料电池，碱性电解质更适合电化学氮循环。鉴于质子交换膜（Proton Exchange Membrane，PEM）的广泛性以及酸性电解质的高氨吸附选择性（vs. N_2H_2），酸性电解质也常用来电化学合成氨。但是，析氢反应（HER）在酸性电解质中比在碱性电解质中更显著，而碱性电解质中可使用水作为质子源和无贵金属阳极进行析氧反应（oxygen evolution reaction，OER），并抑制析氢反应。使用水分子作为氢来源可以避免使用氢气带来的产氢、储运氢等问题（图 4-10）[28]。对于商用电化学合成氨要求来说，要求氨生产速率 $\geqslant 10^{-6} \, mol/(cm^2 \cdot s)$，法拉第效率 $\geqslant 90\%$ 和能量利用效率 $\geqslant 60\%$。目前电化学合成氨体系，不论使用什么类型的电催化剂，其法拉第效率都低于 1%。因此，开发能够抑制析氢反应并同时促进氮还原反应（nitrogen reduction reaction，NRR）的高性能电催化剂，是电化学合成氨的关键[29]。

（2）液氨裂解工艺

近年来，氨分解制氢用于氢气储存和运输被广泛关注。该反应是合成氨的逆反应，吸热反应，平衡转化率受热力学控制。在 450℃下，尽管氨分解平衡转化率能达到 99%，但是较高的动力学能垒限制了产氢速率。氨作为无碳燃料，氨分解制氢耦合的氢燃料电池不仅能够减少碳排放，而且可以避免燃料电池贵金属催化剂的一氧化碳毒化。自 1982 年 Green 提出

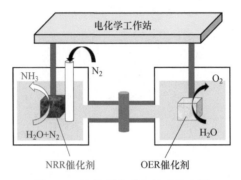

图 4-10　电化学合成氨技术示意图

氨分解制氢作为质子交换膜燃料电池供氢来源以来[30]，随着日本 FC micro-CHP 燃料电池系统的商业化，从 2009 年开始，日本和韩国对燃料电池的研发和商业化进行了大量投资[31]。日本是第一个将燃料电池商业化并推向市场的国家。截至 2020 年，其 FC micro-CHP 燃料电池系统在日本累计售出超过 30 万套，在欧洲累计售出超过 1 万套，到 2022 年有望售出总计 10 万套。2021 年，日本和俄罗斯建立了产氢和合成氨的长期合作伙伴关系。到 2030 年，日本将通过在燃煤电厂建立混燃技术并开发替代燃料的市场和供应链，目标是使氨燃料使用率达到 200 万 t/年，以努力实现 2050 年脱碳目标。其中，名古屋大学永冈胜俊（Nagaoka Katsutoshi）教授主要研究氨作为高能量密度能源和氢能源储存载体，在合成氨和氨分解制氢钌金属和双金属催化体系做了大量的研究工作并取得一系列的成果。除了日本，澳大利亚也在氨能源应用进行了大量投资。2018 年，澳大利亚联邦科学与工业研究组织首席科学家 Michael Dolan 和合作伙伴 Fortescue Metals Group 集团宣布 5 年内投资 1380 万美元将氨分解制氢技术商业化[32]。氨分解制高纯氢膜反应器（图 4-11）技术分为两步[33]：

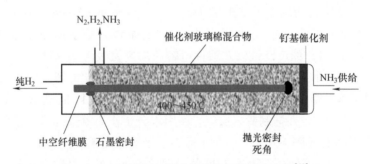

图 4-11　氨分解制氢中空纤维膜反应器示意图[33]

① 使用钌金属催化剂将氨分解成氮气和氢气。

② 使用贵金属膜（Pd/Ag）高效分离给氢、压缩氢和燃料电池用氢。

另外，在英国，牛津大学 Edman Tsang 教授和剑桥化工系 Laura Torrente 教授也在寻找高效的温和条件下合成氨和氨分解制氢催化剂以商业化应用于燃料电池[34]。

尽管有以上基于氨燃料电池技术开发，低温、低能耗、低成本和高效的氨分解制氢技术仍然具有高度挑战性，尤其是氨分解制氢后的氢分离要求氨浓度 $<100\times10^{-9}$ [22]。氨分解制氢技术包括热分解、电化学分解和光化学裂解三种路线。无论是哪一种技术，开发高效的催化

剂仍然是关键。总体来说，B5 类型活性位点、碱金属/碱土金属促进剂和强的金属-载体相互作用是获得高性能氨分解制氢催化剂的设计准则[35]。氨分解制氢催化剂主要有多孔碳或金属氧化物负载贵金属（钌、铂、钯等）、非贵金属（钴、镍、铁等）催化剂（图 4-12）[36]。传统的氨分解催化剂是基于碳纳米管（carbon nano tube，CNT）负载的钌（Ru）金属催化体系，具备优良的氨分解性能和循环稳定性，但是只有在高负载量、催化剂表面强碱性情况下才具有高活性，因而钌金属消耗量大、设备耐蚀性要求高，而且 CNT 成本高、生物毒性大，难以实现大规模工业化应用[37]。Co、Ni 和 Fe 基催化剂储量较为丰富，价格较低，兼具成本低、易制备、稳定性好，是贵金属钌基催化剂的最佳替代品。但是，其氨分解制氢活性低于钌，且催化氨分解反应温度较高[38]。因此，氨分解制氢技术关键是开发低成本、绿色、高效和长使用寿命的氨分解制氢催化剂。除了传统的固定床反应器，膜反应器（图 4-12），由于使用勒夏特列原理（Le Chatelier's principle），不断地移除反应产物氢气，打破氨分解制氢反应平衡，从而获得更高的氨平衡转化率，下游无需使用任何氢分离纯化设备[39]。对于膜反应器，除了开发高性能的催化剂外，还需开发低成本、高氢气选择性的新型分离膜和低成本膜支撑载体，取代传统的钯银贵金属膜和钽金属纳米管载体。

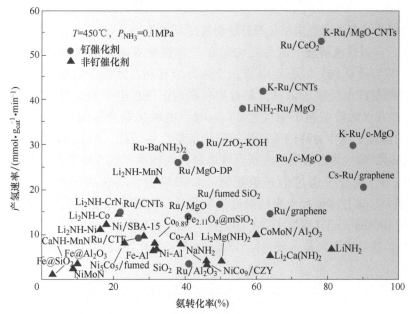

图 4-12　氨分解制氢催化剂性能比较图（450℃）[22]

注：催化剂的产氢效率和氨转化率与可用气体体积空速（gas hourly space velocity，GHSV）有关。

除了氨热分解制氢技术以外，Nagaoka 等人于 2017 年提出了利用氨部分氧化实现自供热的氨热氧化分解制氢技术路线（thermo-oxidative ammonia decomposition），如图 4-13 所示[40]。相对于氨热分解制氢的吸热反应属性（45.9kJ/mol），使用 $RuO_2/\gamma-Al_2O_3$ 酸性催化剂，在氧气存在下，氨吸附和部分氧化使得整个氨热氧化分解制氢反应放热（-75kJ/mol），氨分解制氢反应在不需要外加热源和"室温"（注意：这里指不加热，自放热也可能会使反应体系温度升高）条件下即可进行。但是需要指出的是，氨分子中有 1 分子氢被氧化成水分子，从而损失33%的氢，对于储氢过程来讲，其理论储氢密度下降至11.8wt%。另外，氧气的引入使得反应体系变得更为复杂，副产物变多，使得之后的氢分离过程复杂，成本升高。这些都大大降低了氨作为高储氢密度介质的潜力和实用性。

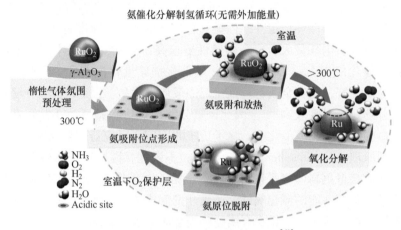

图 4-13　氨热氧化分解制氢示意图[40]

类似电化学合成氨技术，电氧化氨分解制氢技术（electro-oxidative ammonia decomposition）也被开发出来，在碱性水溶液下制备高纯度氢[41]。该技术耦合了氨电化学氧化反应和析氢反应，理论上只需要 0.06V 的驱动电势，于热力学有利，远低于电解水（1.22V）。目前，电氧化氨分解制氢技术受限于低氨分解效率、高的阳极过电势和非目标副产物产生（NO$_x$等）。由于氨饱和水溶液室温下浓度为 34.2wt%，电氧化氨分解制氢技术储氢密度受限于6.1wt%，从而降低了氨作为高储氢载体的应用前景。鉴于此，Ichikawa 等人[42]开发了基于铂电极和碱金属酰胺盐为电解质的液氨直接电解制氢技术，氨在该体系下分解形成 NH$_2^-$ 和NH$_4^+$。在阴极上，氨分子通过电还原析氢；在阳极上，酰胺离子被氧化生成氮气分子（图 4-14）。但是，该技术使用大量的碱金属酰胺盐，需要无水无氧，对电解池设备要求苛刻，需要承受 100atm，而且需要 1~2V 的电压，操作复杂不利于商用。

除此之外，氨分解制氢技术还包括等离子体和光催化路线，由于研究较少、机理复杂，在此不做介绍。

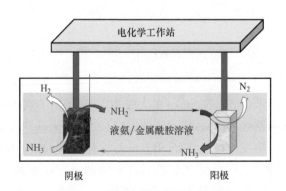

图 4-14　液氨直接电解制氢示意图

4.2.3　氨能应用与工艺现状

目前氢能的利用和商业化进程缓慢，运输氢气既困难又昂贵，但一个广泛的氨输送系统和运营规范已经存在，与氨气相关的设施成本比氢气低。如果用绿氢生产绿氨，就不会产生 CO_2 排放，将绿氨液化然后大规模运输可能是将来氢气储运的重要方式之一。此外，氨燃烧的产物是水和氮，不会造成碳排放，氢能产业可能向氨能产业方向发展[43]。但是需要指出的是，如果直接将氨作为燃料，则需要克服氨不容易燃烧的缺陷。氨的燃烧速度低于氢，发热量也低于氢和天然气，将其点燃并实现持续稳定燃烧仍存在巨大调整。

为了尽快实现碳中和的目标，全球主要国家越来越重视氨能的发展[44]。2020 年底，欧盟第四次氢能网络会议提到要不断增加绿氨的生产，日本则公布了"绿色增长战略"行动计划，重点提及氨能应用，韩国政府宣布将 2022 年作为氢气-氨气发电元年，并制定发展计划和路线图，力求打造全球第一大氢气和氨气发电国。2021 年 4 月，日本政府计划到 2050 年，氢气和氨气发电将占日本总能源产量的 10% 左右，2023 年之前突破燃煤火力发电厂混合氨-氨燃烧技术，2025 年可将氨含量为 20% 的燃料投入实际应用，2040 年实现 100% 的氨燃烧火力发电技术的开发。2021 年 11 月，韩国计划到 2027 年完成氨作为无碳发电燃料的研究和测试，2030 年实现氨燃料发电商业化，并将氨的比例提高到 3.6%，以减少其在电力生产中对煤炭和液化天然气的依赖。2020 年 9 月，澳大利亚氨能源协会提出，要加强政府与行业之间的合作关系，为氨动力船舶税收开设安全培训课程，行业和政府共同出资设立氨生产技术研发中心，与日本和新加坡等国家建立绿氨有关的能源安全合作。2022 年 1 月，国家发展改革委国家能源局关于印发《"十四五"新型储能发展实施方案》的通知提到，要加大关键技术装备研发力度推动多元化技术开发，开展储能环节关键核心技术、装备和集成优化设计研究，其中包括氨储能研究与应用。

2021 年 6 月，澳大利亚的 Jupiter Ionics 公司开发了一种全新的电化学氮还原方法制取氨，可以大幅度减少与目前的 Haber-Bosch 工艺有关的温室气体排放（约 $2t\ CO_2/t\ NH_3$）。该方法是一种使用与锂电池类似的电解质电池来制备氨气。Jupiter Ionics 的方法使用可再生能源如太阳能、风能电解从空气分离出来的氮气，还原生成氮化锂，从水电解出氢气，通过电氧化还原以产生氨。整个过程可以被看作是"绿色生产"（图 4-15）[45]。目前，Jupiter Ionics 已获得 250 万美元的投资，以扩大该绿氨技术的商业化生产。

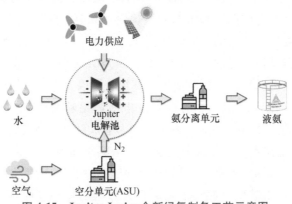

图 4-15　Jupiter Ionics 全新绿氨制备工艺示意图

2021 年 1 月，美国西北大学 Sossina Haile 教授和加州能源初创公司 SAFCell 研究人员开发出一种高效、环保的方法使氨转化为氢，该技术突破克服了从氨水中生产清洁氢气的几个现存障碍[46]。Haile 团队建造了一个独特的电化学电池，它带有与氨热分解催化剂（Ru-Cs/CNT）集成在一起的质子交换膜。氨首先分解成氮和氢，氢会立即转化为质子，然后通过电驱动质子穿过电化学电池中的质子导电膜（proton conductive membrane），如图 4-16 所示。通过不断地抽离氢，推动反应的进行，从氨热分解中产生的氢用于燃料电池。

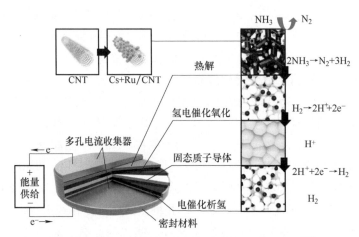

图 4-16　SAFCell 酸性电解池绿氨制氢工艺示意图[46]

2021 年 12 月，福州大学江莉龙研发团队实现了新型的低温"氨分解制氢"催化剂的产业化，探索了以氨为氢能载体的储氢方式，为发展"氨-氢"绿色能源产业奠定了坚实的基础，而国内首家"氨-氢"绿色能源产业创新平台也在福建启建[47]。该氨-氢转化技术具体为氨分解制氢催化剂及其制备方法和其在电极中的应用。催化剂包括活性组分和载体，活性组分为 Ru 和/或 Ni，载体包括钡基钙钛矿、氧化锆基稀土金属氧化物、氧化铈基稀土金属氧化物、镓酸镧基钙钛矿、氧化铝[48]。该催化剂可以使催化剂的热膨胀系数与电极材料的热膨胀系数接近，从而解决催化剂和电极因受热易出现分层的问题。另外，福州大学、北京三聚环保公司、紫金矿业集团将出资约 2.67 亿元成立合资公司，合作三方将进一步聚焦我国发展氨能产业化存在的"卡脖子"难题。

2022 年 3 月，以色列的 GenCell 能源公司宣布，与当今世界上通常采用的传统氨生产工艺相比，他们可使水在极低的温度和压力下直接生产绿氨。此外，GenCell 公司开发了基于零排放碱性电池和绿氨发电技术的电力解决方案（GenCell FOX™），允许不间断的电力帮助世界从柴油动力转移到清洁能源动力（图 4-17）[49]。GenCell 公司基于已开发的氨裂解制氢技术和装置，能够即时为碱性氢燃料电池提供高纯氢用以发电，一罐装有 12t 液氨的储存罐能为燃料电池提供一年七天二十四小时运行发电所需足够的燃料。当安装 1000 个以上的 GenCell FOX™ 发电装置，其相比于柴油发电可以节省大约 250 万美元。

除了氨-氢转化发电技术，氨直接燃烧技术也是氨能利用的重要手段。2020 年，马来西亚国际船运有限公司、韩国三星重工、英国劳埃德船级社和德国船机制造商曼恩能源达成合作意向，将在未来 3~4 年进行氨燃料油轮联合开发项目。芬兰船用发动机制造商瓦锡兰、

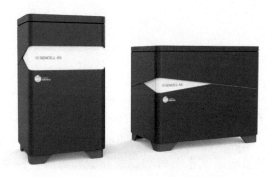

图 4-17　以色列 GenCell 能源公司 FOX^{TM}氨能发电系统

挪威海工船东 Eidesvik 以及挪威国有能源公司 Equinor 正在合作研发一艘以氨燃料电池为动力的零排放大型船舶，预计最早将于 2024 年下水，在 2030 年实现商业化。德国大众旗下 MAN ES 公司计划 2024 年完成 MANB 和 WME-LGIP 样机试验。2021 年 10 月，日本电力巨头 JERA 的氨-氢混烧示范项目在日本爱知县碧南市的火电厂首次点火启动。根据计划，该项目的氨燃料混烧比例到 2024 年将提高到 20%，到 2050 年将实现 100%。我国国家能源集团自主开发的第一代混氨低氮煤粉燃烧器，在龙源技术 40MWth 燃烧试验平台上进行了全尺度混氨燃烧试验，氨燃尽率 99.99%，混氨燃烧比例最高达 35%，同时实现了氮氧化物的有效控制[50]。该项技术成果可应用于发电、工业等领域的燃煤锅炉，通过对现有燃煤锅炉进行低成本的混氨燃烧改造，以替代化石燃料，来实现燃煤发电有效的 CO_2 减排。绿氨对于电力、航运、运输和农业的脱碳至关重要，全球已有不少公司开始进行相关项目的研究或试点生产，绿氨产业的商业化已拉开帷幕。

全球绿氨市场规模预计将从 2021 年的 1600 万美元增长到 2030 年的 5.4 亿美元，预测期内的年复合增长率为约 90%，预计 2028 年全球绿氨市场将获得 8.5 亿美元的营收，高于 2019 年的 13.2 亿美元，在预测期内增长了约 63%。随着使用碱性水、固体氧化物电解、质子交换膜等生产绿氨的技术增多，采用智能技术实现脱碳目标的方案增加，该市场也将得到增长。全球绿氨市场的主要企业有 BP、OCI N. V.、ITM Power、Haldor Topsoe、Thyssenkrupp Industrial Solutions、Yara、Air Liquide、Linde、AirProducts and Chemicals、Hy2gen 等。国内绿氨市场主要企业有协鑫集团、中设集团、北京三聚环保公司、紫金矿业集团和宁夏电力投资集团。

对我国来说，电力领域、能源化工领域是碳排放的主要来源，如果氨能源能够替代传统化石能源成为新燃料，将大大有助于我国实现 2060 年碳中和的目标。我国有非常成熟的氨运输和分配体系，且同体积的液氨比液氢多至少 60% 的氢，经济优势明显，因此以氨储氢、供氢、代氢是氢能的可能发展趋势之一。氨-氢融合发展是国际清洁能源的前瞻性、颠覆性、战略性的技术发展方向，是解决氢能发展重大储运瓶颈的有效途径，同时也是实现高温零碳燃料的重要技术路线。尽管国外已逐步开展氨-氢融合应用项目，但国内的研究与应用仍较少，而且氨燃料应用仍存在基础瓶颈和技术挑战。首先，氨燃烧速度和热值较低，且远低于氢，不利于高效率的工业应用；其次，氨不太容易点燃和实现稳定燃烧。此外，实现大规模的氨-氢转换与储运，需要在大容量储运设备、催化剂等方面进行进一步技术攻关。

4.3 甲醇

4.3.1 甲醇储氢原理

甲醇又名木醇，分子式 CH_3OH，分子量32，是一种无色、具有与乙醇相似气味的挥发性可燃液体，在常压下，甲醇沸点为64.7℃，自燃点473℃，可与水以及很多有机液体如乙醇、乙醚等无限溶解。其易于吸收水蒸气、二氧化碳和部分其他杂质，其蒸气与空气混合在一定范围内可形成爆炸性化合物，爆炸范围6%~36.5%。甲醇是包含 C—H、C—O、O—H 键的最简单的醇类化合物。甲醇作为一种液相化学储氢物质，具有较高的能量密度（21.6MJ/kg）、质量储氢密度（12.5wt%）和体积储氢密度（99g/L）[51]。甲醇在常温、常压下是液体，储运方便，来源丰富且多元化，既可以来自传统化工行业，也可以通过可再生能源制备获得。甲醇直接脱氢反应的主产物是CO，而行业内广泛采用的是低温质子交换膜燃料电池（LT-PEMFC）技术，其燃料必须是高纯氢气，要求杂质如 CO 等含量极低（5×10^{-6}~10×10^{-6}），直接使用会导致铂（Pt）基催化剂中毒失活[52]。相对而言，高温质子交换膜燃料电池（HT-PEMFC）技术则更具优势，其催化剂抗毒化能力强，CO 耐受性可达到1%~2%[51]。考虑到氢能燃料电池应用的需求，通过甲醇与水催化重整反应释放甲醇分子储存的氢是更为合理有效的路线，其重整制氢反应温度范围为200~300℃。相对于其他燃料重整制氢路线而言，甲醇与水催化重整反应更加快捷与温和，该过程不仅能有效降低生成燃料气中的 CO 含量，还同时利用储氢分子的还原能力，进一步从水中取得额外的氢气，从而使甲醇单位质量的储氢密度突破理论上限达到 18.75%。理论上，1kg 甲醇与水反应可以获得187.5g 氢气[53]。该技术通过与高温质子交换膜燃料电池（HT-PEMFC）技术的有效集成，顺利实现氢能的"即制即用"，无需分离与纯化过程，粗氢直接进入高温电堆，由化学能直接转化为电能（图4-18）。其中，攻克高温质子交换膜电池电堆、高温甲醇重整燃料电池系统集成等关键技术，成为甲烷重整制氢储氢技术的市场化应用关键。

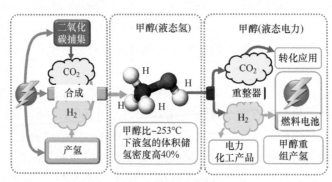

图 4-18　甲醇循环经济链示意图[52]

甲醇储氢技术另一个重要的优势是，不需要另行建设加氢站（高压气氢或液/固态储氢），而是可以依托于现有加油站进行简单的改造和升级，将其变为兼具加注汽柴油和甲醇/水溶液的联合加注站。新建甲醇加注站的成本约100~300万元/座（不含土地成本），而加油站改建为甲醇加注站的成本更低，大概 50~80 万元/座。相较于高安全技术门槛及高投入成本的加氢站而言，甲醇加注站的可行性和可推广性更强。甲醇作为储氢载体在远距离（>200km）输送经济性方面较直接使用氢气具有较强的竞争力。目前已运行的"高压气态氢输送-高压氢直接加注"的技术路线中，经核算其氢气的成本约为 60~80 元/kg[51]。其中，氢气输送成本是其成本偏高的主要原因。与之相比，以年产千兆吨的煤基甲醇为原料，一套规模为 1000m³/h 的甲醇-蒸汽制氢转化装置制备的氢气成本一般不高于 2 元/m³，重整制氢的成本约 20 元/kg[51]。综合考虑后续流程中的 H_2 提纯、各项设备折旧、人员费用和利润等各项因素，加氢站终端 H_2 的售价预计约为 40~60 元/kg。

4.3.2　甲醇合成与裂解工艺

（1）甲醇合成工艺

甲醇合成工业始于 1923 年，主要由压缩的合成气在催化剂作用下合成。生产 1t 的甲醇，对于甲烷水蒸气重整反应，需要 10MW·h 当量的天然气和释放约 0.5t 的 CO_2；对于部分氧化过程，大约需要 10.5MW·h 石油和释放约 1.4t CO_2[54]。当然甲烷还可以通过 CO_2 氢化反应合成，其中氢来自于电解，CO_2 来自电厂烟道气或水泥厂二氧化碳捕集过程（carbon capture and storage，CCS）。但是，CCS 技术本身是一个成本高、能耗大的过程。例如，捕集 1t CO_2，以 85% 效率计算，需要约 44kW·h 的压缩能耗和约 890kW·h 的溶液再生能耗。如果采用直接空气二氧化碳捕集（direct air capture，DAC），捕捉 1t CO_2，需要约 300kW·h 电耗和约 1800kW·h 的热能[55]。尽管 CO_2 氢化合成甲醇可行，但是二氧化碳捕集技术成本高昂，不适合甲醇的大规模化生产。

20 世纪 20 年代至 60 年代中期，所有甲醇生产都采用锌铬催化剂。1966 年，英国帝国化学工业（ICI）公司研制成功铜基催化剂（Cu/ZnO），采用含有 CO_2 的合成气作为原料，在 250~300℃ 和 8~10MPa 条件下合成甲醇（图 4-19）[56]。之后，研究人员对铜基催化剂（ZnO 作为 Cu 催化剂促进剂）的组成、活性、各种特性和甲醇合成作用机理进行了研究。

$$CO+2H_2 \longrightarrow CH_3OH \qquad\qquad \Delta H=-90.7kJ/mol$$

$$CO+3H_2 \longrightarrow CH_3OH+H_2O \qquad\qquad \Delta H=-49.5kJ/mol$$

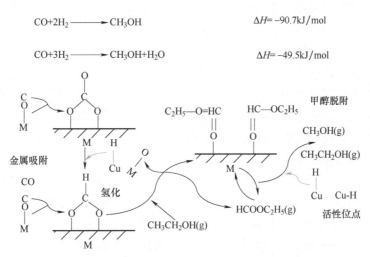

图 4-19　甲醇合成反应方程式和机理

但是，铜基催化剂活性需要较高的温度和压力，和 CO 单程转化率低（15%~25%）。因此，开发低温高效的甲醇合成催化剂对提高 CO 单程转化率和降低制备成本至关重要。Tusbaki 等人改进了合成工艺，采用不同醇类物质作为催化剂促进剂和溶剂，首先实现了甲醇在 150~170℃下合成[57]。之后，他们采用了一种固态方法合成 Cu/ZnO 催化剂，研究了不同 $H_2C_2O_4/(Cu+Zn)$ 摩尔比和螯合剂类型对催化剂结构和甲醇合成性能的影响[58]。其中，ZnO 的主要作用为[59]：

① 形貌（morphology）理论，ZnO 载体帮助分散 Cu 纳米粒子和改善其表面形貌。

② 溢出（spillover）理论，ZnO 载体作为 Cu 催化剂表面 CO 氢化反应的蓄氢池。

③ Cu-Zn 合金（alloy）理论，ZnO 复合物部分转移到 Cu 表面，形成 Cu^+-O-Zn 活性位点，同时，ZnO 部分溶解到 Cu 金属纳米粒子形成 Cu-Zn 合金。

目前，影响甲醇合成技术的主要因素有合成反应器、催化剂和工艺流程选择。按照合成压力的不同分为高压法（19.6~29.4MPa）、中压法（9.8~19.6MPa）、低压法（4.9~9.8MPa）三种[60]。高压法投资大，能耗大，成本高。低压法比高压法设备容易制造，投资少，能耗约降低四分之一。中压法是随着甲醇合成装置规模的大型化而发展起来的，因为装置规模增大后，若采用低压法，工艺管道及设备将制造得非常庞大，且不紧凑，故出现了合成压力介于高压法和低压法之间的中压法。中、低压两种工艺生产的甲醇约占世界甲醇总产量的 80% 以上。当代甲醇生产技术以英国 Davy 工艺技术有限公司（其前身为 ICI 公司）、丹麦托普索（Haldor Topsoe）公司、德国 Lurgi 化学公司的技术最为典型。

英国庄信万丰［戴维（DAVY）］公司是目前世界上大型煤制甲醇合成技术的主要供应商之一。由 DAVY 公司提供的日产 5000t、年产 167 万 t 甲醇合成技术于 2005 年在特立尼达岛成功投入运营，其甲醇合成技术主要为低压合成技术，合成工艺流程如图 4-20 所示，过程为"串并联"的模式，反应的原料为来自天然气转化的转化气（CO_2+H_2）或煤气化的合成气（$CO+H_2$）。其中，催化剂利用塔底的高压饱和蒸汽和中压蒸汽分别完成物理出水和化学出水。当催化剂的温度高于 200℃时，加入新鲜气，通过预反应器和合成反应器得到粗甲醇。合成反应器采用管式径向流反应器（tubular radial flow reactor），合成气在反应器顶部和底部进入中心筒，在中心筒上分布均匀的催化剂作用下完成反应。DAVY 公司自主开发了一套独特的反应器催化剂托架，托架主要由环状催化剂容器、面板和底板组成，能够装填小颗粒的催化剂，保证了传热和压降的同时，提高了甲醇产率[60]。其压缩机采用"一拖三"的模式：由一台汽轮机通过联轴器，带动三台压缩机（低压合成气压缩机、高压合成气压缩机和循环气压缩机）运转，为甲醇合成反应器提供动力来源。DAVY 甲醇合成塔能够控制床层温度的均匀性，采用径向流反应器则可以确保在大气量条件下压降较小，通过加长反应器长度可以扩大反应器生产能力。

正如图 4-20 所示[60]，甲醇原料气（$CO+H_2$）在约 5.1MPa 压力、30℃温度下，进入甲醇合成单元，与来自膜分离回收单元的富氢气混合后，通过合成气压缩机加压至 7.74MPa，升温至 90℃。加压后的合成气在预热器中利用低压蒸汽进行预加热，然后向合成气中注入少量的来自驰放气（purge gas）洗涤塔（或来自界区的次高压锅炉给水）的洗剂水，将硫化羰（COS）杂质水解成 H_2S，经合成气脱硫槽去除残存的 H_2S，从而避免催化剂中毒。甲醇合成回路采用两台径向流产蒸汽式合成塔（R-SRC）串并联配置，催化剂初期反应温度

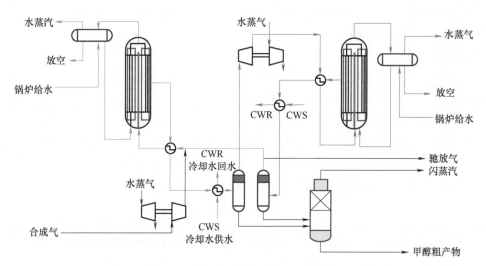

图 4-20　戴维中压甲醇合成工艺流程图

约 217℃，反应压力约 7.5MPa，催化剂末期时反应温度要上升至~243℃。气体流经位于壳程的合成催化剂，反应热通过管内副产蒸汽来移除。系统内设置 1 台蒸汽过热炉，甲醇合成副产饱和蒸汽进入蒸汽过热炉过热至约 320℃，然后送入约 1.7MPa 蒸汽管网。蒸汽过热炉设置单独的余热回收系统。将对流段顶部排出的高温热烟气引入到空气预热器中，与助燃风进行换热，冷却后的烟气通过烟气管道排入对流段顶部自立式烟囱中进行高空排放。脱硫后的合成气分为两部分，一部分合成气和来自 2 号粗甲醇分离器的循环气混合，经 1 号进出口换热器加热到反应温度后进入 1 号甲醇合成塔，在合成塔中合成气体经催化剂催化合成粗甲醇。离开 1 号合成塔的反应热气体依次经过 1 号进、出口换热器和 1 号粗甲醇空冷器及 1 号粗甲醇水冷却器冷却到约 40℃后，进入 1 号粗甲醇分离器进行气液分离。液相送至粗甲醇闪蒸罐，气相和另一部分合成气混合，经循环气压缩机压缩到约 8.0MPa 并通过 2 号合成塔进出口换热器换热后进入 2 号甲醇合成塔。在 2 号甲醇合成塔内反应后的合成气依次通过 2 号合成塔进出口换热器、2 号粗甲醇空冷器和 2 号粗甲醇水冷器冷却至 40℃，进入 2 号粗甲醇分离器进行气液分离。液相甲醇送至粗甲醇闪蒸罐，气相循环进入 1 号甲醇合成塔。从 2 号粗甲醇分离器的气相管线顶部排出一小部分驰放气以控制回路中惰性气体的含量。1 号粗甲醇分离器和 2 号粗甲醇分离器分离出来的粗甲醇进入甲醇制烯烃（Methanol-to-Olefins，MTO）级甲醇精馏工序，在粗甲醇闪蒸罐中通过减压闪蒸、洗涤脱除可溶性气体。从粗甲醇闪蒸罐中闪蒸出来的闪蒸气被送到内部的蒸汽过热炉作为燃料使用，分离后得到的液体送到稳定塔回收。

　　和 DAVY 公司一样，德国 LURGI 公司也是世界上主要的甲醇合成生产工艺技术供应商之一，其在 20 世纪 70 年代就成功开发研制了 LURGI 低压法甲醇合成工艺技术。其独特的工艺流程设计，可以实现较快的反应速度和较高的转化率，提高反应单程转化率，降低循环气量，节省循环气压缩机功耗。同时，由于采用水冷式反应器，操作温度较高，使得副产蒸汽的压力相对于 DAVY 工艺要高，有利于副产蒸汽的高效回收利用。但是，采用水冷反应器会造成床层压降较大。丹麦 TOPSOE 甲醇合成反应器形式与 LURGI 公司的水冷式反应器相似，管束里装填催化剂，壳程为锅炉给水，反应放出的热量经管束外壁传给管间的锅炉水，产生约4.0MPa蒸汽。与DAVY和LURGI工艺不同，TOPSOE工艺采用两台或数台反应器并联来实现生产规模的增加。

（2）甲醇裂解工艺

从分子层面分析，甲醇裂解产氢的本质是将分子内的全部氢原子释放的过程，主要涉及的化学反应包括C-H、O-H键等化学键的解离以及碳原子从低价经多步反应氧化为CO_2。在甲醇制氢反应中，加入氧化剂对制氢反应的热力学、产氢效率和反应器的设计优化及反应条件会产生显著的影响。传统甲醇裂解制氢技术包括（表4-2）：甲醇直接裂解（decomposition，DE）、甲醇部分氧化裂解（partial oxidation，POX）、甲醇与水蒸气重整（methanol steam reforming，MSR）和甲醇自热重整制氢（autothermal reforming，ATR）。

表4-2 传统甲醇裂解制氢技术

甲醇重整反应类型	反应式	优点	缺点
直接裂解	$CH_3OH \rightarrow CO+2H_2$ $\Delta H=90.7kJ/mol$	高温反应迅速	需外部供热，产物CO含量高
与水蒸气重整	$CH_3OH+H_2O \rightarrow CO_2+3H_2$ $\Delta H=49.5kJ/mol$	产氢量高，温度低	需完整热管理系统供热
部分氧化裂解	$CH_3OH+0.5O_2 \rightarrow CO_2+2H_2$ $\Delta H=-195.2kJ/mol$	条件温和，反应迅速	产物含氢量低
自热重整制氢	$CH_3OH+(1-x)H_2O \rightarrow CO_2+(3-x)H_2$ $\Delta H=(49.5-241.8x)kJ/mol$	易于启动，结合吸/放氢反应简化热管理	产氢量低，商业经验有限，需细化系统控制

传统甲醇裂解制氢（DE）技术成熟，在中小规模的制氢需求中有少许应用，关键技术发展集中在催化剂优化、完善以及反应耦合上，以达到降低反应温度、提高氢气选择性和产率。甲醇直接裂解制氢是吸热反应，高温利于甲醇完全转化，但过高温度会造成高能耗、催化剂热稳定性差等问题[52]。甲醇直接裂解催化剂应具有以下性能：H_2的选择性高、良好的热稳定性能、较高的低温活性。与甲醇合成催化工艺相似，铜基催化剂被认为是较好的甲醇分解催化剂，早期的研究多集中于Cu系催化剂，研究较多的是Cu/ZnO和Cu/Cr二元催化剂，因为Cu-ZnO催化剂是性能优良的甲醇合成常用催化剂，所以Cu-ZnO催化剂也就成为甲醇分解催化剂体系中研究最早的催化剂[51]。但其在甲醇裂解制氢过程中的活性较差、稳定性不高和甲醇转化率较低，而Cu/Cr系催化剂虽然具有较好的活性和稳定性，但选择性不高，还存在污染问题。甲醇直接裂解制氢的关键在于开发高性能、高选择性的催化剂实现在250~300℃范围内甲醇完全转化。

甲醇与水蒸气重整制氢（MSR）是吸热反应，反应温度一般在250~300℃，一般采用金属氧化物负载的Cu、Ni等过渡金属催化剂，尤以Pt系催化剂活性最好[61]。甲醇经水蒸气重整可视为甲醇裂解和CO、水蒸气变换反应的集成，从水分子中获得额外50%的氢，因而产物中氢含量高，可接近75%，其反应流程简单，产物易分离。如作为加氢站氢气来源的前端，MSR制氢技术（图4-21）的H_2含量高、技术成熟，是当前制氢反应的最佳选择[62]。在甲醇与水蒸气重整制氢催化剂研究方面，山西煤化所温晓东和北京大学马丁团队针对甲醇和水液相制氢的反应特点，借助实验设计和理论计算相结合的方法，开发出新型单原子 Pt/α-MoC 双功能催化剂，实现了低温下（150～190℃）高效产氢[63]。2021 年，马丁团队开发出成本低、来源广泛的非贵金属镍基催化剂 2% Ni/α-MoC，反应温度在 240℃，其活性比铂基催化剂 2% Pt/Al$_2$O$_3$ 高 6 倍[64]。

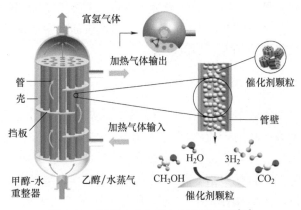

图 4-21　甲醇水蒸气重整制氢示意图[62]

甲醇部分氧化裂解（POX）是指以氧气部分或完全替代水作为氧化剂的甲醇重整制氢技术，加氧可以显著改变甲醇制氢反应的反应热力学。当反应气氛中分子氧的含量超过水浓度的 12.5% 时，甲醇制氢反应即转化为放热反应[65]。利用甲醇部分氧化制氢则是放热反应，反应速率快，副产物为 CO$_2$，CO 含量极低，无需额外加热装备。基于化学反应计量关系，自热重整过程中每分子甲醇能产生 2～3 分子氢。以纯氧气作为氧化剂时，产物氢气浓度可达 66%，但需空分装置；以空气为氧化剂，产物氢气浓度为 41%，其氮气含量高，后续分离难度增加。目前该技术催化剂研究体系不够丰富，反应放热剧烈不易控制。

甲醇自热重整制氢（ATR）是甲醇部分氧化和甲醇水蒸气重整两个过程集成，总反应微放热，温度在 300～500℃ 区间，催化剂为 Cu、Zn 等氧化物，该方法具有较高的反应速率和氢气产率，但是，其催化剂开发和过程控制技术仍不成熟[66]。通过引入 Cu—CuO 化学链循环，化学链吸收增强的甲醇自热重整制氢技术则能实现系统自供热，同时氧载体 CuO 实现自供氧，无需额外加氧或空分装置，加入碳载体可望在反应过程中吸收 CO$_2$，提高氢气浓度。该技术发展仍不成熟，其难点包括高性能循环氧载体的开发和反应器的设计[67]。

相比于甲醇传统裂解制氢，甲醇制氢新技术主要致力于实现常温、常压反应，提高转化率、降低能耗及减少催化剂使用。例如，电解甲醇制氢技术可实现常温、常压下制氢，与电解水制氢相比，电耗可由电解水的 5.5kW·h/m^3 H$_2$ 下降至 1.2kW·h/m^3 H$_2$，产氢量与电流强度呈线性关系，总能耗则受工作温度和阳极材料性质影响，开发适宜的阳极材料有望大幅降低制氢成本。超声波甲醇制氢技术是以超声波为诱发因子，在不附加其他外界条件的情况下引发甲醇裂解反应，在常温下制取氢气，避免传统甲醇制氢工艺所需的高温，但超声波辐射下化学反应极其复杂，具体的反应机理目前仍是空白。甲醇等离子体制氢技术则借助高活性的粒子，如电子、激发态物质等为反应过程提供能量，提高反应速度，避免使用非均相催化剂。实验发现，甲醇在阴极等离子体层中表现出明显高于水分子的反应活性，产物中氢气含量可达 95%。但是，等离子转化过程能耗过高，其中，滑动弧等离子体和辉光放电等离子体可将能耗控制在 $3kW \cdot h/m^3 H_2$，具有一定的市场发展潜力。甲醇光化学制氢技术选用合适的光化学催化剂，通过特定光源照射来催化甲醇-水系统产生氢气，反应在常温下发生，目前仍在初步研究阶段。

综上，在多种甲醇制氢方式中，甲醇-水重整制氢反应由于产氢率高、选择性控制容易，是目前催化剂合成和工艺开发较为成熟的领域。从工程层面，甲醇重整前期启动所需要的能量可以通过耦合小型储能电池的方式加以解决。

4.3.3 甲醇储氢技术应用和工艺现状

在氢制、储、运、加等环节成本居高不下，基础设施建设滞后的背景下，甲醇经济或将推进氢能产业链降本增效，疏通产业"堵点"。中国科学院副院长、院士张涛曾表示，利用可再生能源发电制取绿氢，再与 CO_2 结合生成方便储运的绿色甲醇，是通向零碳排放的重要路径。绿色甲醇作为能源转化中枢，能够在碳足迹全流程上解决能源的清洁性问题，并起到拓展氢能应用产业链、降低碳排放、实现碳利用等一举多得的效果。2019 年，工信部发布的《关于在部分地区开展甲醇汽车应用的指导意见》指出，要鼓励和支持企业研发甲醇燃料电池，加快甲醇燃料电池汽车科研成果转化及产业化应用。

从 2012 年起，中氢新能就开始甲醇重整制氢燃料电池的技术研发和市场研究，并于 2018 年通过了由工信部 303 批核发的"中国首台甲醇重整制氢燃料电池物流车"和"中国首台静默移动发电站 MFC30"项目公示（图 4-22）[68]。

图 4-22　中氢新能开发的中国首台静默移动发电站

上海博氢研发的甲醇制氢燃料电池系统（图 4-23）以甲醇和水为燃料，使用中高温质子交换膜来降低系统对氢气纯度要求，甲醇重整产生的富氢气体在模块内进行发电[69]。整个甲醇重整制氢，反应过程温和，氢气随产随用不存在氢储运过程，而且具备噪声低、自动化程度高、小型高效、持续工作能力强等优点。重要的是，这套系统发电功率长期稳定，只要能够提供足够的甲醇和水燃料即可提供稳定的电力输出，满足移动场景大部分情况下电力所需，因而既可广泛应用于燃料电池动力系统、移动充电桩系统、军民融合发电站系统等领域，也可适用于 5G 基站、抢险救灾、岛上离网供电等特殊场景。

2019 年 9 月，全球最大甲醇重整燃料电池（Blue World Technologies，蓝界科技公司）生产基地在丹麦奥尔堡港破土动工，年产量预计 750MW，相当于 50000 组燃料电池产量。

美国蓝界科技公司设计和研发生产的甲醇重整燃料电池系统（图 4-24），有害排放为零，从矿井到车轮整个产业链来看，二氧化碳为零增排，专注于汽车和移动领域的应用。这项技术可以为全球空气污染及气候变化问题提供有效解决方案。凭借在燃料电池领域几十年的专业经验，蓝界科技采用甲醇重整燃料电池与锂电池混合配置系统。一整套系统包括用于燃料转换的甲醇重整器，直流电到直流电的功率转换器，以及用于发电的燃料电池堆，燃料电池控制单元控制燃料电池系统并与车辆系统交互。

图 4-23　上海博氢新能源科技有限公司 300W 便携式甲醇重整制氢燃料电池产品

图 4-24　美国 Blue World Technologies 公司发布的高温甲醇重整燃料电池

2018 年 10 月，全球首台基于甲醇重整氢燃料电池轻型货车在昆山举行正式投入商业运营发布仪式，该车由东风特汽和苏州氢洁电源科技有限公司联合生产（图 4-25）[70,72]。其中甲醇重整氢燃料电池系统由苏州氢洁电源科技有限公司的母公司上海博氢新能源科技有限公司提供并组织批量生产。该车型为燃料电池电动车的一种，不过其燃料为甲醇，是针对我国目前加氢站建设滞后、成本高等问题提出的新型解决方案。该氢燃料电池系统的氢气供应有别于传统的高压罐储氢方式，通过甲醇-水混合液重整化学反应获得氢气，进入燃料电池堆发电，做到了氢气的"即产即用"，高效率，低成本。

2020 年 1 月，由大连化物所李灿院士主持的全球首套千吨级规模太阳能绿氢制甲醇示范项目在兰州新区试车成功，实现了将太阳能转化为甲醇液体燃料工业化生产的第一步（图 4-26）[71]。该项目由太阳能光伏发电、电解水制绿氢、CO_2 氢化合成甲醇三个基本单元构成，由华陆工程科技有限责任公司主持项目设计，项目配套建设总功率为 10MW 光伏发电站，为 2 台 1000Nm³/h 电解水制氢设备提供电力。李灿院士团队研发了具有我国自主知识产权的新型电解水制氢催化剂，可制造规模化（1000Nm³/h）碱性电解水制氢设备，单位制氢能耗降低至 $4.0 \sim 4.2$ kW·h/m³ H_2，大幅降低了电解水制氢的成本，是目前世界上规模化碱性电解水制氢的最高效率。同时，李灿院士团队自主研发的固溶体双金属氧化物催化剂（ZnO-ZrO₂），实现 CO_2 高选择性和高稳定性氢化合成甲醇，单程甲醇选择性大于 90%，催化剂运行 3000h 性能衰减小于 2%，为工业化应用奠定了基础。

图 4-25　全球首台基于甲醇重整
氢燃料电池轻型货车

图 4-26　大连化物所研发的全球
首套千吨级规模太阳燃料合成示范项目

甲醇的存储、运输和配送可以使用现有的基础设施和物流系统，绿色甲醇可由多种原料制成，例如可再生电力、生物质、沼气和城市固体垃圾。甲醇是很好的液态能源载体，且我国甲醇资源丰富。我国作为全球最大的甲醇生产国和消费国，甲醇产能在全球占比超过 50%。截至 2017 年，我国甲醇产能达 8351 万吨/年，且当前仍在加大甲醇产业建设，预计未来可新增产能 2000 万吨/年。我国交通运输领域对原油和天然气的依赖度相对较高，使用甲醇燃料电池系统是一个"中国特色的燃料电池解决方案"。依托于纯电动货车，在其平台上附加甲醇重整氢燃料电池发电系统，以液体甲醇为原料，在货车上制氢、发电、驱动车辆或给电池充电，使电池保持在最佳电量状态，延长电池的使用寿命，减少电池装载量。目前基于甲醇重整制氢的储氢技术主要瓶颈在于：

① 绿色甲醇的制取效率低、选择性低、制备成本高和能耗大。

② 甲醇重整制氢反应器的效率低和高纯氢分离设备昂贵、运行成本高和寿命有限。

③ 氢燃料电池的集成开发问题，包括供氢纯度、CO 催化剂毒化物质和运行寿命。

4.4　LOHC、氨和甲醇储氢技术的比较

在详细介绍了 LOHC、氨和甲醇三个储氢体系和技术工艺后，本节将着重分析三个体系氢化过程（合成 H18-DBT、NH_3、CH_3OH）的成本。这些储氢介质目前研究应用最广泛，但是它们的大规模脱氢研究甚少。尽管如此，研究人员预估，对于 NH_3 储氢体系，生产 200t/d 氢气，需要花费 5.1 亿美元；对于 LOHC 储氢体系，生产 200t/d 氢气，需要花费 2400 万美元[5]。通常情况下，除裂解制氢外，还需要额外的分离装置，将氢气从副产物中分离出来。另外，N_2 氢化（合成氨）和 CO_2 氢化（合成甲醇）过程比 LOHC 氢化过程能耗更大。如果储存 500t 氢气/天，以 10% 损失计算，相当于每天要裂解约 3200t 氨、约 4500t 甲醇和约 8700t H18-DBT LOHC 有机液体。氢化过程电耗和热耗如图 4-27 所示[5]：对于 NH_3 储氢体系，吸热的氨分解制氢需要电耗约 100MW，放热的合成氨过程则产生热功率约

153MW；对于甲醇储氢体系，甲醇基于 CO_2 直接捕捉技术（DAC）算，需要热耗和电耗分别为约 500MW 和约 151MW，同时产生约 92MW 和约 7MW 的热和电功率；对于 DBT/H18-DBT 储氢体系，电耗为约 0.35MW，可忽略不计，并产生热功率约 220MW。另外，对于氨和 LOHC 体系，产生的热功率可以储存起来用于之后的脱氢化释氢反应，尤其是静态工厂现场应用场景。

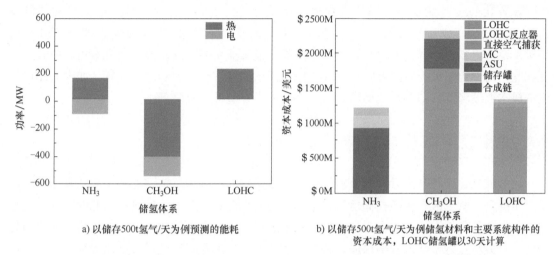

a) 以储存500t氢气/天为例预测的能耗

b) 以储存500t氢气/天为例储氢材料和主要系统构件的资本成本，LOHC储氢罐以30天计算

图 4-27　LOHC、氨和甲醇三种体系氢化储氢过程能耗和资本成本对比图[5]

除了氢化过程热耗和电耗，储氢材料和相关系统的资本成本也需要考虑。通常，化工厂需要在制造过程的两个部分进行氢气储存：首先，是一个昼夜储存器，用于储存约 8h 的反应物，以便维护无需关闭整个设施；其次，在供应链中断的情况下，所有产品和反应物可储存 30 天。由于氨、甲醇和 LOHC 的合成或氢化过程是连续的，不会中断，充足的产品现场储存空间是必需的。因此，这里只考虑了最终产品的日常存储（即分别为 3200t、4500t 和 8700t 吨氨、甲醇和 H18-DBT）和储存容器存放 30 天。储存容器的大致资本成本，连同其他主要部件如图 4-27 所示。对于氨储氢体系，除了上述储存容器外，还有包括空分设施（ASU）用于氮气分离，机械压缩用于浓缩合成气体混合物和氨转化的合成回路。其中，氨转化的合成回路成本最高，因为它包括一系列压缩机、热交换器、泵、反应器和闪蒸罐。对于甲醇储氢体系，CO_2 捕集的 DAC 装置、甲醇转化的合成回路和储罐是主要组成部分。甲醇的合成回路也由不同的组件组成，例如反应器、锅炉、一系列热交换器、闪蒸分离器、蒸馏塔和压缩机。对于甲醇储氢，最大的成本来自于捕集 CO_2 的 DAC 过程，如果 CO_2 捕集成本降低，则合成甲醇的成本也会随之降低。值得注意的是，有研究预测甲醇的系统成本低于氨和 LOHC，在这里是因为假设了 DAC 比 CCS 成本更高[73]。对于 LOHC 储氢体系，材料成本是运营 30 天的主要成本构成。总体而言，图 4-27b 表明甲醇可能是最昂贵的储氢方法，明显高于氨和 LOHC，而 LOHC 是由于材料成本高，比氨储氢略贵。值得注意的是，上述分析假设新的 LOHC 材料成本为 5 美元/L。然而，对于大型存储运输系统，由于大批量制造和使用的缘故，材料价格可能会显著降低，从而大大提高 LOHC 储氢技术的竞争力。

需要指出的是，催化剂对以上三种储氢体系至关重要，没有将催化剂成本视为主要的系统组件资本成本，是因为它是消耗品，因此属于运营成本。对于 LOHC 储氢体系，美国能源效率和可再生能源办公室早期假设 1kg 催化剂，价格为 150 美元，可以氢化 500t LOHC。有研究表明 0.3wt% Pt/Al$_2$O$_3$ 催化剂的加氢能力为 3g H$_2$/g$_{Pt}$-min 或 0.54kg H$_2$/kg$_{catalyst}$-hour，而 0.5~5wt% Pt/Al$_2$O$_3$ 催化剂价格为 110~2100 美元[74]。以 110 美元/kg 价格的 0.3wt% Pt/Al$_2$O$_3$ 催化剂计算，保守估计催化剂使用寿命为 14000h，30 天内充氢 15000t，需要约 1984kg 催化剂或 22 万美元。对于大规模氢化反应，假设 5wt% Pt/Al$_2$O$_3$，有同样的加氢能力 3g H$_2$/g$_{Pt}$-min 或 0.54kg H$_2$/kg$_{catalyst}$-hour，相应的成本为约 417 万美元或 2100 美元/kg[5]。相对来说，氨和甲醇合成催化剂，由于不需要贵金属催化剂，因此催化剂成本相对较低。尽管如此，高催化剂成本并没有降低 LOHC 储氢体系的经济吸引力和应用前景，如果 LOHC 催化剂成本继续降低，则 LOHC 储氢体系的整个成本有望进一步降低。

4.5 富氢液态化合物储运技术应用

富氢液态化合物是指采用富氢液体作为介质来储存与运输氢气，如苯、N-乙基咔唑、液氨、甲醇等。富氢液态化合物储运氢技术具有储氢密度高、安全、运输成本低的特点，但是其在加氢和脱氢端需要在贵金属催化剂作用下进行高温催化合成和分解，能耗高，催化剂易失效，且分解过程常伴随着副反应，释放的氢气不纯，需要对氢气进行分离提纯，这导致富氢液态化合物储运氢技术的成本高昂。采用富氢液态化合物作为氢气的载体，其运输网络成熟、规范且灵活性高，也被认为是一种大规模储运氢的选择，其应用过程如图 4-28 所示。

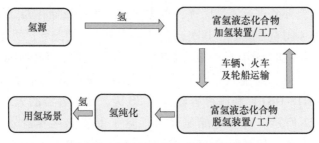

图 4-28　富氢液态化合物应用示意图

（1）液氨储运氢技术应用

液氨合成和储运的基础设施和相关技术是成熟的。氨的活性较低，其燃烧和爆炸的危害性比其他气体和液体低，但是其具有毒性，对人体健康有害。氨存在以下特性：无水氨不易燃，但是氨蒸气在空气中易燃，点燃后会发生爆炸；氨受热分解会释放有毒气体，需要穿戴防毒面具和液密封防护服；氨会对铜、锌等合金产生腐蚀，会与氧化剂、卤素、酸等发生反应，氨在运输过程中的防泄露是重点要解决的问题。若发生液氨泄露，可按照 HG/T 4686—2014《液氨泄漏的处理处置方法》[75] 对液氨的泄漏事故进行处理。因此，氨的毒性和腐蚀性，是液氨作为氢运输载体面临的主要问题之一。

液氨主要充装在槽罐中，采用汽车、火车等方式进行运输，或充装于大型液氨运输船中运输，如图 4-29 所示。根据氨能源协会（Ammonia Energy Association）报告，全球氨的生产水平目前接近大约每年 2 亿 t，几乎 98% 的氨生产原料来自化石燃料，其中 72% 使用天然气作为原料。未来，氨作为氢的运输载体，需要使用绿氢来生产氨，降低全球碳排放。2020年，日本邮船（NYK）联手日本造船联合（JMU）和日本船级社（NK）共同开发氨气作为船舶燃料的应用和液氨运输船，计划将东南亚地区的绿氢合成氨，通过海上大规模运输到日本，用于制氢或直接燃烧氨。但是，氨分解制取的氢气中会含少量杂质气体氨，若采用含 1×10^{-6} L/L 氨的氢气供燃料电池使用一周，也会显著降低燃料电池寿命。这主要是质子交换膜中氨分子被膜中的 H^+ 不可逆吸附后，以铵离子形态蓄积非动态化，降低了燃料电池性能。根据 GB/T 37244—2018《质子交换膜燃料电池汽车用燃料氢气》[76] 的要求，氢气中氨的含量要求 $\leqslant 0.1 \times 10^{-6}$。这要求氨制取的氢气，在经过氢气和氮气分离后，还需要进一步除氨。

a) 液氨槽罐　　　　　　　　　　　　　　　b) 液氨运输船

图 4-29　液氨运输方式

（2）有机液体储运氢技术应用

有机液体（主要包含环己烷类、咔唑、吲哚等）作为储运氢介质，在常温常压下采用汽车、轮船和火车进行运输，与石油/汽油的运输是类似的，可以采用现有石油/汽油的基础设施。其关键问题主要包括以下几点：

① 有机液体的毒性。环己烷、咔唑、吲哚等具有微毒性，开发无毒有机液体储运氢介质是氢能安全使用目标的任务之一。

② 长途运输的经济性问题。虽然有机液体储运的方式与现有石油/汽油的运输类似，但是并没有返空车/船的概念，脱完氢的有机液体储氢介质仍需随车返厂加氢，往返均是重载运输，需要考虑其长途运输的经济性。

③ 加氢、脱氢条件仍较为苛刻。常见的有机液体吸/脱氢特性见第 4.1 节。以 N-乙基咔唑为例，需要在 200℃和 6MPa 条件下加氢，在 230℃和 0.1MPa 条件下脱氢。

④ 脱氢反应常伴随副反应。有机液体在脱氢时多会发生副反应，导致释放的氢气不纯，存在 CO、CH_4 等对燃料电池毒化的气体。

⑤ 催化剂价格仍昂贵。要达到优异的加氢/脱氢性能，通常需要采用贵金属催化剂，且催化剂的寿命较短，这增大了系统成本。

综上，开发高容量、无毒、低温下可完全吸氢/脱氢的有机液体和廉价催化剂是推进有机液体储氢介质规模化应用的主要研究方向。日本千代田化工建设株式会社以甲基环己烷为储氢介质，计划将日本海外的氢运输至日本，其典型的加氢/脱氢工厂如图 4-30 所示[77]。

该公司于 2019 年在文莱建成甲基环己烷的合成厂，可将文莱生产的氢气以船运方式运输到日本，氢气运输规模可达 210t/年，是世界上第一个基于有机液体储氢的全球氢供应链项目。德国的 Hydrogenious Technologies 公司采用二苄基甲苯作为储氢介质，将德国北部 Heligoland 风电生产的绿氢，通过有机液体运输到德国，预计 2030 年的运氢量可达 100t/年[78]，其有机液体脱氢装置如图 4-31 所示。而国内的武汉氢阳能源控股有限公司，基于武汉理工大学的 N-乙基咔唑有机液体储氢技术，联合开发成功全球首台常温常压液态有机供氢的燃料电池客车工程样车"泰歌号"，燃料电池中型客车"星锐号"，升级版氢油燃料电池大巴"氢扬号"和燃料电池物流车"新氢卡"。该公司目前已实现全球首套年产 1000t N-乙基咔唑的试验装置和加氢/脱氢催化剂生产线，并于 2021 在北京房山实现了液体有机储氢技术制氢油等氢能技术全产业链应用示范[79]。总体来看，有机液体储运氢技术目前处于从实验室向工业化生产过渡阶段。

图 4-30 日本千代田化工建设株式会社的甲苯/甲基环己烷加氢/脱氢示范工厂

图 4-31 德国 Hydrogenious Technologies 公司的 1.5t/天脱氢装置[78]

课后习题

1. 简述 LOHC 的概念和储氢优缺点。
2. 比较 LOHC、氨和甲醇三种储氢体系的优缺点。

3. 简述勒夏特列原理（Le Chatelier's principle）和其在氨化学储氢领域中的应用。

4. 2-甲基二苯甲烷（$C_{14}H_{14}$，简称 H_0-BT）是近年来研究比较广泛的液态储氢物质，其具备较高的体积储氢密度和优异的氢化/脱氢化储氢循环稳定性。请根据所学知识回答以下问题：

（1）查阅文献计算 H_0-BT 的氢化对应产物和理论质量及体积储氢密度。

（2）根据 LOHC 储氢基本原理，简述 H_0-BT 的储氢过程。

5. 请描述日本千代田公司开发的 SPERA 储氢技术工艺及其优缺点。

6. 简述合成氨方法（哈伯法合成氨技术、化学链合成氨技术、电化学合成氨技术）的优缺点。

7. 氨分解制氢反应是解决氨储氢技术的重要一环，请简述目前氨分解制氢技术的瓶颈和解决这些瓶颈问题的方法。

8. 氨的储氢质量密度高达 17.6wt%，但是氨分解制氢反应需要高温、高压和贵金属催化剂。假设存在一种化合物（H_2A）能够在常温下与 NH_3 进行重组反应。假设 A 的原子质量为 10g/mol，A 与 N 可以形成稳定的 NA_2 化合物，请回答以下问题：

（1）写出 H_2A 与 NH_3 进行重组反应方程式。

（2）计算与 H_2A 重组反应后 NH_3 的理论质量储氢密度。

9. 甲醇是重要的化工原料和生物能源，请简述四种甲醇裂解制氢技术路线的优缺点，根据目前工艺现状阐述甲醇储氢的技术瓶颈和解决方案。

10. 甲醇的储氢质量密度为 12.5wt%，但是与水催化重整反应可进一步从水中取得额外的氢气，从而使甲醇单位质量的储氢密度突破理论上限达到 18.75wt%。请回答以下问题：

（1）请通过计算证明与水重整的质量储氢密度为 18.75wt%。

（2）根据甲醇密度（0.79g/ml）计算 10L 甲醇与水反应可以获得氢气的质量。

参 考 文 献

［1］TEICHMANN D, ARLT W, WASSERSCHEID P, et al. A future energy supply based on Liquid Organic Hydrogen Carriers（LOHC）［J］. Energy & Environmental Science, 2011, 4（8）：2767-2773.

［2］ANDERSSON J, GRöNKVIST S. Large-scale storage of hydrogen［J］. International Journal of Hydrogen Energy, 2019, 44（23）：11901-11919.

［3］MODISHA P M, OUMA C N M, GARIDZIRAI R, et al. The prospect of hydrogen storage using liquid organic hydrogen carriers［J］. Energy & Fuels, 2019, 33（4）：2778-2796.

［4］COLLINS L. World's first international hydrogen supply chain' realised between Brunei and Japan［Z］. 2020.

［5］ABDIN Z, TANG C, LIU Y, et al. Large-scale stationary hydrogen storage via liquid organic hydrogen carriers［J］. iScience, 2021, 24（9）：102966.

［6］CHIYODA. What is "SPERA HYDROGEN" system［Z］. 2016.

［7］张媛媛, 赵静, 鲁锡兰, 等. 有机液体储氢材料的研究进展［J］. 化工进展, 2016, 35：2869-2874.

［8］赵琳, 张建星, 祝维燕, 等. 液态有机物储氢技术研究进展［J］. 化学试剂, 2019, 41：47-53.

［9］BINIWALE R B, KARIYA N, ICHIKAWA M. Dehydrogenation of cyclohexane over Ni based catalystssupported on activated carbon using spray-pulsed reactor and enhancement in activity by addition of a small amount of Pt［J］. Catalysis Letters, 2005, 105（1）：83-87.

[10] XIA Z, LU H, LIU H, et al. Cyclohexane dehydrogenation over Ni-Cu/SiO₂ catalyst: Effect of copper addition [J]. Catalysis Communications, 2017, 90: 39-42.

[11] OKADA Y, SHIMURA M. Development of large-scale H₂ storage and transportation technology with liquid organic hydrogen carrier (LOHC) [C]//Proceedings of the Technical paper at Joint GCC-JAPAN Environment Symposia. [s. n.: S. v.], 2013.

[12] GORA A, TANAKA D A P, MIZUKAMI F, et al. Lower temperature dehydrogenation of methylcyclohexane by membrane-assisted equilibrium shift [J]. Chemistry letters, 2006, 35 (12): 1372-1373.

[13] SUTTISAWAT Y, SAKAI H, ABE M, et al. Microwave effect in the dehydrogenation of tetralin and decalin with a fixed-bed reactor [J]. International Journal of Hydrogen Energy, 2012, 37 (4): 3242-3250.

[14] YANG M, DONG Y, FEI S, et al. A comparative study of catalytic dehydrogenation of perhydro-N-ethylcarbazole over noble metal catalysts [J]. International Journal of Hydrogen Energy, 2014, 39 (33): 18976-18983.

[15] SOTOODEH F, SMITH K J. An overview of the kinetics and catalysis of hydrogen storage on organic liquids [J]. The Canadian Journal of Chemical Engineering, 2013, 91 (9): 1477-1490.

[16] JORSCHICK H, BöSMANN A, PREUSTER P, et al. Charging a liquid organic hydrogen carrier system with H₂/CO₂ gas mixtures [J]. ChemCatChem, 2018, 10 (19): 4329-4337.

[17] Green Car Congress. Hydrogenious Technologies partners with United Hydrogen Group (UHG) to bring novel LOHC H₂ storage system to US market [Z]. 2016.

[18] YADAV V, SIVAKUMAR G, GUPTA V, et al. Recent advances in liquid organic hydrogen carriers: An alcohol-based hydrogen economy [J]. ACS Catalysis, 2021, 11 (24): 14712-14726.

[19] SERVICE R F. Ammonia—a renewable fuel made from sun, air, and water—could power the globe without carbon [J]. Science, 2018, 361 (6398): 120-123.

[20] SURYANTO B H R, MATUSZEK K, CHOI J, et al. Nitrogen reduction to ammonia at high efficiency and rates based on a phosphonium proton shuttle [J]. Science, 2021, 372 (6547): 1187.

[21] SERVICE R F. Liquid sunshine [J]. Science, 2018, 361 (6398): 120-123.

[22] CHANG F, GAO W, GUO J, et al. Emerging materials and methods toward ammonia-based energy storage and conversion [J]. Advanced Materials, 2021, 33 (50): 2005721.

[23] LI Y, WANG H, PRIEST C, et al. Advanced electrocatalysis for energy and environmental sustainability via water and nitrogen reactions [J]. Advanced Materials, 2021, 33 (6): 2000381.

[24] FOSTER S L, BAKOVIC S I P, DUDA R D, et al. Catalysts for nitrogen reduction to ammonia [J]. Nature Catalysis, 2018, 1 (7): 490-500.

[25] RAYMENT T, SCHLöGL R, THOMAS JM, et al. Structure of the ammonia synthesis catalyst [J]. Nature, 1985, 315 (6017): 311-313.

[26] MORGAN E R. Techno-economic feasibility study of ammonia plants powered by offshore wind [M]. [s. n.]: University of Massachusetts Amherst, 2013.

[27] GAO W, GUO J, WANG P, et al. Production of ammonia via a chemical looping process based on metal imides as nitrogen carriers [J]. Nature Energy, 2018, 3 (12): 1067-1075.

[28] ZHANG L, JI X, REN X, et al. Electrochemical ammonia synthesis via nitrogen reduction reaction on a MoS₂ catalyst: theoretical and experimental studies [J]. Advanced Materials, 2018, 30 (28): 1800191.

[29] HU L, XING Z, FENG X. Understanding the electrocatalytic interface for ambient ammonia synthesis [J]. ACS Energy Letters, 2020, 5 (2): 430-436.

[30] GREEN L. An ammonia energy vector for the hydrogen economy [J]. International Journal of Hydrogen Ener-

gy, 1982, 7（4）: 355-359.

[31] Bia Energy. Fuel cell micro-CHP in 2020: the news from the fuel cell review ［OL］. ［2022-04-17］. https://
biaenergyconsulting. com/2021/04/29/fuel-cell-micro-chp-in-2020-the-news-from-the-fuel-cell-review/.

[32] CROLIUS S. CSIRO partner revealed for NH_3-to-H_2 technology ［Z］. 2018.

[33] JIANG J, DONG Q, MCCULLOUGH K, et al. Novel hollow fiber membrane reactor for high purity H_2 gener-
ation from thermal catalytic NH_3 decomposition ［J］. Journal of Membrane Science, 2021, 629: 119281.

[34] MACFARLANE D R, CHEREPANOV P V, CHOI J, et al. A roadmap to the ammonia economy ［J］.
Joule, 2020, 4（6）: 1186-1205.

[35] MUKHERJEE S, DEVAGUPTAPU S V, SVIRIPA A, et al. Low-temperature ammonia decomposition
catalysts for hydrogen generation ［J］. Applied Catalysis B: Environmental, 2018, 226: 162-181.

[36] LE T A, DO Q C, KIM Y, et al. A review on the recent developments of ruthenium and nickel catalysts for
CO_x-free H_2 generation by ammonia decomposition ［J］. Korean Journal of Chemical Engineering, 2021,
38（6）: 1087-1103.

[37] WANG D, JIANG W, ZHAO Z, et al. Research of industrial hydrogen production at home and abroad ［J］.
Industrial Catalysis, 2018, 26（5）: 26-30.

[38] 邱书伟, 任铁真, 李珺. 氨分解制氢催化剂改性研究进展 ［J］. 化工进展, 2018, 37（3）:
1001-1007.

[39] ZHANG Z, LIGUORI S, FUERST T F, et al. Efficient ammonia decomposition in a catalytic membrane reac-
tor to enable hydrogen storage and utilization ［J］. ACS Sustainable Chemistry & Engineering, 2019,
7（6）: 5975-5985.

[40] NAGAOKA K, EBOSHI T, TAKEISHI Y, et al. Carbon-free H_2 production from ammonia triggered at room
temperature with an acidic RuO_2/γ-Al_2O_3 catalyst ［J］. Science Advances, 2017, 3（4）: e1602747.

[41] VITSE F, COOPER M, BOTTE G G. On the use of ammonia electrolysis for hydrogen production ［J］. Jour-
nal of Power Sources, 2005, 142（1）: 18-26.

[42] HANADA N, HINO S, ICHIKAWA T, et al. Hydrogen generation by electrolysis of liquid ammonia ［J］.
Chemical Communications, 2010, 46（41）: 7775-7777.

[43] ZHANG Y, LIU H, LI J, et al. Life cycle assessment of ammonia synthesis in China ［J］. The International
Journal of Life Cycle Assessment, 2022, 27（1）: 50-61.

[44] WU S, SALMON N, LI MM-J, et al. Energy decarbonization via green H_2 or NH_3? ［J］. ACS Energy Let-
ters, 2022, 7（3）: 1021-1033.

[45] ELLIS J. Here's why agrifoodtech VC tenacious ventures backed a green ammonia startup ［Z］. 2021.

[46] LIM D-K, PLYMILL A B, PAIK H, et al. Solid acid electrochemical cell for the production of hydrogen from
ammonia ［J］. Joule, 2020, 4（11）: 2338-2347.

[47] 福建省人民政府办公厅. 国内首家"氨—氢"绿色能源产业创新平台在闽启建 ［Z］. 2021.

[48] CHEN C, WU K, REN H, et al. Ru-based catalysts for ammonia decomposition: A mini-review ［J］.
Energy & Fuels, 2021, 35（15）: 11693-11706.

[49] ATCHISON J. GenCell to roll out its ammonia-fed, off-grid power solution ［Z］. 2022.

[50] 陈达南, 李军, 黄宏宇, 等. 氨燃烧及反应机理研究进展 ［J］. 化学通报, 2020, 83: 508-515.

[51] 范舒睿, 武艺超, 李小年, 等. 甲醇-H_2 能源体系的催化研究: 进展与挑战 ［J］. 化学通报, 2021,
84: 21-30.

[52] SHIH C F, ZHANG T, LI J, et al. Powering the future with liquid sunshine ［J］. Joule, 2018, 2（10）:
1925-1949.

［53］ OLAH G A. Beyond oil and gas：The methanol economy ［J］. Angewandte Chemie International Edition, 2005, 44 (18)：2636-2639.

［54］ PéREZ-FORTES M, SCHöNEBERGER J C, BOULAMANTI A, et al. Methanol synthesis using captured CO_2 as raw material：Techno-economic and environmental assessment ［J］. Applied Energy, 2016, 161：718-732.

［55］ FASIHI M, EFIMOVA O, BREYER C. Techno-economic assessment of CO_2 direct air capture plants ［J］. Journal of Cleaner Production, 2019, 224：957-980.

［56］ GRAAF G H, SIJTSEMA P J J M, STAMHUIS E J, et al. Chemical equilibria in methanol synthesis ［J］. Chemical Engineering Science, 1986, 41 (11)：2883-2890.

［57］ SHI L, YANG G, TAO K, et al. An introduction of CO_2 conversion by dry reforming with methane and new route of low-temperature methanol synthesis ［J］. Accounts of Chemical Research, 2013, 46 (8)：1838-1847.

［58］ CHEN F, ZHANG P, ZENG Y, et al. Vapor-phase low-temperature methanol synthesis from CO_2-containing syngas via self-catalysis of methanol and Cu/ZnO catalysts prepared by solid-state method ［J］. Applied Catalysis B：Environmental, 2020, 279：119382.

［59］ CHEN F, ZHANG P, XIAO L, et al. Structure-performance correlations over Cu/ZnO interface for low-temperature methanol synthesis from syngas containing CO_2 ［J］. ACS Applied Materials & Interfaces, 2021, 13 (7)：8191-8205.

［60］ 赵忠治. 煤制甲醇合成工艺技术发展与分析 ［J］. 化工管理, 2021, 33：111-113.

［61］ YU K M K, TONG W, WEST A, et al. Non-syngas direct steam reforming of methanol to hydrogen and carbon dioxide at low temperature ［J］. Nature Communications, 2012, 3 (1)：1230.

［62］ ZHU J, ARAYA S S, CUI X, et al. Modeling and design of a multi-tubular packed-bed reactor for methanol steam reforming over a $Cu/ZnO/Al_2O_3$ catalyst ［J］. Energies, 2020, 13 (3)：

［63］ LIN L, ZHOU W, GAO R, et al. Low-temperature hydrogen production from water and methanol using Pt/α-MoC catalysts ［J］. Nature, 2017, 544 (7648)：80-83.

［64］ LIN L, YU Q, PENG M, et al. Atomically dispersed Ni/α-MoC catalyst for hydrogen production from methanol/water ［J］. Journal of the American Chemical Society, 2021, 143 (1)：309-317.

［65］ SUN Z, ZHANG X, LI H, et al. Chemical looping oxidative steam reforming of methanol：A new pathway for auto-thermal conversion ［J］. Applied Catalysis B：Environmental, 2020, 269：118758.

［66］ 潘立卫, 王树东. 板式反应器中甲醇自热重整制氢的研究 ［J］. 燃料化学学报, 2004, 32 (03)：362.

［67］ YAN W R Z, WANG H N, LU S F, et al. Advancement toward reforming methanol high temperature polymer electrolyte membrane fuel cells ［J］. Chemical Industry and Engineering Progress, 2021, 40 (6)：2980-2992.

［68］ 中氢新能. 甲醇制氢、甲醇重整制氢燃料电池技术逐渐走进大众视野 ［Z］. 2022.

［69］ 上海博氢新能源科技有限公司. 300W 便携式产品 ［Z］. 2022.

［70］ 摩氢科技有限公司. 全球首创! MPT 长寿命甲醇燃料电池发电站交付铁塔基站, 成功发电 ［Z］. 2021.

［71］ Altergy Systems. Hydrogen gas generators offers fuel flexibility, power consistency ［Z］. 2022.

［72］ 中氢新能技术有限公司. 中国首批甲醇重整制氢燃料电池物流车正式投入商业运营 ［Z］. 2018.

［73］ RAAB M, MAIER S, DIETRICH R-U. Comparative techno-economic assessment of a large-scale hydrogen transport via liquid transport media ［J］. International Journal of Hydrogen Energy, 2021, 46 (21)：

11956-11968.

［74］RüDE T，BöSMANN A，PREUSTER P，et al. Resilience of liquid organic hydrogen carrier based energy-storage systems ［J］. Energy Technology，2018，6（3）：529-539.

［75］中华人民共和国工业和信息化部. 液氨泄漏的处理处置方法：HG／T 4686—2014 ［S］. 北京：中国标准质检出版社，2014.

［76］中华人民共和国国家质量监督检验检疫总局，中国国家标准化管理委员会. 质子交换膜燃料电池汽车用燃料 氢气：GB/T 37244—2018 ［S］. 北京：中国标准出版社，2018.

［77］OKADA Y，YASUI M. Large scale H_2 storage and transportation technology ［J］. Hyomen Kagaku，2015，36（11）：577-582.

［78］Hydrogenious LOHC Technologies. Projects ［Z］. 2022.

［79］武汉氢阳能源有限公司. 企业历程 ［Z］. 2022.

第 5 章　材料基固态储运氢

许多固态材料是潜在的可逆储氢介质。从储氢机理来看，固态储氢材料可分为物理吸附型和化学氢化物型。物理吸附储氢是一种依靠材料与氢分子之间范德华力的相互作用进行吸脱附氢气的储氢方式。在吸脱附过程中，氢气以 H_2 分子的形式存在，由于物理吸附通常为放热过程，并且氢与材料之间的结合力较弱，物理吸附储氢材料一般在低温条件下（一般为液氮的沸点 77K）吸附氢能力强。物理吸附储氢材料包括碳材料、金属有机框架材料、沸石多孔材料等。化学氢化物储氢材料通过储存介质与氢气结合为稳定化合物来实现氢储存，主要分为金属氢化物、配位氢化物和氨硼烷及其衍生物三类。在这一章中，首先讨论金属氢化物的储氢性质，即金属元素或合金能够吸收气态氢生成二元或多元金属氢化物来存储氢气；然后介绍配位氢化物，这类材料通过中心原子与氢原子以共价键的形式形成阴离子配位基团，配位基团又与金属离子配位形成配位氢化物；接着介绍最基本的 B-N-H 化合物氨硼烷及其衍生物；最后讨论物理吸附型储氢材料。在实际应用中，基于不同的应用场景和操作条件，可以选择不同体系的储氢材料来实现氢存储。

5.1　储氢合金及金属氢化物储氢

金属氢化物是由金属单质或合金吸收气态氢生成的二元或多元氢化物。氢气分子在金属表面离解为原子氢，原子氢通过在材料晶格中间隙位置之间的扩散进入体相形成金属氢化物。储氢合金是由易生成稳定氢化物金属元素 A（如 La、Ce、Zr、Ti、V 等）与对氢亲和力较小的过渡金属 B（如 Fe、Co、Ni、Cu、Mn 等）组成的金属间化合物[1-3]。其中，组分 A 易与氢反应，吸氢量大，与氢结合生成强键合氢化物为放热反应（$\Delta H<0$）；组分 B 与氢亲和力小，氢很容易在其中移动，通常不生成氢化物，氢化过程为吸热反应（$\Delta H>0$）。前者决定吸氢量，后者控制吸/放氢的可逆性，可调节储氢合金的吸/放氢热力学和动力学。目前研究和开发的储氢合金包括稀土系 AB_5 储氢合金、Mg 基储氢合金、AB_2 型 Laves 相储氢合金、AB 型 Ti 系合金、V 基固溶体储氢合金以及稀土-镁-镍储氢合金。常见合金的类型及氢化物的性质见表 5-1。本节内容主要介绍各种金属单质及合金的储氢原理、吸放氢特性及制备技术。

表 5-1　主要储氢合金及其氢化物的性质

类型	典型合金或金属	氢化物	吸氢量（wt%）	氢化物生成焓/（kJ/mol）
AB_5	$LaNi_5$	$LaNi_5H_6$	1.4	−30.1
AB_2	$TiMn_2$	$TiMn_2H_{2.5}$	1.8	−28.5
AB	TiFe	$TiFeH_2$	1.8	−23.0
Mg 基合金	Mg_2Ni	Mg_2NiH_4	3.6	−64.5
V 基合金	Ti-V	$Ti-V-H_4$	2.6	—

5.1.1　金属（合金）的储氢原理

金属（合金）具有特定的原子结构规则排布，而其晶格间隙则可作为空位储存氢原子。在一定温度和氢气压力条件下，储氢材料能够大量"吸收"氢气，即与氢反应生成金属氢化物，同时放出热量。加热时，金属氢化物又会分解并将储存的氢释放出来。氢气的"吸收"和"释放"过程是可逆的，可以重复循环进行，如图 5-1 所示。

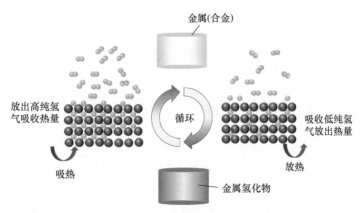

图 5-1　金属（合金）储氢的工作原理

金属的吸氢反应可分为以下四步[4,5]：

1）在范德华力作用下，氢气首先被吸附于金属表面，在表面金属原子作用下，H_2 解离为 H 原子。

2）H 原子从表面向金属内部扩散，进入金属原子结构间隙。

3）随着体相中 H 原子浓度的持续增长，在金属晶格中开始形成 α 相固溶体。

4）氢原子浓度继续增加，其在 α 相固溶体中固溶度饱和后，发生相变，产生 β 相金属氢化物，氢化反应完成。

以上是金属（合金）吸氢形成氢化物的主要步骤，由于大多数金属氢化物吸氢反应是可逆反应，故脱氢反应步骤是上述步骤的逆过程。

（1）热力学原理

金属储氢材料吸放氢过程是氢、金属以及对应氢化物三相动态平衡过程。由图 5-2 左侧部分可知，储氢材料在吸氢初期形成固溶体时吸氢容量极少，在等温状态下当氢压以及氢固溶度升高至特定数值，固溶体（α 相）开始向氢化物（β 相）转变，β 相氢化物形核长大，而此过程随着相变进行氢压不变，直到 α 相完全转变为氢化物（β 相），氢压继续升高，氢化反应完成。而随着温度升高，相同材料的相变平台压也越高，当温度超过临界温度 T_c 时，平台消失。可以看出，氢压（Pressure）、组成（Composition）以及温度（Temperature）是影响相平衡的决定性因素。故而，通过标定金属储氢材料吸放氢过程中压力-组成-温度平衡点所获得的曲线，即 PCT 曲线，可以获得储氢材料平台压、吸放氢最大容量以及吸放氢焓值等一系列原始热力学性能基本数据。

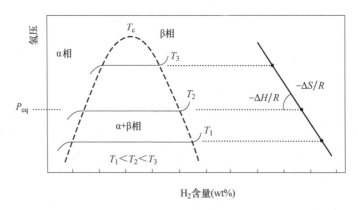

图 5-2　典型金属储氢材料中压力-组分-温度曲线（左侧部分），图中显示固溶体（α 相）、氢化物
（β 相）以及两者共存相，右侧部分为其对应的 van't Hoff 曲线

PCT 曲线中的平台压 P 与温度 T 的关系，可以通过 van't Hoff 方程来描述：

$$\ln\left(\frac{P}{P_0}\right)=\frac{\Delta H}{RT}-\frac{\Delta S}{R} \tag{5-1}$$

式中，P_0 为大气压力（1.01×10^5Pa）；ΔH 和 ΔS 分别为吸放氢反应的焓变和熵变；T 为吸放氢反应的绝对温度。

绝大多数氢化物吸氢反应的焓变和熵变均为负值，因此吸氢过程为放热反应，放氢过程为吸热反应。吸放氢反应焓变（ΔH）是衡量 M—H 键强度的重要指标，同时也是进行金属储氢系统热管理设计的重要依据。ΔH 的绝对值越大，代表 M—H 键结合力越强，储氢系统失稳难度越高，放氢越困难。ΔS 表示形成金属氢化物反应的趋势，在同类储氢合金中数值越大，代表其平衡分压越低，生成的金属氢化物越稳定。通过图 5-2 左侧平压数据，拟合 $\ln P$ vs $1000/T$，由其线性关系获得直线斜率与截距，从而计算获得该储氢材料 ΔH 和 ΔS 数据，系统表征其热力学性能。

（2）动力学原理

材料储氢性能不仅与热力学性能有关，还与动力学性能有关。动力学性能评估主要聚焦于材料吸放氢反应速率方面，而这主要由材料自身结构以及特定条件吸放氢反应机制来决定。金属储氢体系的动力学性能可以通过 Arrhenius 关系来表示：

$$v(t)\propto\exp(-E_a/k_BT) \tag{5-2}$$

式中，v 代表反应速率；E_a 代表反应活化能；k_B 代表 Boltzmann 常数（1.381×10^{-23}J/K）。

由此可知，当体系具有较高的反应温度和较小的反应活化能时，反应速率越快。因此，为了在较低温度下获得较快的反应速率，需要降低体系的反应活化能。

图 5-3 为金属储氢系统反应过程活化能全示意图。可以看出，金属+H_2 体系由初始态向具有较低能态的金属氢化物终态转变前，反应进程需克服 H_2 在金属表面分解、H 在金属中的扩散、H 在金属氢化物中的扩散能垒等，总称为反应活化能 E_a。反应活化能（E_a）作为动力学性能重要参数，可以直观反映相变过程难易程度，活化能越高，证明反应越不易进行。

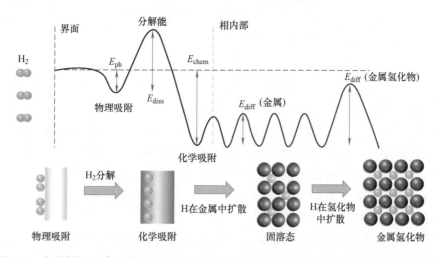

图 5-3　金属储氢系统吸放氢过程中从初始态经过激发态转变为终态的能垒变化示意图

5.1.2　储氢金属（合金）的合成

储氢金属（合金）的制备方法根据不同的形态、产量可分为感应熔炼法、机械合金法、电弧等离子蒸发法和氢化燃烧法等。

感应熔炼法[6]利用高频感应电源产生的高频电流经感应水冷铜线圈后，由于电磁感应使金属炉料内产生感应电流，感应电流在金属炉料中流动产生热量，使金属炉料被加热熔化，同时熔体由于电磁感应的搅拌作用，液体沿顺磁力线方向翻滚，使熔体得到充分混合而均质地熔化，易于得到均质的金属合金。感应熔炼法具有设备操作简单、生产效率高、温度场稳定且易于控制等优点，是工业生产中比较适用于钛基、钒基、镁基储氢合金的熔炼方法，其熔炼规模在几千克至几吨不等。

机械合金法[7-9]是通过高能球磨将不同粉末重复地挤压变形，经过断裂、撞击、冷焊接、原子间互扩散、破碎使金属粉末形成合金的方法。高能球磨法操作简单，可将不互溶的金属进行合金化，同时球磨可引入位错、层错、空位等缺陷位点，从而加快氢的扩散和传输。此外，高能球磨法合成的金属（合金）材料内部会形成更多的活性相/界面，从而显著提升吸放氢动力学性能。行星式球磨机及高能球磨法示意图如图 5-4 所示。但是，由高能球磨法制备的合金材料粒度不均匀，不利于吸放氢性能调控，且在反复循环中容易结块而导致储氢性能下降，需添加辅助材料或调节工艺参数来促进合金的循环稳定性。

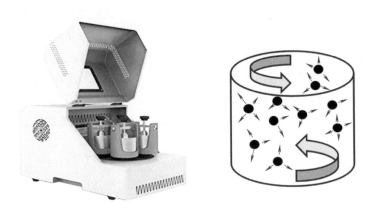

图 5-4　行星式球磨机及高能球磨法示意图

电弧等离子蒸发法[10-12]是在一定的气氛条件下（Ar、H₂、CH₄、N₂、NH₃等）利用金属和电极之间产生的电弧等离子体来熔化并蒸发金属，蒸气在气氛中冷凝成储氢材料粉体的制备方法。该方法适用于低熔点和沸点的材料，具有效率高、产物纯、粒径可调节、可实现气相合金化的优势，而加入反应型气体可以获得一些特殊的结构或化合物。例如加入 CH_4 来电弧等离子体蒸发镁可以获得具有核壳结构的 Mg@C 纳米复合储氢材料，加入 NH_3 来蒸发镁可以获得空心结构的 $Mg(NH_2)_2$。

氢化燃烧法是一种镁基储氢合金制备的新方法[13]。将镁镍混合粉末置于高压氢气中，经过一步氢化燃烧直接获得镁基氢化物，充分利用反应物 Mg、过渡金属、H_2 反应本身放出的热量来推动反应的进一步完成，且产物无须活化处理。目前，利用此法以成功制备出 Mg_2NiH_4、Mg_2FeH_6 和 Mg_2CoH_5 等镁基合金氢化物，合成产物具有高纯度、高稳定性、高活性等优势。

5.1.3　稀土系 AB_5 储氢合金

AB_5 型储氢合金研究较早，A 侧由 La 一种稀土元素或者 Ce、Pr 或 Nd 多种稀土元素组成，B 侧由 Ni、Co、Mn、Al 等不吸氢金属组成，以 $LaNi_5$ 为代表[14,15]。AB_5 型合金晶体结构为 $CaCu_5$ 型结构，空间群为 P6/mmm，其典型代表 $LaNi_5$ 的晶体结构如图 5-5 所示。$LaNi_5$ 的吸氢产物为六方结构 $LaNi_5H_6$，氢原子位于八面体间隙中，质量储氢密度约 1.38wt%，吸氢焓变为 $-30.1kJ/mol\ H_2$，25℃的放氢平台压约为 0.2MPa，适合在室温下使用。

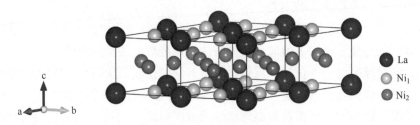

图 5-5　$LaNi_5$ 的晶体结构

LaNi$_5$ 稀土合金的优点是吸/放氢条件温和、速度快、易活化、对杂质不敏感、平衡压适中及滞后小，但由于 LaNi$_5$ 合金在吸氢后晶胞体积膨胀为 24%，导致材料易粉化、循环性能差。此外，高成本也限制了 LaNi$_5$ 合金的实际应用。目前可通过成分优化、结构调控和调节化学计量比等方法对 AB$_5$ 型稀土合金的性能进行提升[15]。

（1）合金成分优化

合金成分优化是改善 AB$_5$ 型合金储氢性能应用最广泛的方法，包括 A 侧优化和 B 侧优化。

A 侧优化：具有不同物理和化学性质的 Ce、Pr、Nb、Sm、Gd 等元素部分或混合取代 La，形成混合稀土 MmNi$_5$ 储氢合金。少量 Ce 的存在提高合金的韧性，增加合金抗粉化能力和循环性能，并且由于 Ce 的原子半径小于 Ni，Ce 含量的增加会降低晶胞体积，最大吸氢量下降，减小了合金体积膨胀，从而降低合金的粉化速度。但晶胞体积过小时由于晶格的畸变又会加速合金粉化。Ce 含量过高会造成 Ce 偏析，导致合金的稳定性降低。此外，除 Ce 元素外，Pr 和 Nd 等稀土元素也有相似的作用。研究发现，在富 La 的 MmNi$_5$ 合金中，MmNi$_5$ 合金 $[w_{(La+Nd)} \geqslant 70\%]$ 不仅保持了 LaNi$_5$ 合金的优良特性，而且储氢量和动力学特性优于 LaNi$_5$，更具有实用价值[14]。

B 侧优化：以第三组分元素如 Al、Cu、Mn、Si、Ca、Zr、V、Co、Ag 等部分取代 Ni，可改善 LaNi$_5$ 储氢性能。其中，Co 是减少吸氢时体积膨胀、提高抗粉化能力、改善循环寿命的最有效元素。Co 能够降低储氢合金的显微硬度，减小合金氢化后的体积膨胀，增加柔韧性以提高合金的抗粉化能力；循环过程中，Co 在储氢合金表面形成保护膜，它能够抑制合金表面 Al、Mn 等元素溶出，从而降低合金的腐蚀速率，提高合金的循环寿命。Mn 原子半径大于 Ni，在 Mn 部分取代 Ni 之后，合金晶胞体积增大，降低体积膨胀，但是过量会降低合金循环寿命。Mn 还起到降低储氢合金平衡氢压、减小吸放氢滞后程度的作用。Al 对 Ni 的部分替代能够使储氢合金的平衡氢压降低，随着替代量的逐渐增加，合金的容量会有所下降。目前研究比较成熟且商品化的合金是 Mm（NiCoMnAl）$_5$（富铈）和 Ml（NiCoMnAl）$_5$（富镧）合金，现已在国内外 MH-Ni 电池中得到广泛的应用。

（2）微观结构调控

AB$_5$ 型储氢合金晶格应力大，合金内部易产生偏析和缺陷。快淬和退火工艺能够使合金向纳米级或非晶态组织演变，可更好地消除结构应力，消除成分偏析，使合金均匀化，改善合金循环稳定性。根据合金成分来调控冷却速度，使合金组织结构得到改善，可进一步提高合金的综合储氢性能[16]。此外，将储氢合金纳米化，由于其特殊的表面效应、小尺寸效应等更易形成氢化物，可实现储氢性能的极大改善。

（3）非化学计量比研究

非化学计量比储氢合金是指 A、B 组分的比例不是按照化学计量配比的合金，即在 A/B 比例上不足或过量所形成的合金。在 La-Ni 二元体系中，当 Ni 含量过贫或过富时，超出这个区域，将发生偏析现象，产生第二相。第二相的成分、数量、形态、大小和分布常常对合金的组织结构、相组成、平衡氢压和循环寿命等产生影响。当第二相均匀分布在合金的主相中时，将表现出良好的性能，如 LaNi$_{5.2}$ 合金的循环寿命比 LaNi$_5$ 高，而 LaNi$_{4.27}$Sn$_{0.24}$ 的抗粉化性很好，经过 1000 次吸/脱氢循环后，其储氢量改变不大。

5.1.4 镁基储氢合金

镁基储氢材料由于其具有高储氢容量（质量储氢密度，MgH_2 为 7.6wt%，Mg_2NiH_4 为 3.6wt%，Mg_2FeH_6 为 5.5wt%），在地壳中丰富的储量以及低廉的价格而具有广阔的应用前景。

镁基储氢合金以 MgH_2/Mg 储氢体系为基础，MgH_2/Mg 体系吸放氢反应的化学反应式为

$$Mg+H_2 \Longleftrightarrow MgH_2 \tag{5-3}$$

$$MgH_2+2H_2O(l) \Longleftrightarrow Mg(OH)_2+2H_2 \uparrow \tag{5-4}$$

$$MgH_2+H_2O(g) \Longleftrightarrow MgO+2H_2 \uparrow \tag{5-5}$$

MgH_2 最常见的稳定结构是 β 型 MgH_2。β-MgH_2 的空间群为 $P4_2/mnm$，每个镁原子与 6 个氢原子配位形成一个变形的八面体（图 5-6），电荷分布为 $Mg^{1.91+}H^{0.26-}$[17]，这个结构使 MgH_2 具有很高的结构稳定性，放氢反应的焓变为 75kJ/mol H_2，100kPa H_2 压下 MgH_2 的热解温度为 280℃[18]。氢化镁除了热分解放氢外，还可发生水解放氢反应，理论产氢量高达 15.2%（质量分数）。

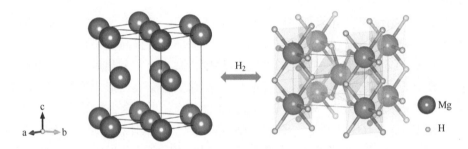

图 5-6　Mg 和 β-MgH_2 的晶体结构

（1）镁基储氢材料热解放氢性能及改性方法

目前镁基储氢体系主要通过形成合金、添加催化剂、结构优化以及轻金属配位氢化物复合等几方面来提升材料的储氢性能。

1）合金化。MgH_2 的热力学稳定性高，分解反应不易发生，而改善 MgH_2/Mg 热力学性能的方法之一就是镁与过渡族元素、稀土元素、部分主族元素分别形成合金。通过形成热力学性能更加稳定的合金相，改变反应路径，从而降低反应焓变。研究者们将 Ni、Ti、In、Al、Ag、Si、Ga、La、Cd 等元素与 Mg 制备金属间化合物[19-26]，形成特定比例的对应合金，见表 5-2。可以看到，除了 La、Fe 与 Ti 以外，大多数合金的吸放氢反应焓变显著降低，尤其是添加 Si 后，Mg_2Si 的氢化物形成焓变数值甚至降低至 36.4kJ/mol H_2。在镁基合金中，Mg_2Ni 是最具代表性的 Mg 基储氢合金之一，质量储氢密度为 3.6wt%，吸放氢反应焓变为 ±64.5kJ/mol H_2[26]。Mg_2FeH_6 具有最高的体积储氢密度（150kg/m³），质量储氢密度为 5.5wt%[27]。Mg_2FeH_6 的放氢焓变为 87kJ/mol H_2。由于 Mg_2Fe 相不具有稳定性，故 Mg_2FeH_6 的形成需要经历漫长的金属原子迁移过程，可利用高能球磨法以及氢化燃烧法来制备高纯 Mg_2FeH_6[28,29]。

表 5-2　镁基合金储氢性能

合金	氢化物生成焓 ΔH/(kJ/mol H$_2$)	质量储氢密度（wt%）
Mg$_2$Ni	−64.5	3.6
Mg$_3$Cd	−65.5	2.8
Mg$_2$Si	−36.4	5.0
Mg$_5$Ga$_2$	−68.7	5.7
Mg$_3$Ag	−68.2	2.1
Mg$_2$Fe（H$_6$）	−87	5.5
MgH$_2$-Ti	−75.2	6.7

　　2）催化剂添加。添加催化剂可提高镁基储氢材料的动力学性能。氢在镁表面的解离能较高（1.15eV），添加催化剂可以降低氢分子在镁表面的解离能，改善吸氢反应的动力学性能[30]。同时，部分金属/化合物会原位形成 MgM$_x$H$_y$ 或 MH$_x$ 等催化组元，常见的如 Mg$_2$NiH$_4$、TiH$_2$，形成 H 解离/脱附的快速通道，形成"氢泵"效应，活化能（E_a）降低，大幅提升镁基储氢材料的动力学性能。此外，催化剂的效果不仅与其本身性质有关，其形态、粒径、分散度等因素也显著影响其催化活性。添加催化剂改善 MgH$_2$ 动力学性能的放氢机理如图 5-7所示。

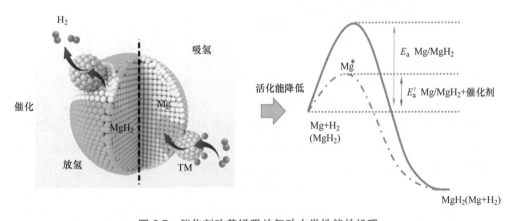

图 5-7　催化剂改善镁吸放氢动力学性能的机理

　　改善 MgH$_2$/Mg 体系储氢性能的添加剂可以归类为金属及金属间化合物、金属氧化物、其他金属化合物、碳材料、金属基和碳基复合催化剂等。过渡金属通常对提升 MgH$_2$/Mg 体系的吸放氢反应具有积极作用。氢分子在 Pd、Cu、Ni 和 Fe 等过渡金属上的分解能分别降低至 0.39eV、0.56eV、0.06eV 和 0.03eV，低于 Mg 的 1.15eV[30]，金属催化剂能够使 H$_2$ 分子快速解离发生吸氢反应，有利于 Mg/MgH$_2$ 体系的吸/放氢动力学。Cui 等[31]通过直接球磨还原法制备了具有核-壳结构的 Mg-Tm(Tm=Ti、Nb、V、Co、Mo、Ni) 复合材料，原位生成的催化组元与 Mg 接触紧密，放氢温度明显下降。Mg-Tm 的储氢动力学性能排序为 Mg-Ti>Mg-Nb>Mg-Ni>Mg-V>Mg-Co>Mg-Mo，结构分析显示 Ti/TiH$_2$、Nb、Mg$_2$Ni/Mg$_2$NiH$_4$、V、Co、Mo 为催化相。在其他类型的添加剂中，MXenes 是一种高效改善 Mg 基材料吸放氢性能的二维层状材料。Zhu W 等[32]报道了自组装 Ni 修饰 Ti$_3$C$_2$ MXene（Ni@Ti-MX）基添加剂对

改善 MgH_2 储氢性能的影响。MgH_2/Ni@Ti-MX 复合样品在吸放氢过程中形成了多组分催化相（Mg_2Ni、TiO_2、金属 Ti 或非晶态碳）并构成协同效应，显著增强了 H 在 Mg 表面的吸/脱附，如图 5-8 所示。此外，将碳材料与金属基催化剂一起引入 MgH_2/Mg 体系，由于碳材料的隔离/包裹作用，可以阻止 Mg/催化组元的长大/团聚，使得金属基催化剂复合碳材料的少量添加即可显著增加镁基复合材料的循环稳定性能[33,34]。

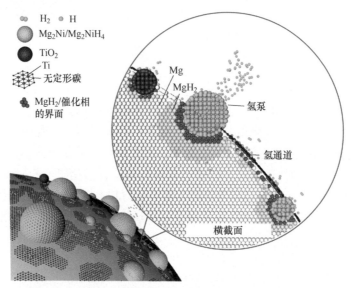

图 5-8　MgH_2/Ni@Ti-MX 体系的吸放氢催化机理示意图

3）纳米结构调控。Mg 基材料纳米化是同时提高 MgH_2/Mg 体系吸放氢热/动力学性能的有效手段。MgH_2/Mg 储氢材料颗粒降低到充分小时，大多数原子会暴露在表面上，材料具有更高的比表面积/界面面积和更多的活性位点，造成 MgH_2/Mg 热力学上的不稳定性，更容易发生吸/脱氢反应。纳米尺寸 MgH_2/Mg 通常需用模板材料来对 MgH_2 纳米颗粒进行限域，从而有效保持 Mg 基颗粒的结构稳定性。限域材料从结构来分，包括 1D 碳纳米管、2D 石墨烯、3D 多孔碳材料和金属有机框架材料（MOF）等。纳米结构的合成方法，可分为高能球磨法、化学还原法、氢化法、气相沉积法和熔融法等。纳米化改善 MgH_2 热/动力学性能的机理如图 5-9 所示。纳米化可同时改变反应的焓变（ΔH）和活化能（E_a）。

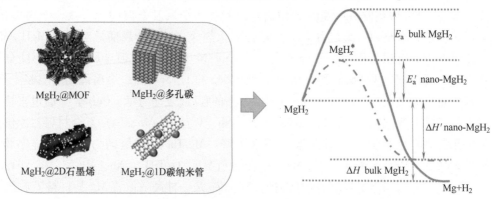

图 5-9　纳米化改善 MgH_2 热/动力学性能的机理

高能球磨法被广泛用于纳米镁基材料的制备，但是不能精准控制材料粒度分布在所需的狭窄范围内。化学还原法通过还原 Mg^{2+} 前驱体获得金属 Mg 纳米晶体[35,36]。氢化法在高压 H_2（$3 \sim 8MPa$）条件下将镁盐直接氢化合成 MgH_2，例如丁基镁与氢气的反应式可以表示为

$$Mg(C_4H_9)_2(s) + 2H_2(g) \longrightarrow MgH_2(s) + 2C_4H_{10}(g) \tag{5-6}$$

反应的氢压为 $3 \sim 8MPa$，反应温度为 $170 \sim 200℃$。Xia 等[37]人在温和的反应条件下（200℃ 和 3.5MPa H_2）通过氢化法合成石墨烯负载 MgH_2 和 Ni 纳米颗粒，制得的 MgH_2 纳米粒子尺寸较小（仅 $2 \sim 5nm$）且分散性较高，100 次吸放氢循环后的质量储氢密度仍为 5.35wt%。Zhu W 等[38]利用十六烷基三甲基溴化铵（CTAB）与 $Ti_3C_2T_x$（MXene）之间的静电作用构建了一种三维褶皱结构 $Ti_3C_2T_x$，对纳米 MgH_2 颗粒进行了均匀装载，在 150℃ 下 2.5h 内可释放约 3.0wt% H_2，循环稳定性优异，如图 5-10 所示。电弧等离子体法基于电弧产生高温使金属瞬间蒸发，在氢气等气体作用下使金属原子经历蒸发、形核、长大、凝聚等一系列手段，来获得纳米尺寸的 Mg。利用电弧等离子体法可制备直径为 $30 \sim 170nm$ 的 Mg 纳米粉和纳米线[39]。

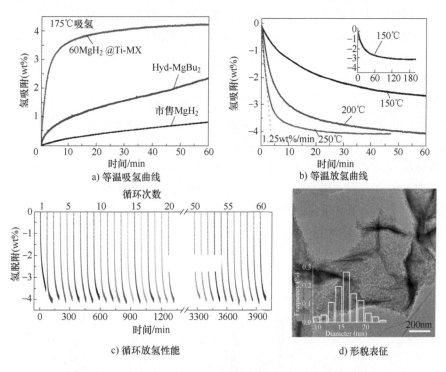

a) 等温吸氢曲线　　b) 等温放氢曲线

c) 循环放氢性能　　d) 形貌表征

图 5-10　MgH_2@Ti-MX 复合储氢材料在不同温度下的性能

纳米化镁基储氢材料的性能显著提升，在储运氢、分布式发电、燃料电池汽车等领域具有应用前景。但由于模板材料引入了不吸脱附氢的"死质量"，会影响到镁基材料的储氢容量，且规模化制备工艺尚未突破。

4）MgH_2-复杂氢化物复合体系。MgH_2 与轻金属配位氢化物复合材料的脱氢/氢化反应路径发生改变，导致材料的热力学稳定性降低，提升了镁基储氢材料的热/动力学性能。同时，轻金属配位氢化物的储氢容量较高，显著增加了体系的储氢容量。MgH_2-$LiBH_4$ 复合材料是近年来研究最多的体系之一[40]。MgH_2-$LiBH_4$ 复合材料的放氢反应分别在 300℃ 和

350℃进行，在氢化过程中形成了稳定性较高的中间相 MgB_2，因此显著降低了吸放氢焓变，MgH_2-$LiBH_4$ 复合材料的吸放氢焓变降低为 46kJ/mol H_2。这些中间化合物的形成改变了反应路径，从而导致复合材料的热力学性能明显改善，但动力学性能仍然不足，需要添加催化剂来改善动力学性能。

（2）镁基储氢材料的水解放氢性能

MgH_2 在水解释氢过程中，产物 $Mg(OH)_2$ 逐渐包裹在 MgH_2 表面，抑制了水解反应的进行。改善 MgH_2 的水解性能可通过改善水解环境、加入催化剂、减小颗粒尺寸来增加活性表面。

由于 $Mg(OH)_2$ 钝化层为碱性沉淀，加入 HCl、H_2SO_4、HNO_3 等可调节溶液的 pH 值，随着 pH 值下降，水解速率显著提升[41]。但是加入酸过多会导致酸的消耗，降低经济效益。$FeCl_3$、$TiCl_3$、$MgCl_2$、$ZrCl_4$ 等盐溶液通过金属离子的水解反应，生成 $M(OH)_x$ 沉淀和 H^+，H^+ 能够溶解表面沉积的 $Mg(OH)_2$，也可提升 MgH_2 的水解性能[42]。此外，通过电弧等离子体法、高能球磨法，直接利用过渡金属单质、氧化物、卤化物等与 MgH_2 复合对其表面进行改性[43,44]。金属盐在水中水解生成不溶于水的氢氧化物沉淀，并生成 H^+ 离子，降低水解环境的 pH 值；加入金属可以在溶液中形成原电池，加大反应进行的深度；反应过程增大 MgH_2 水解反应的新鲜表面，从而促进 MgH_2 的水解反应。

典型的氢化镁水解制氢燃料电池系统图 5-11 所示。氢化镁水解产氢-燃料电池系统通过氢化镁水解来制取氢气，再将氢气导入氢燃料电池来发电，该系统的优点在于能量密度高、安全性高，且产物 $Mg(OH)_2$ 无毒并可回收利用。氢化镁水解产氢-燃料电池系统开发的主要难点在于水解反应控制和装置集成，其中涉及实际耗水量大、产氢不稳定、反应难控制等问题。目前国内外研究者们利用材料优化、精确控制加水速率来使氢气平稳可控生成，利用氢净化系统进一步提升供氢纯度来提高工程适用性，适用于千瓦量级以下的中小型备用电源、无人机、水下潜航器等[45]。

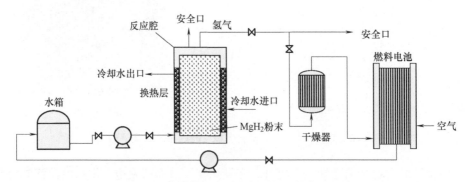

图 5-11 典型的氢化镁水解制氢燃料电池系统

5.1.5 其他金属合金

（1）稀土-镁-镍系储氢合金

近年来发展出一类新型的稀土-镁-镍系储氢合金[46]，由于其晶体结构是由 $[A_2B_4]$ 亚单元和 $[AB_5]$ 亚单元沿 c 轴堆垛形成的，其组成通式可以表示为

$$AB_y = A_2B_4 + x(AB_5)\ (x=1,2,3,4) \tag{5-7}$$

典型的合金超晶格结构类型有 AB_3、A_2B_7、A_5B_{19}、AB_4 型等，例如：

$$AB_3 \text{型结构可以表示为 } A_2B_4 + AB_5 = A_3B_9 = 3(AB_3)\ (x=1) \tag{5-8}$$

$$A_2B_7 \text{型结构可以表示为 } A_2B_4 + 2(AB_5) = 2(A_2B_7)\ (x=2) \tag{5-9}$$

$$A_5B_{19} \text{型结构可以表示为 } A_2B_4 + 3(AB_5) = A_5B_{19}\ (x=3) \tag{5-10}$$

$$AB_4 \text{型结构可以表示为 } A_2B_4 + 4(AB_5) = 6(AB_4)\ (x=4) \tag{5-11}$$

此类合金兼具 AB_2 型合金高容量特点和 AB_5 型合金易活化等优点。

稀土-镁-镍系合金每种类型超晶格结构也可分为两种：当 $[A_2B_4]$ 亚单元为 $MgZn_2$ 型结构时形成的超晶格结构为 $P6_3/mmc$ 空间群结构，即 2H 型；而为 $MgCu_2$ 型结构时形成的超晶格具有 R-3m 空间群结构，即为 3R 型。因此，每种超晶格合金均存在 2H 和 3R 两种类型：AB_3 型合金可分为 $CeNi_3$ 型（2H 型）和 $PuNi_3$ 型（3R 型）；A_2B_7 型合金可分为 Ce_2Ni_7 型（2H 型）和 Gd_2Co_7 型（3R 型）；A_5B_{19} 型合金可分为 Pr_5Co_{19} 型（2H 型）和 Ce_5Co_{19} 型（3R 型）。稀土-镁-镍系超晶格储氢合金在制备过程中，由于不同超晶格结构热力学稳定性差异和对价电子的选择性，合金化学组成与热处理条件的不同往往会导致所制备的合金具有不同的晶体结构，从而形成多个物相。在一定条件下，不同物相会共存并相互转变，因此，所制备的合金通常含有多相结构。此外，超晶格结构是通过包晶反应形成的，合金晶体结构中还会出现非超晶格结构的 $CaCu_5$ 型的 AB_5 相。

稀土-镁-镍系超晶格储氢合金的研究始于 $PuNi_3$ 型合金。研究初期，Kadir 及其合作者制备了 $PuNi_3$ 型的 $REMg_2Ni_9$（RE 为稀土元素）[47,48]，$LaMg_2Ni_9$ 合金在 30℃ 下吸氢量仅为 0.33wt%，平台压力为 2atm（2.02×10^5 Pa）；但与 $LaNi_3$ 合金相比，合金吸氢后没有发生非晶化现象，这表明合金的结构稳定性得到了增强，吸/放氢可逆性也显著提高。Kohno 等[49] 制备了 La_2MgNi_9、$La_5Mg_2Ni_{23}$ 和 La_3MgNi_{14} 等合金，其中以 $La_5Mg_2Ni_{23}$ 合金的吸氢容量最高，可以达到 1.1wt%。为了进一步提高合金的储氢容量，研究人员采用原子质量小的金属元素部分取代较重的稀土元素，制备了一些储氢量较高的超晶格储氢合金[49]。其中，$CaMg_2Ni_9$ 合金在 273K 下的可逆储氢量可达到 1.48wt%，使用 Y 部分取代 Ca 和 Ca 部分取代 Mg 之后的 $(Y_{0.5}Ca_{0.5})(MgCa)Ni_9$ 合金在 263K 下的可逆储氢量即可以达到 2wt%。另外，$(La_{0.65}Ca_{0.35})(Mg_{1.32}Ca_{0.68})Ni_9$ 合金的吸氢量显著增加，可达到 1.87wt%，并且该合金具有良好的循环稳定性，经过 2000 次吸放氢循环后，合金的储氢量仍然可以达到 1.61wt%。

（2）AB_2 型 Laves 相储氢合金

AB_2 型 Laves 相储氢合金主要有 Ti 基和 Zr 基两大类，其结构为六方 C14（$P6_3/mmc$）或立方 C15（Fd/3m）[50,51]。美国 ECD Ovonic 公司是最早开发并应用 AB_2 型储氢合金的企业，该公司开发了 Laves 相的多元 Ti-Zr-V-Ni-Cr-Co-Mn-Al-Sn 储氢合金，循环寿命可达到 1000 次，具有很好的应用前景。AB_2 型合金具有很宽的平台氢压，例如 ZrV_2 的吸氢焓变为 $\Delta H = -78$kJ/mol H_2，室温下吸氢平台压低至 10^{-4} Pa，而 $ZrFe_2$ 在室温下的吸氢平台压超过 30MPa（$\Delta H = -21$kJ/mol H_2）[52]，$TiFe_2$ 的室温吸氢平台压约 4000MPa（$\Delta H = -3.6$kJ/mol H_2）[52]。AB_2 型储氢合金平台压的调控可通过调节 Ti/Zr 比例和掺杂 Fe、Mn、Cr、V 等合金原属，其中低含量的 V、Cr 和 Mn 有利于降低平台压，而 Fe 利于增高平台压。此外，AB_2 型储氢合金易毒化，需对其进行表面处理或元素掺杂来提升稳定性[52]。在结构控制方面，可利用快速冷凝或退火处理工艺来获得结构均一的合金化材料。通过快速冷凝可使合金熔体在很短的时间内迅速冷却来抑制元素偏析，并使合金组织均匀、晶粒细化从而改善合金特性；退火处理是将合金锭放入高温炉中，在惰性气体保护下将合金加热到一定温度并保温，目的是使合金均质化，从而减小合金内部的应力，该方法对于改善合金的吸氢量和循环寿命尤为有效。

（3）AB 型 Ti 系储氢合金

TiFe 合金是 AB 型储氢合金的典型代表。TiFe 相吸氢后，形成的氢化物有 TiFeH 相（正交晶系，$a=0.298nm$，$b=0.455nm$，$c=0.442nm$）和 TiFeH$_2$ 相（正交晶系，$a=0.704nm$，$b=0.623nm$，$c=0.283nm$）。吸收的氢位于体心立方正八面体的中心，氢被 4 个钛原子和 2 个铁原子包围[53,54]。活化 TiFe 合金后在室温下能可逆地吸放氢，理论储氢量为 1.86wt%，室温下的平衡压为 0.3MPa，且可逆储氢量为 1.5wt%，可逆储氢特性在一个可实用的范围内，且原料价格低廉，资源丰富，在工业应用上占有一定优势。

TiFe 基储氢合金在应用中具有以下几点优势[55]：

① 用途多样化。TiFe 基储氢合金可以用作镍氢动力电池负极材料，应用于混合动力汽车、纯电动汽车；也可制成低压金属氢化物储氢罐作为氢燃料电池、氢内燃机汽车的氢源。

② TiFe 合金可逆储氢量较 LaNi$_5$ 高。

③ TiFe 合金可在室温吸放氢。

④ 循环使用寿命长达 2000 次。

⑤ TiFe 基合金原材料成本较 LaNi$_5$ 低。

TiFe 合金的主要缺点是易形成 TiO$_2$ 致密层而导致活化困难，合金活化需要 400℃高温和 5MPa H$_2$ 环境；抗杂质能力弱，易中毒，易受 H$_2$O 和 O$_2$ 等气体杂质的影响，反复吸放氢后性能下降，循环寿命短[56-58]。目前，元素取代是改善 TiFe 合金储氢行为的常见工艺技术，利用 Mn、Cr、Zr 和 Ni 等过渡元素取代 TiFe 合金中的部分 Fe 可有效提升合金的储氢性能，并利于其活化。

（4）V 基固溶体储氢合金

固溶体合金主要指一种或几种吸氢金属元素溶入另一种金属形成的固溶体合金，与金属间化合物不同，固溶体合金并不是必须具有严格化学计量比或接近化学计量比的成分。从储氢的角度来看，V 基固溶体合金具有较好的储氢性能。V 基固溶体合金主要是指 V-Ti 与 Ni、Cr、Mn 合金化反应生成的固溶体（BCC 结构）[59,60]。在钒基体心立方结构固溶体合金中，氢原子能稳定存在于四面体晶格（配位数为 4）间隙和八面体晶格（配位数 6）间隙，吸氢时氢原子大部分进入四面体间隙位置，由于每个晶胞中存在 12 个四面体间隙，这为氢原子的进入提供了较多的间隙位置，所以理论储氢量高，VH$_2$ 的氢含量可达到 3.8wt%[60]。钒氢反应的温度比较低，室温就可吸收大量的氢，但随着温度升高，氢在钒中的溶解度下降。钒氢化过程可分为 4 个阶段：

① 合金表面吸附并解离氢分子为氢原子。

② 氢原子固溶于钒合金中形成固溶相，表面吸附的氢原子向合金体内扩散。

③ 氢与饱和固溶相进一步反应生成氢化物相层。

④ 氢原子通过氢化物层进一步向合金体内扩散进行反应。

钒吸氢首先形成 β1 相（V_2H 低温相）。随着吸氢的进行，β1 相转变为 β2 相（V_2H 高温相或 VH）。然后，吸氢完全后转变为 γ 相（VH_2）。因此，在 V-H 系统的 PCT 曲线上存在两个平台。第一个平台对应着 α 相（氢固溶相）与 β1 相共存：

$$2V(\alpha)+1/2H_2 \rightleftharpoons V_2H(\beta1) \tag{5-12}$$

β1 相非常稳定，第一个平台对应的平衡氢压在 353K 下为 0.1Pa。因此在中等温度条件下从 β1 相的放氢反应很难发生。第二个平台对应着 β2 相（VH）与 γ 相共存：

$$VH(\beta2)+1/2H_2 \rightleftharpoons VH_2(\gamma) \tag{5-13}$$

综上，在室温条件下，V 基固溶体合金氢化生成的氢化物过于稳定，使得放氢反应很难进行，实际上合金的可逆储氢量大约为 1.9wt%。

V-Ti 固溶体合金由于 Ti 的引入可将其在 60℃的平台压调节至 0.02~1MPa，明显提升了 V 系固溶体合金的适用性。3d 过渡金属（Cr、Mn、Fe、Co、Ni）的添加可提升 V-Ti 固溶体合金的吸放氢动力学性能和循环稳定性[59-61]。其中，Mn 和 Co 提高合金表面活性，Cr、Al 和 Fe 提高合金的耐蚀能力，Ni 提高动力学活性。$Ti_{43.5}V_{49.0}Fe_{7.5}$ 合金的有效储氢量为 2.4wt%。而 $Ti_{0.32}Cr_{0.43}V_{0.25}$ 合金的可逆储氢容量为 2.3wt%，该合金具有很好的循环稳定性，1000 次吸放氢循环后，可逆储氢容量仍保持在 2wt%左右。目前，我国厚普股份公司联合四川大学开发的 V-Ti-Cr-Fe 四元合金体系[62]，其钒含量可在 20~60wt%变化。这类合金无须活化处理，可直接在室温下吸放氢，298K 下 6min 内合金吸氢量普遍超过 3.6wt%；截止压为 0.01MPa 时，部分合金 298K 放氢量超过 2.5wt%，可用于质子交换膜燃料电池驱动的便携电源、不间断电源、燃料电池自行车、三轮代步车等氢源。

5.2　配位氢化物储氢

第 1 章中已经介绍了配位氢化物，主要包括铝氢化物、硼氢化物与氮氢化物。配位氢化物具有很高的理论质量储氢密度，可作为优良的储氢材料，表 5-3 列出了它们的理论储氢容量。纯的配位金属氢化物通过一系列分解反应进行脱氢，但由于其热力学稳定性好，动力学性能较差，导致可逆吸放氢的温度高、反应速度慢。本节分别介绍配位氢化物的储氢性能及其改性方法。

表 5-3　典型配位氢化物的储氢性能

材料	密度/（g/cm^3）	质量储氢密度（wt%）	体积储氢密度/（kg/m^3）	氢化物生成焓/（$kJ/mol\ H_2$）
$LiBH_4$	0.66	18.36	122.5	−194
$Mg(BH_4)_2$	0.989	14.82	146.5	—
$NaBH_4$	1.07	10.57	113.1	−191
$LiAlH_4$	0.917	10.50	—	−119
$NaAlH_4$	1.28	7.41	—	−113
$Mg(AlH_4)_2$	—	9.27	72.3	—
$LiNH_2$	1.18	8.78	103.6	−179.6
$Mg(NH_2)_2$	1.39	7.15	99.4	—

5.2.1 轻金属硼氢化物储氢原理

金属硼氢化物通式为 $M(BH_4)_n$（n 为金属 M 的价态），氢和硼通过共价键相连形成 $[BH_4]^-$，所带负电由 Li、Na、K、Be、Mg、Ca 等金属阳离子来补偿。由于 $LiBH_4$、$Mg(BH_4)_2$ 和 $NaBH_4$ 质量储氢密度较高，具有应用前景，本节将重点介绍这三种硼氢化合物。

（1）$LiBH_4$ 及其复合体系

$LiBH_4$ 在常温下是一种白色盐状粉末，密度为 $0.66\sim0.68g/cm^3$，熔点为 $275\sim278℃$，质量储氢密度高达 $18.36wt\%$[63]。商业合成的 $LiBH_4$ 是在乙醚或异丙胺溶液中通过 $NaBH_4$ 和卤化锂（LiCl、LiBr）间的交换反应实现的[64]，其反应方程式为

$$NaBH_4 + LiX \longrightarrow LiBH_4 + NaX(X = Cl, Br) \tag{5-14}$$

$LiBH_4$ 在室温下的结构属于正交晶系，空间群为 Pnma[65,66]，晶格常数为 $a=7.18Å$，$b=4.43Å$，$c=6.80Å$，每个 $[BH_4]^-$ 阴离子基团均被 4 个锂离子（Li^+）以四面体形式包围，每个 Li^+ 也同时被 4 个 $[BH_4]^-$ 基团以四面体形式包围。在 $105℃$ 左右，$LiBH_4$ 发生由正交晶系转变为六方晶系的晶型（$P6_3mc$，$a=4.28Å$，$c=6.95Å$），同时伴随有少量氢气释放，二者结构如图 5-12 所示。

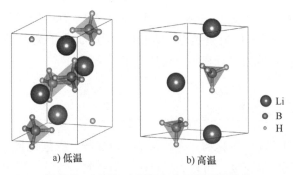

a) 低温　　　　　　　b) 高温

图 5-12　$LiBH_4$ 在低温和高温的不同结构

$LiBH_4$ 在分解放氢过程中需经历多个步骤，$LiBH_4$ 分解过程中生成相的焓变能级图如图 5-13 所示。$LiBH_4$ 在 391K 的相变伴随吸热为 $4.18kJ/mol$，转变为六方晶系结构，$100\sim200℃$ 伴随着约 $0.3wt\%$ H_2 的释放；六方晶系会在 $277℃$ 下进一步熔化，伴随 $7.56kJ/mol$ 的潜热和 $0.5\sim1.0wt\%$ H_2 的释放。主要的放氢起始于约 $400℃$，后分解为 LiH 和 B[67]。LiH 分解温度在 $700℃$ 以上，$\Delta H = -90.7kJ/mol$ H_2，十分稳定，因此放氢一般只研究到 LiH 为止。$LiBH_4$ 的放氢过程是可逆的，由于吸氢过程中需要克服产物 B 中的 B-B 键断裂所需的很高的能垒，分解产物 LiH 和 B 需要在高温高压下（$600℃$ 和 35MPa 氢压下保温 12h 或者在 $727℃$ 和 15MPa 氢压下保温 10h）才可以再生成 $LiBH_4$[68,69]。鉴于此，降低放/充氢反应温度，提高放/充氢反应速率，是当前实现工业化 $LiBH_4$ 基储氢能源材料的主要技术难题和重要发展方向。

$$LiBH_4 \longrightarrow LiH + B + 3/2H_2 \tag{5-15}$$

提升 $LiBH_4$ 储氢性能的方式分为以下几种：

① 利用元素替代和复合氢化物进行热力学调控。

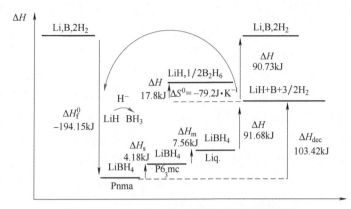

图 5-13　LiBH$_4$ 各相与中间产物的焓变示意图

② 通过催化掺杂或原位反应生成的活性物质，提供足够活性反应点来提高反应动力学。

③ 纳米化，通过减少颗粒尺寸、优化材料结构和进行纳米限域，来同时提高体系热力学和动力学性能。

LiBH$_4$ 反应物去稳定是在材料中添加另一种反应物，使材料在反应时与添加物发生反应改变反应路径，得到热力学更加稳定的生成物，使 LiBH$_4$ 在热力学性能上得到改性。Pinkerton. 等[70]首次通过将 LiNH$_2$ 与 LiBH$_4$ 按照摩尔比 2∶1 进行复合，制备出 LiBH$_4$/2LiNH$_2$ 体系储氢材料 Li$_3$BN$_2$H$_8$。该体系储氢量为 11.9wt%，在 190℃ 熔化，250℃ 开始放氢，放氢量可达 10wt%，放氢产物为 Li$_3$BN$_2$，但同时放氢过程中会释放 2%~3% NH$_3$，且放氢过程由 LiBH$_4$ 放氢反应的热力学吸热变为热力学放热反应，难以可逆吸氢。利用 MgH$_2$ 也可改善 LiBH$_4$ 的吸放氢性能[71]，即 Li-Mg-B-H 体系，该反应体系的最大储氢量为 11.4wt%。添加 MgH$_2$ 后，LiBH$_4$ 的分解熔相比于各单相体系的反应焓变明显降低，约为 46kJ/mol H$_2$，这是由于 MgB$_2$ 相对于单相体系的反应放氢产物 B 或 Mg 更加稳定，并且此体系循环稳定性较好。此外，金属硼氢化物的稳定性与中心金属原子电负性相关，可采用高电负性阳离子部分替代 Li 离子降低 LiBH$_4$ 稳定性。目前，采用阳离子替代可形成 Li$_{1-x}$M$_x$BH$_4$(M = Mg、Ca、Cu、Sc、Mn、Al、Zn) 等体系，会显著降低体系的放氢焓变和放氢温度[72]。

催化掺杂是改善 LiBH$_4$ 吸放氢动力学性能的一种重要技术手段，典型添加剂包括氧化物，卤化物，金属单质以及碳基材料。Züttel 等[63]最早发现了 SiO$_2$ 对 LiBH$_4$ 的性能改善作用，添加 25wt% SiO$_2$ 的 LiBH$_4$ 可以在 200℃ 开始放氢，最终放氢量为 9wt%。除了普通氧化物外，具有多孔结构的氧化物，在与 LiBH$_4$ 的结合过程中会限域 LiBH$_4$，使得 LiBH$_4$ 在催化活性物质和多孔结构的共同作用下获得更好的吸放氢性能。例如添加了多孔 TiO$_2$ 微米棒的 LiBH$_4$@ 3TiO$_2$（质量比 1∶3）[73]，起始放氢温度降低至 100℃，表观活化能也降低至 121.9kJ/mol H$_2$，动力学性能获得改善，而且由于产物中出现 Li/Ti/O 三元化合物，LiBH$_4$ 放氢路径发生变化，热力学性能发生改变。

将 LiBH$_4$ 颗粒尺寸控制在纳米级别将会显著改善吸放氢性能。降低 LiBH$_4$ 颗粒尺寸的方法主要有溶剂蒸发法、熔融法和原位反应法[74-78]。溶剂蒸发法通过将 LiBH$_4$ 溶解于四氢呋喃等有机溶剂中，再蒸发溶剂来获得纳米 LiBH$_4$；而直接熔化法是基于 LiBH$_4$ 在 277℃ 熔化的性质来限域于基底材料中，其吸放氢循环过程中各产物的位置流动都被抑制，使各产物之间保持良好接触，元素不会有明显的富集现象，进而可以获得更加优异的循环稳定性。基底材料可以选择具有多孔结构和高比表面积的碳材料，也可以选择具有催化效应的多孔 TiO_2 或二维层状 Ti_2C_3。Zhang 等[79]采用丁基锂和三乙胺硼烷为反应前驱体，以石墨烯为基体进行原位反应，在一定氢压和温度下，形成了石墨烯负载、原位纳米 Ni 催化的超细 $LiBH_4$ 纳米颗粒复合储氢材料（$LiBH_4$/Ni@ G），$LiBH_4$ 的含量高达 70%，其形貌与储氢性能如图 5-14 所示。该样品加热至 130℃时即开始放氢。等温测试可知，在 300℃下保温 150min，$LiBH_4$/Ni@ G 可以放氢 9.2wt%；在 300℃/10MPa H_2 下保持 200min 即可完全吸氢；300℃吸放氢循环测试表明，经过 100 个循环后，放氢容量仍接近 8.5wt%，容量保持率高达 92.4%，达到目前硼氢化物研究中最佳的循环稳定性能。

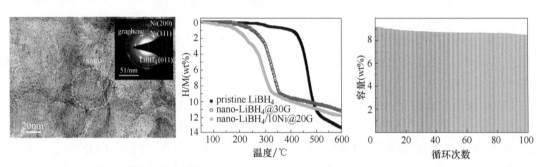

图 5-14　$LiBH_4$/Ni@ G 样品的形貌、储氢性能及循环稳定性[89]

（2）$Mg(BH_4)_2$ 及其复合体系

$Mg(BH_4)_2$ 的质量储氢密度高达 14.8wt%，且 Mg 元素电负性较高，其 Mg 原子的电负性（$\chi_p = 1.31$）大于 Li（$\chi_p = 0.98$）和 Na（$\chi_p = 0.93$），故而拥有较低的放氢温度，能够在 300℃就放出氢气[80]。但是，$Mg(BH_4)_2$ 的吸放氢温度高、速度慢，反应动力学和热力学性能差，严重影响了其在氢能领域的实际应用。

$Mg(BH_4)_2$ 通常在湿化学法下合成。Köster 在 1957 年最早发现，MgH_2 可与三乙胺硼烷络合物在 100℃发生反应生成 $Mg(BH_4)_2$ 和三乙胺的络合物，接着在 100~170℃下抽真空去除络合的三乙胺即可获得 $Mg(BH_4)_2$，产率能够达到 95%。另外一种经常用于合成 $Mg(BH_4)_2$ 的湿化学方法是用 $MgCl_2$ 和 $LiBH_4$ 或 $NaBH_4$ 在乙醚溶液中发生离子交换反应以制备 $Mg(BH_4)_2$：

$$MgCl_2 + 2MeBH_4 \Longrightarrow Mg(BH_4)_2 + 2MeCl(Me = Li, Na) \tag{5-16}$$

由于这种制备方法所产生的 LiCl 或 NaCl 不溶于乙醚而 $Mg(BH_4)_2$ 可以溶于乙醚，故可以在制备出 $Mg(BH_4)_2$ 的同时就将产物和副产物分离，所获得的 $Mg(BH_4)_2$ 的乙醚络合物又可以在大于 200℃的真空条件下有效去除。因为 $MgCl_2$ 和 $NaBH_4$ 的成本较低，故这种制备 $Mg(BH_4)_2$ 的方法被广泛使用。

$Mg(BH_4)_2$ 的热解放氢反应式为

$$6Mg(BH_4)_2 \Longrightarrow 5MgH_2 + Mg(B_{12}H_{12}) + 13H_2 \tag{5-17}$$

$$5MgH_2 \Longrightarrow 5Mg + 5H_2 \tag{5-18}$$

$$5Mg + Mg(B_{12}H_{12}) \Longrightarrow 6MgB_2 + 6H_2 \tag{5-19}$$

Mg(BH$_4$)$_2$ 在常温下的主要晶型为 α、β 和 γ 相,根据密度泛函原理的理论计算[81],反应焓变可以确定为-38～54kJ/mol H$_2$,说明 Mg(BH$_4$)$_2$ 在 20～75℃ 的温度下放氢是可行的。但是,Mg(BH$_4$)$_2$ 的实际放氢温度远高于此温度,这种现象产生的原因主要有两个:

① Mg(BH$_4$)$_2$ 的放氢过程需要 B-H 共价键的断裂,动力学壁垒较高,低温下 B-H 键无法断裂。

② Mg(BH$_4$)$_2$ 的放氢过程复杂,中间相较多,例如 γ-Mg(BH$_4$)$_2$ 在 150～200℃ 经历了 γ 相→不稳定的 ε 相→β 相的转变过程,而在放氢过程中也经历了多步反应,因此放氢较困难。γ-Mg(BH$_4$)$_2$ 的 DSC 图谱如图 5-15 所示。Mg(BH$_4$)$_2$ 的可逆储氢性能也较差,放氢产物 MgB$_2$ 再吸氢生成 Mg(BH$_4$)$_2$ 需要 400℃ 的高温和 95MPa 的超高氢压。

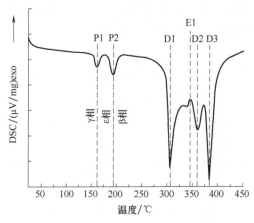

图 5-15 γ-Mg(BH$_4$)$_2$ 的 DSC 图谱

对 Mg(BH$_4$)$_2$ 吸放氢性能的改善应该集中在以下两点:首先,对 B-H 键去稳定化以降低 Mg(BH$_4$)$_2$ 放氢过程的动力学能垒;需要改变 Mg(BH$_4$)$_2$ 的放氢路径,减少复杂中间产物的产生,从而改善其可逆储氢性能。与其他氢化物复合来改变放氢路径是改善 Mg(BH$_4$)$_2$ 储氢性能的一个重要途径。例如,添加了 LiH 的 Mg(BH$_4$)$_2$ 可以从 150℃ 左右开始放氢,Li$^+$ 与 Mg^{2+} 共同作用改变了体系循环放氢的路径,稳定了循环过程中 [B$_3$H$_8$]$^-$ 基团的产生并作为主要可逆相[82]。该 Mg(BH$_4$)$_2$-xLiH(x=0～0.8)体系可以在 250℃ 下放出超过 10wt% 的氢气,且在 180℃ 下保持 3.6wt% 的循环容量达到 20 次循环没有明显的衰减。添加了 NaAlH$_4$ 的 Mg(BH$_4$)$_2$ 体系放氢温度更低,可以从 101℃ 就开始放氢,并且放氢量达到 9.1wt%[83]。该体系可以在 400℃ 下可逆吸氢 6.5wt%,再吸氢产物为 NaBH$_4$、MgH$_2$ 和 Al。同时,正-负氢耦合的反应失稳改性手段可以有效地降低 Mg(BH$_4$)$_2$ 的放氢温度,加快其放氢动力学,但是放氢过后产物不可逆。例如,Mg(BH$_4$)$_2$ 和 LiNH$_2$ 复合[84],发现在二者摩尔比 1:1 的时候复合体系可以从 160℃ 开始放氢,且放氢纯度较高,在 300℃ 可以放出 7.2wt% 的氢气。放氢产物为 Li-Mg 合金和 B-N 非晶化合物。改善 Mg(BH$_4$)$_2$ 储氢体系的添加剂主要包括过渡金属单质、过渡金属氧化物(氯化物/氟化物)和碳基材料等几大类。过渡金属原子可以与 [BH$_4$]$^-$ 基团中的一个氢原子发生强烈的相互吸引,从而使其结构稳定性被破坏,氢解离能下降。在各种金属原子的掺杂中,Ti 原子最容易取代 Mg(BH$_4$)$_2$ 结构中 Mg 原子,而各种金属原子的掺杂均能够降低 B-H 键的键能并有利于氢原子的扩散逸出[85]。此外，纳米化是改性 $Mg(BH_4)_2$ 储氢性能的重要手段之一。目前，$Mg(BH_4)_2$ 的纳米化改性方法主要有熔融法、溶剂蒸发法和原位合成法等。溶剂蒸发法是利用有机溶剂将 $Mg(BH_4)_2$ 溶解，将包含 $Mg(BH_4)_2$ 的溶液和限域材料混合后再通过加热或真空处理使溶剂蒸发，将溶质析出以获得纳米化的 $Mg(BH_4)_2$。溶液法相比于熔融法其操作温度较低，且不会引入其他硼氢化物。常用的溶解 $Mg(BH_4)_2$ 的溶剂包括四氢呋喃和乙醚。例如，四氢呋喃作为溶剂溶解 $Mg(BH_4)_2$ 并通过溶液法将其限域到多孔 Cu_2S 纳米空心球中[86]。获得的 $Mg(BH_4)_2@Cu_2S$ 限域储氢材料可以将 $Mg(BH_4)_2$ 的起始放氢温度降低至 50℃ 左右，并且提升体系的放氢动力学，放氢过程在 300℃ 以内可以完全结束。吸氢测试表明在 300℃ 和 6MPa 氢压的条件下，该体系可以再吸氢 0.5wt%，表现出了部分可逆性。但纳米化手段还存在有效负载量较低、体系实际放氢量较少、溶剂残留难以去除、操作过程复杂等缺点。

（3）$NaBH_4$ 及其复合体系

$NaBH_4$ 是白色结晶粉末，受潮易分解。$NaBH_4$ 属于正交晶系，具有规则的四面体结构，其中 Na^+ 与 $[BH_4]^-$ 基团以离子键的形式相结合，每一个 $[BH_4]^-$ 基团周围都存在着四个 Na^+，每一个 Na^+ 均被 4 个 $[BH_4]^-$ 基团包围着。$NaBH_4$ 这种典型的离子-共价键化合物具有相对较强的化学键合作用，因此稳定性高。

1）$NaBH_4$ 的热解放氢。$NaBH_4$ 的质量储氢密度为 10.57wt%，热解放氢温度>500℃，放氢反应为

$$NaBH_4 \Longrightarrow Na+B+2H_2 \tag{5-20}$$

$NaBH_4$ 具有强稳定性，同样也使得其存在着严重的吸放氢热、动力学性能差等应用瓶颈问题。纳米限域、催化剂掺杂、阳离子取代是改善 $NaBH_4$ 性能的常用方法。

对于 $NaBH_4$，有效的去稳定剂为稀土金属氟化物（LnF_3）[87,88]。稀土金属氟化物作为去稳定剂不仅降低了 $NaBH_4$ 的放氢温度，加快了放氢动力学，其在改善吸氢可逆性方面也具有明显的作用。例如 PrF_3 作为去稳定剂可以将 $NaBH_4$ 的放氢峰值温度降低到 419℃，NdF_3 作为去稳定剂时放氢峰值温度降低到 413℃，比纯 $NaBH_4$ 在相同条件下的放氢温度降低约 104℃。相比纯 $NaBH_4$ 吸氢可逆性较差，$3NaBH_4$-NdF_3 彻底放氢后的产物在 360℃、3.2MPa 初始氢压这样较为温和的条件下 1.9h 内吸氢容量达到 3.27wt%。$3NaBH_4$-GdF_3 在 400℃、4MPa 氢压下循环 4 圈的吸氢动力学保持不变，表明具有高的循环稳定性。

关于 $NaBH_4$ 的纳米限域，可通过简单的湿化学方法将纳米尺寸的 $NaBH_4$ 包裹在石墨烯中[89]。这种复合物呈现出特有的形貌，其中硼氢化物纳米颗粒完全被单层石墨烯片层包裹，其放氢过程为一步放氢，在 400℃ 有一个宽泛的吸热峰，大幅低于纯 $NaBH_4$ 的 534℃，且在 350℃、4MPa H_2 下可以实现 7wt% 可逆储氢容量。通过抗溶剂沉淀的方法将 $NaBH_4$ 的颗粒在过渡金属前驱体盐溶液中得到一系列核壳纳米结构 <30nm $NaBH_4$@Ni/Co/Cu/Fe/Sn 等[90]。由于 $NaBH_4$ 相中分散 Ni 颗粒的催化和去稳效应，核壳结构 $NaBH_4$@Ni 在低至 50℃ 时就开始释放 H_2，并且在高温下可保持稳定结构，具备优良的循环稳定性。

2）$NaBH_4$ 的水解放氢。$NaBH_4$ 除了可以热解放氢外，也是一种常用的水解放氢材料。$NaBH_4$ 在常温、中性条件下，不需催化剂可以与水直接反应，生成氢气和偏硼酸钠。一般

认为 $NaBH_4$ 水解反应与浓度、温度、pH 值、催化剂相关，可通过相关参数的调节来调节水解放氢反应的速率。

$$NaBH_4+2H_2O \Longrightarrow NaBO_2+4H_2 \qquad \Delta H=-217kJ/mol \qquad (5\text{-}21)$$

硼氢化钠与水反应的生成物 $NaBO_2$，可以通过电化学还原的原理重新制备硼氢化钠，这样可降低原料 $NaBH_4$ 的成本，实现资源的回收利用。

$$阴极反应：BO_2^-+6H_2O+8e^- \Longrightarrow BH_4^-+8OH^- \qquad (5\text{-}22)$$

$$阳极反应：2H_2O \Longrightarrow O_2+4H^++4e^- \qquad (5\text{-}23)$$

戴姆勒-克莱斯勒曾于 2000 年推出了 Millennium Cell，开发了利用 $NaBH_4$ 水解制氢即时供氢装置配合燃料电池的氢能轿车，其续驶里程可达 480km。硼氢化钠水解制氢的主要优点是：

① 氢的储存效率高：在实际应用中，$NaBH_4$ 需储存在碱性溶液中，以质量分数为 35% 的 $NaBH_4$ 溶液为例，理论储氢密度为 7.4wt%。

② 反应速度易控制：常温下，$NaBH_4$ 可在强碱性溶液中长期保存，只有在与合适的催化剂接触时才释放出氢气。通过控制流过催化床的 $NaBH_4$ 溶液的量或与 $NaBH_4$ 溶液接触的催化剂（表面积）的量，就可控制氢气产生的量和速度。

③ 安全性高：$NaBH_4$ 溶液可用常规的塑料容器储运，安全系数高。作为车载燃料，$NaBH_4$ 溶液具有不可燃性，装载在车上的安全性远高于汽油等。

利用硼氢化钠水解作为氢源在工业上的应用主要是解决氢气发生器结构、氢净化以及与燃料电池适配等问题。

① $NaBH_4$ 水解发生器。$NaBH_4$ 水解发生器主要考虑催化剂的有效利用、副产物偏硼酸钠的收集以及材料体积膨胀等。图 5-16 所示为一种单腔结构 $NaBH_4$ 水解反应器。单腔结构初始装有 $NaBH_4$ 溶液，通过储液罐底部由进液泵抽液进入单管反应器，反应生成的氢气和 $NaBO_2$ 溶液，经多孔过滤材料后可能伴随着残渣，返回燃料罐，溶液留在燃料罐中，氢气则从上方的氢气出口导出。由于反应消耗了水，生成物的溶液体积小于消耗的溶液体积，燃料

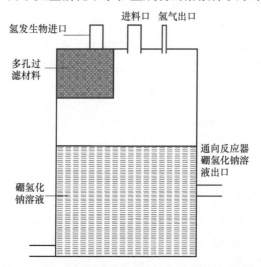

图 5-16　硼氢化钠水溶液燃料-废液一体的单腔燃料室

罐中空余部分可以容纳水解的生成物。该水解反应器的优点是解决了燃料腔和废液腔的双腔结构体积大，带来体积能量密度下降的问题，缺点是燃料罐中燃料浓度越来越低，导致产氢效率的下降，剩余 $NaBH_4$ 溶液也造成燃料浪费。

② $NaBH_4$ 水解制氢的净化。$NaBH_4$ 水解理论上只生成氢气和偏硼酸钠，但在实际反应中，由于反应的剧烈放热，反应体系温度达到 $70 \sim 90℃$。这种条件下，伴随着迅速流出的氢气，很多含盐碱的水汽也被带出。这部分溶液约占总溶液质量的 5% 以上。水汽中的溶质成分使得气体呈碱性，会对呈酸性的质子交换膜燃料电池性能产生影响，而且其中含有 Na^+、BO^{2-}、BH^+ 等阴阳离子，可能会对质子交换膜产生不可逆的破坏，降低燃料电池使用寿命。因此必须去除氢气中的杂质，以提高氢气纯度，延长质子交换膜燃料电池使用寿命。目前，可采用膜分离法、酸洗、气液分离器和干燥剂等来去除气体杂质。例如，气体首先通过洗气瓶进行酸洗或水洗，可以对氢气起到冷却和去碱的作用；来不及吸收的碱雾通过惯性气液分离装置，依靠离心力进一步去除；最后通过多孔吸收剂（如活性炭等）对氢气中夹杂的碱液完成去除。该方式最大限度地去除了氢气中的碱性杂质，保证了氢气的纯度。

③ 与燃料电池适配性。$NaBH_4$ 水解制氢燃料电池系统包括燃料（$NaBH_4$）储罐、催化反应器、加热和冷却装置、废液（$NaBO_2$）储罐、氢气储罐、氢气净化装置以及泵、阀件和压力传感器等装置。

对于微型燃料电池系统，为了节约体积，可利用燃料腔与废液腔为一体的单腔结构反应器，将产物氢气与偏硼酸钠一同通回燃料腔，经燃料液体的初步冷凝后，供给燃料电池使用，其特点在于体积小，重量轻，结构的空间利用率高；但也存在燃料腔温度升高硼氢化钠分解，氢气纯度不够高致使燃料电池寿命下降，以及燃料浓度随反应进程的改变使得反应器产氢速率和燃料电池输出功率下降，不易控制等问题。

对于大型燃料电池系统，将燃料罐与水解反应发生器分离，反应后的残液和氢气一并流回燃料罐并在燃料罐进行气液分离，将燃料电池所需的氢气经过滤器输送至质子交换膜燃料电池，收集阴极所产生的水，返回到燃料罐中，产出过剩的氢气将进入储氢罐保存。储氢罐和阴极水收集等装置都更适于在大型燃料电池系统中进行应用。该系统的优点在于燃料罐以固体 $NaBH_4$ 为主，水进行循环利用。

虽然目前 $NaBH_4$ 水解制氢工程化技术开发较成熟，但由于 $NaBH_4$ 的市场价格较高，昂贵的原料价格成为限制硼氢化钠水解制氢法获得商业成功的最大障碍。另外，硼氢化钠水解制氢所用催化剂多含 Ru、Pt 等贵金属，增加了成本。

5.2.2 轻金属铝氢化物储氢原理

铝氢化物中的 4 个 H 原子与 Al 原子通过共价作用形成 $[AlH_4]^-$ 四面体，而 $[AlH_4]^-$ 再以离子键与金属阳离子相结合，其典型代表有 $LiAlH_4$ 和 $NaAlH_4$。

（1）$LiAlH_4$ 及其复合体系

$LiAlH_4$ 是一种白色晶状固体，在室温和干燥空气中是相对稳定的，但对潮湿空气和含质子的溶剂极为敏感，能快速与其反应并放出氢气。$LiAlH_4$ 属于单斜晶系，空间群为 $P2_1/c$。$LiAlH_4$ 的理论储氢质量密度为 10.5wt%，到目前为止，实验可测的储氢量也达到了 7.9wt%，单位体积的氢含量为 $96kg/m^3$。

$$3LiAlH_4 \rightleftharpoons Li_3AlH_6 + 2Al + 3H_2（5.3wt\% \ H_2，187\sim218℃） \tag{5-24}$$

$$Li_3AlH_6 \rightleftharpoons 3LiH + Al + 3/2H_2（2.6wt\% \ H_2，228\sim282℃） \tag{5-25}$$

$$LiH \rightleftharpoons Li + 1/2H_2（2.6wt\% \ H_2，370\sim483℃） \tag{5-26}$$

$LiAlH_4$ 三步反应的理论放氢量分别为 5.3wt%、2.6wt% 和 2.6wt%。其中，第一步分解反应发生在 187~218℃ 之间，反应会生成 Li_3AlH_6 中间相；第二步分解反应发生在 228~282℃ 之间，中间相 Li_3AlH_6 继续分解放氢，形成 LiH 和 Al；第三步反应发生在 370~483℃ 之间，LiH 分解放氢，生成 Li。由于第三步 LiH 的分解温度过高，实际应用价值较小。尽管如此，由于 $LiAlH_4$ 第一步反应是放热反应，从热力学角度来看，要实现 $LiAlH_4$ 的逆向吸氢反应，难度较大，要求的反应条件苛刻。若要在室温下使 Li_3AlH_6 吸氢，完成到 $LiAlH_4$ 的相转变，需要对样品施加高达 100MPa 以上的高压，这样高的氢压，无论从技术条件或是安全性上考虑，都是比较难以实现的。对 $LiAlH_4$ 的改性主要是通过添加过渡金属 Ti、Fe、Ni 的单质或化合物以及纳米化处理等来降低 $LiAlH_4$ 的放氢温度和提高可逆性来开展。

在改善体系的储氢性能研究中，掺杂催化剂对 $LiAlH_4$ 储氢体系进行改性是目前研究最多的方法。Rafi 等[91]研究发现，添加 2mol% TiC 的 $LiAlH_4$ 放氢温度降低至 85℃，升温到 188℃ 即能放出大约 6.9wt% H_2，且其中大约 5wt% 的 H_2 在 85~138℃ 的温度区间内被释放出来。DSC 测试计算表明，该体系三步反应的活化能分别是 59kJ/mol H_2、70kJ/mol H_2 和 99kJ/mol H_2。TiF_3 掺杂对 $LiAlH_4$ 的放氢性能也具有显著的提升作用[92,93]。添加 2mol% TiF_3 能使 $LiAlH_4$ 放氢温度降低至 35℃。140℃ 的等温放氢表明该样品在 80min 即可放氢 7.0wt% H_2，其两步放氢的活化能也得到有效降低，分别是 66.76kJ/mol 和 88.21kJ/mol。除了 Ti 基催化剂，其他金属基催化剂也被广泛研究。添加 $CoFe_2O_4$ 对 $LiAlH_4$ 体系的初始放氢温度比未经处理的 $LiAlH_4$ 粉末降低 90℃，在 65℃ 下即可放氢；在 120℃、160min 的条件下，样品可产生氢气 6.8wt% H_2，其活化能也降低至 52.4kJ/mol 和 86.5kJ/mol[94]。通过将金属与碳材料复合可以得到具有一定催化活性及良好分散性的材料，也被证明是改善 $LiAlH_4$ 放氢性能的有效添加剂。研究表明，在添加 10wt% 高镍含量负载的纳米碳颗粒 Ni/C 后，$LiAlH_4$ 脱氢温度可降低至 48℃；大约 6.3wt% 的氢气能在 140℃ 的温度下 10min 内放出，而同等条件下的 $LiAlH_4$ 只有 0.52wt% 氢气释放；体系前两步的分解活化能也降低至 61.94kJ/mol 和 79.73kJ/mol[95]。

（2）$NaAlH_4$ 及其复合体系

$NaAlH_4$ 是一种在室温下白色的晶体，密度为 1.28g/cm³。$NaAlH_4$ 具有良好的可逆吸放氢性能，它在加入掺杂剂时能在低于 100℃ 可逆吸放约 4.5wt% 的氢气，无副产物，氢气纯度高，且催化剂也相对便宜，非常适用于车用低温氢燃料电池（80~200℃）。但由于原料价格较贵，目前尚无 $NaAlH_4$ 的实际应用。

在常温下，$NaAlH_4$ 以体心四方的结构形式存在，记为 α-$NaAlH_4$。在高压环境下，α-$NaAlH_4$ 会发生晶型转变，转化为斜方 β 相，这一转变将会使 α-$NaAlH_4$ 的体积减小 4%。$NaAlH_4$ 的制备可采用 H_2 气氛下机械球磨 NaH、Al 混合物，在较为温和的 2.5MPa H_2 下球磨 50h 可制备出高纯的 $NaAlH_4$。

$$NaH+Al+3/2H_2 \Longrightarrow NaAlH_4 \tag{5-27}$$

$NaAlH_4$ 的质量储氢密度为 7.41wt%，放氢反应条件较为温和，逆反应实现相对容易。$NaAlH_4$ 的放氢过程一般分为三个步骤：

$$NaAlH_4 \Longrightarrow 1/3Na_3AlH_6+2/3Al+H_2 \, (36\sim41kJ/mol \, H_2) \tag{5-28}$$

$$Na_3AlH_6 \Longrightarrow Al+3NaH+3/2H_2 \, (47kJ/mol \, H_2) \tag{5-29}$$

$$NaH \Longrightarrow Na+1/2H_2 \tag{5-30}$$

从室温开始加热后，$NaAlH_4$ 将在 180℃ 下熔化，随后开始第一步的放氢。第二步的放氢反应一般在 260℃ 以上才会发生，第三步放氢则需要 400℃ 以上的高温。由于高温下固态储氢的可操作性大大降低，因此 $NaAlH_4$ 的实用化目前着重于其前两步的放氢，前两步的放氢量达到了 5.6wt%。图 5-17 显示了 $NaAlH_4$ 放氢过程的微观结构演变，从 $NaAlH_4$ 转变为 Na_3AlH_6 后，由于晶体结构发生改变，Na_3AlH_6 晶胞之间出现了孔隙，而铝原子则会开始积聚在这些孔隙附近。当 Na_3AlH_6 转变为 NaH 之后，在孔隙附近的铝原子进一步积聚，呈现出不规则的分布情况。

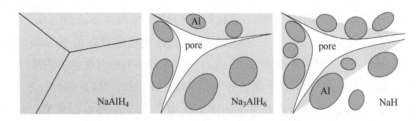

图 5-17　$NaAlH_4$ 放氢过程的示意图

相比于其他固态储氢材料，$NaAlH_4$ 的放氢热力学性能已经较为优异，因此 $NaAlH_4$ 的改性研究主要针对其放氢动力学性能和循环性能，最终实现其在较低温度下的稳定吸放氢循环，应用于实际的固态储氢领域中。$NaAlH_4$ 的催化改性一般通过掺杂催化剂来实现。通过掺杂催化剂，$NaAlH_4$ 的活化能和吸放氢速率都得到显著提升。催化剂的掺杂方法根据掺杂剂的形态可分为"干法掺杂""半湿法掺杂"和"湿法掺杂"三种[96]。这种分类的依据是掺杂过程中掺杂剂的形态，干法是指掺杂剂（如 $TiCl_3$、TiF_3 等）以固态形式掺杂到 $NaAlH_4$ 中，通常利用机械球磨法；湿法是将 $NaAlH_4$ 悬浮于甲苯或乙醚中，加入 Ti 的醇盐等催化剂进行搅拌，最后真空干燥得到无色掺杂的 $NaAlH_4$ 粉末，可逆储氢量可达 4wt%，但吸放氢动力学性能较差。半湿法则是混合使用前面的两种方法进行掺杂，循环稳定性能较湿法好。在这三种掺杂方式之中，干法掺杂由于其有效性强、简单便捷而受到了最多的关注。通过球磨制备的催化剂掺杂配位氢化物具有良好的性能，可以在适宜的条件下进行稳定的吸放氢。在 $NaAlH_4$ 的改性中，催化剂的选择是最重要的因素。Bogdanovic 等第一次引入了 Ti 作为 $NaAlH_4$ 的催化剂，实现了其可逆吸放氢。除了钛，在元素周期表上与钛相邻的 V、Cr、Nb 等元素也具有良好的催化性能。此外，提升 $NaAlH_4$ 储氢性能的添加剂涵盖了过渡族金属单质、氧化物、氟化物、氯化物、氮化物等。

关于掺杂 $NaAlH_4$ 添加剂的催化机理主要分为：

① 添加剂在球磨的过程中与 $NaAlH_4$ 反应生成了氢化物（比如 TiH_x）。在 $NaAlH_4$ 晶胞

中，AlH_4^- 中 Al-H 键的性能比较稳定，但通过掺杂过渡族金属氢化物或原位生成过渡族金属氢化物，能够削弱 Al-H 键的稳定性，从而使 $NaAlH_4$ 的放氢性能得到显著提升。

② 添加剂在球磨的过程中生成了纳米金属颗粒或金属间化合物。这些活性物质附着在 $NaAlH_4$ 的表面性能，对材料的吸/放氢过程起到很好的催化作用。

③ 添加剂中的阳离子不仅简单地改变 $NaAlH_4$ 的表面性能，还可取代 $NaAlH_4$ 中的阳离子而改变其晶格参数，导致了 $NaAlH_4$ 的去稳定化，使其有效分解放氢。

5.2.3　轻金属氮氢化物储氢原理

轻金属氮氢化物主要是指轻金属离子（Li、Na、K、Mg、Ca 等）与氨基 $[NH_2]^-$ 或亚氨基 $[NH]^{2-}$ 形成的配位氢化物。2002 年，陈萍等[97]报道了 Li(Ca)-N-H 可用于可逆储存氢气，其储氢量高达 10.4 wt%，掀起了对轻金属氮氢配位氢化物研究的热潮。$LiNH_2$ 是通过对 Li_3N 氢化后得到的，其反应式为

$$Li_3N+2H_2 \Longleftrightarrow Li_2NH+LiH+H_2 \Longleftrightarrow LiNH_2+2LiH \qquad (5-31)$$

两步可逆反应焓变值分别为 45 和 88.7kJ/mol H_2，完全脱氢温度高于 400℃。在 $TiCl_3$、VCl_3 催化作用下 LiH 与 $LiNH_2$ 复合体系在 150~250℃ 内体系脱氢量约为 6wt%，且具有较好的热力学性能和可逆性。在上述研究基础上，陈萍等探究了反应的机理，提出 $LiNH_2$ 与 LiH 的脱氢反应存在酸碱对机理；主要是 $LiNH_2$ 中的 H 带有正电荷，LiH 中的 H 带负电荷，二者之间的强相互作用促使 N-H 键与金属-H 键断裂，重新结合成 H_2。

尽管 Li-N-H 体系具有相对较高的储氢容量，但其吸放氢热力学性能较差，用电负性较高的元素如 Mg、Ca 等部分替代 Li 元素，能有效改善 Li-N-H 体系的储氢性能[98]。例如，以 MgH_2 和 $Mg(NH_2)_2$ 取代 $LiNH_2$-LiH 体系中的 LiH 和 $LiNH_2$，可显著改善 Li-N-H 体系的储氢性能。与 $LiNH_2$-LiH 体系相比，$Mg(NH_2)_2$-2LiH 体系的理论储氢容量略有降低，约为 5.6wt%。实验测试发现，该材料在 250℃ 内可以快速吸放 5wt% 以上的氢。$Mg(NH_2)_2$-2LiH 的放氢反应焓变为 39~42kJ/mol H_2，放氢反应熵变为 112~116J/mol·K H_2，由此可计算出该体系在 75~85℃ 左右即可产生 0.1MPa 的平衡氢压，在理论上该体系具备车载储氢应用的潜力。从实用化的角度出发，$Mg(NH_2)_2$-2LiH 体系放氢过程中的氨气浓度、吸放氢循环稳定性以及水和氧气对其储氢性能的影响被系统性研究[99]，结果表明该体系在放氢过程中产生的氨气浓度与其工作温度密切相关。工作温度越高，产生的氨气浓度也越高。经过 270 个吸放氢循环后，该材料的储氢容量衰减了约 25%。将该材料暴露于含饱和水蒸气的空气中，经过 16 次吸放氢循环测试后，其容量和动力学性能的衰退规律与未暴露样品基本一致，表明水和氧气对该材料的吸放氢性能影响不大。虽然热力学计算显示 $Mg(NH_2)_2$-2LiH 体系在 80℃ 可获得 0.1MPa 的平衡氢压，但实验中观测到其起始放氢温度仍高于 140℃，而要获得可观的放氢速率，通常需要 200℃。

5.3　氨硼烷及其衍生物储氢

5.3.1　氨硼烷储氢原理

氨硼烷（NH_3BH_3）是一种白色粉末状晶体，在干燥的空气中可以稳定存在。氨硼烷是

最基本的 B-N-H 化合物之一，其理论含氢量高达 19.6wt%，是一种理想的储氢材料。氨硼烷分子中与 N 原子相连的 H 原子，它们均显现出正电性；与 B 原子相连的 H 原子，它们均显现出负电性。带有正电性 H 原子和带有负电性 H 原子之间有较为强烈的静电吸引作用，这种静电作用被称作双氢键，表示为 "N-H⋯H-B"。类似于经典氢键，氨硼烷分子中的双氢键对氨硼烷分子的空间构型和它的物理化学性质均具有比较大的影响。氨硼烷分子之所以能够在常温常压下为固态，并且可以稳定存在，是因为双氢键 N-H⋯H-B 的吸引作用，进一步稳定了整个氨硼烷分子的构型；另外氨硼烷热解制氢的过程是一个放热反应，也是由于 N 和 B 键由配位键转换成稳定性更高的共价键。

氨硼烷分子中含有 B-H、B-N、N-H 三种质子键，具有较高的热稳定性，因此分解过程需要很高的能量，所需的温度较高并且分解过程中容易形成副产物。氨硼烷的热解过程可分为三步，反应方程式如下：

$$n\mathrm{NH_3BH_3} =\!=\!= [\mathrm{NH_2BH_2}]_n + n\mathrm{H_2} \ 约\ 110℃ \tag{5-32}$$

$$[\mathrm{NH_2BH_2}]_n =\!=\!= [\mathrm{NHBH}]_n + n\mathrm{H_2} \ 约\ 150℃ \tag{5-33}$$

$$[\mathrm{NHBH}]_n =\!=\!= n\mathrm{BN} + n\mathrm{H_2} > 500℃ \tag{5-34}$$

氨硼烷的水解过程较简单，反应方程式如下：

$$\mathrm{NH_3BH_3} + 2\mathrm{H_2O} =\!=\!= \mathrm{NH_4^+} + \mathrm{BO_2^-} + 3\mathrm{H_2} \tag{5-35}$$

但由于其自身比较稳定，在无催化剂存在的情况下水解非常缓慢。氨硼烷在水溶液中相对稳定，在室温下需要合适的催化剂存在才能脱氢。脱氢反应的效率很大程度上也取决于催化剂的选择。Chandra 等[100]于 2006 年首次发现 Pt、Rh、Pd 基催化剂在氨硼烷水解制氢反应中表现出很好的催化活性。其中，Pt 催化剂催化性能最好，且在循环使用中没有明显的失活现象。非贵金属催化剂中，常用的作为催化剂的非贵金属主要有 Ni、Fe、Co 等。其中，Co 基金属催化剂具有相对较高的催化活性[101]。添加的 Co 纳米粒子催化剂是氨硼烷的 4mol% 时，氨硼烷的水解过程仅在 1.7min 内即可完成，在室温下的转化速率 TOF 值为 2.69min⁻¹。贵金属催化剂的催化活性好，但是价格昂贵且自然界丰度低，难以大规模开采和应用；非贵金属催化剂虽然价格低，但是目前活性与贵金属相差较大。为了在减少贵金属使用的同时又保持催化剂的活性，贵金属与非贵金属组合型催化剂逐渐被开发出来，并且具有很好的催化效果。Mori 等[102]制备了一系列负载在不同无机物载体上的 Ru 与 Ru-Ni 纳米颗粒。与单一金属 Ru 相比，双金属 Ru-Ni 的 TOF [mol H₂/(mol$_{Ru}$·min)] 提高了 1.5 倍。XANES 研究发现了 Ni-Ru 二者的强相互作用，推测紧邻排布的双金属 Ru-Ni 位点可以通过静电作用锚定氨硼烷分子，促进氨硼烷水解。

负载型金属催化剂中，载体材料可以起到阻止纳米颗粒上杂质的形成并防止纳米颗粒团聚的作用。并且，由于具有多孔的结构，金属纳米颗粒的活性表面积增大。载体材料可分为氧化物、碳材料和 MOF。Özkar 等[103]将 Rh 负载在 CeO₂、SiO₂、Al₂O₃、TiO₂ 上，其中 Rh⁰/CeO₂ 具有最好的催化活性，TOF 值达到 2010 mol H₂/(mol$_{Rh}$·min)。常见的碳基载体包括介孔碳、石墨烯、氧化石墨烯、还原氧化石墨烯、碳纳米管等。Wei 等[104]用 SBA-15 作为硬模板剂合成了介孔碳氮材料（MCN），以该材料作为载体，负载金属 Pd 和 PdNi 制备了一系列氨硼烷水解制氢的催化剂。载体的孔道性质有助于反应过程中的传质。催化剂具有较好的分散性，载体上的金属颗粒较小，并且由于金属颗粒与载体界面间的相互作用，制备的催化剂具有优异的催化活性。$Pd_{74}Ni_{26}/MCN$ 催化剂的 TOF 值高达 246.8mol $H_2/(mol_{PdNi} \cdot min)$。MOFs 材料具有高度有序的孔结构和超高的比表面积，作为载体有利于活性金属颗粒的分散，包覆在 MOFs 孔道中的金属纳米颗粒在反应过程中不易团聚，使催化剂具有很好的稳定性。Wen 等[105]用 MIL-96（Al）作为载体，通过液相浸渍法制备了 Ru/MIL-96（Al）催化剂，MIL-96（Al）上 Ru 颗粒的平均粒径为 2nm，载体的特殊结构以及活性金属良好的分散性使催化剂在氨硼烷水解制氢反应中表现出较好的催化性能，TOF 值为 231mol $H_2/(mol_{Ru} \cdot min)$。

此外，由于半导体在光照条件下产生光生电子与光生空穴对（e^{-}-h+）迁移至催化剂表面参与氧化还原反应，这样的电荷迁移方式也可以催化氨硼烷水解放氢。Rej 等[106]合成了核壳结构 Au-Pd，与暗光相比，可见光下催化氨硼烷水解产氢速率提升 3 倍，达到 426mol $H_2/(mol_{cat} \cdot min)$，这是因为在可见光下产生表面电场增强，热电子集中在晶胞边缘与顶角处，使得表面电荷不均削弱了 B-N 键，利于水分子的攻击。

未来氨硼烷水解制氢的发展包括以下方面：

① 构建价格更低廉、电荷分布不均的催化剂，同时保证其具有良好的可回收性、高效耐用性，如可充分利用磁性样品或泡沫金属等整体型催化剂。

② 从电荷转移角度，光的诱导有利于氨硼烷水解反应，因此开发具有氨硼烷水解催化活性的半导体，构建敏化体系或异质结，利用太阳光降低体系能耗是环境友好的策略。

③ 氨硼烷的脱氢属于放热反应，由于热力学的限制，可逆储氢难以实现，无法进行再氢化。因此在研究氨硼烷水解的同时，也应着眼于从脱氢产物中再生氨硼烷的廉价合成方式。

5.3.2　氨硼烷衍生物储氢原理

金属元素 M（主要是碱金属和碱土金属）替换氨硼烷（AB）分子中与 N 原子相连的 H 原子，形成金属氨硼烷（简称 MAB）。与 AB 相比，MAB 在放氢性能和抑制杂质气体生成方面具有良好的表现。此外，在 MAB 基础上，引入含 H 基团（NH_3、BH_4 等），生成相应的金属氨硼烷衍生物也能起到特殊效果。根据化学结构，氨硼烷的衍生物主要包括金属氨基硼烷化合物、双金属氨基硼烷化合物和含氨衍生物等。

金属氨硼烷主要有 LiAB、NaAB、KAB、MgAB、AlAB、CaAB 和 YAB 等。MAB 的合成方法主要有两种：固态机械球磨法和湿化学合成法。在固态合成反应中，球磨可以有效减小反应物的颗粒尺寸，缩短物质传递距离，同时生成更多的反应活性表面。湿化学法中，由于是在液体中进行反应，物质传递得到显著改善，但缺点是金属阳离子与极性有机溶剂之间 M-O 强化学键的存在，使得溶剂难以脱除，无法保证产物的纯度。通常情况下，MAB 可通过对应的金属氢化物 MH_n 和 AB 反应合成，其反应式如下：

$$MH_n + nNH_3BH_3 \Longrightarrow M(NH_2BH_3)_n + nH_2 \tag{5-36}$$

其中 M =（Li、Na、K、Mg、Ca、Sr）。YAB、AlAB、FeAB 是在四氢呋喃（THF）溶剂中通过 MCl_3 和 LiAB 或 NaAB 发生复分解反应生成的，其反应式如下：

$$MCl_3 + 3LiNH_2BH_3 \Longrightarrow M(NH_2BH_3)_3 + 3LiCl \tag{5-37}$$

其中 M =（Y、Al、Fe）。

金属氨基硼烷中，由于用给电子能力更强的碱/碱土金属取代了氢原子，从而引起氮原子电子态的显著变化,同时伴随着 B 和 N 之间化学键合的改变,其 B-N 键(约 1.56Å)比氨硼烷分子中 B-N 键短(1.58Å);M-B 键的键长明显大于 B-N 键(如 Li-N:1.98Å;Na-N:2.35Å),且金属氨基硼烷中的 N-H 键合 B-H 键的键长也均比氨硼烷分子中的化学键大很多[107]。与氨硼烷相比,MAB 的放氢性能得到了显著改善。其中,LiAB 的起始放氢温度在 91℃,且放氢速度快,大约经过 1h 可放出 8wt%的 H₂。KAB 在 80℃左右 3h 放出 6.5wt%的 H₂,并且不会有 NH₃ 生成[108]。

双金属氨基硼烷的晶体结构受金属阳离子半径、电荷数目以及与 [NH₂BH₃]⁻ 阴离子配位的化学环境等因素的影响,不同的成键方式和结构配置可能会导致完全不同的放氢性能[109]。双金属阳离子在热分解过程中能够提供比单一阳离子更明显的性能提升。例如,在 M₂Mg(AB)₄(M=Na 或 K)中,半径小但高度带电的 Mg²⁺ 仅与 NH₂ 基团构成四面体配位,而 M⁺ 则只与 BH₃ 基团构成八面体配位;这种由阴阳离子配位差异引起的独特的有序结构排列提供了直接的 M-H 结合,改善了 M-H 诱导的脱氢过程,使得 M₂Mg(AB)₄ 的放氢温度明显低于相应的单金属氨基硼烷,放氢量显著增大,且释放的 NH₃ 大幅减少[110,111]。

与氨配位的金属氨基硼烷目前已合成的包括 MgAB·NH₃、Li(NH₃)AB 和 CaAB·NH₃[112-114]。MgAB·NH₃ 由 MgNH 和 AB 反应合成,在 50℃左右就开始有 H₂ 生成,并且有少量 NH₃ 产生。当温度达到 100、150、200 和 300℃时,MgAB·NH₃ 才开始大量放氢,其放氢量分别为 5.3、8.4、9.7 和 11.4wt%。Li(NH₃)AB 在 40~70℃之间发生脱氢作用,在 NH₃ 存在的情况下,60℃可快速释放 11.18wt% H₂,与 LiAB 相比具有显著优势。

除了上述金属氨硼烷衍生物外,还有其他诸如 LiAB·AB、LiNH₃BH₄、LiNH(BH₃)NH₂BH₃ 等同时含有 B-H 和 N-H 衍生物[115-117],在某些方面会表现出一定的优势。LiAB·AB 是 LiAB 和 AB 形成的衍生物,其放氢温度很低,有的衍生物在 57℃左右就可以析出 6.0wt% H₂,当达到 228℃时,总共可放出 14wt% H₂;而 AB 要达到 500℃才能放出全部 H₂。

尽管金属氨硼烷及其衍生物拥有很高的储氢容量,且放氢温度相对较低,但由于其放氢反应不可逆,导致整体循环能量效率不高。因此,氨硼烷体系尚处于实验室研发阶段。

5.4 物理吸附储氢

利用氢气的物理吸附是另一种实现氢气固态储存的方式,微孔材料在这一领域得到了广泛的应用。根据国际理论和应用化学联合会的定义,微孔材料具有尺寸小于 2nm 的孔[118]。这些材料具有极大的比表面积,使得氢气能够以分子的形态被有效地吸收在孔壁上,主要通过固体原子和气体分子之间的范德华力相互作用富集氢气,以此来实现相较于自由气体更大的储存密度[119]。早在 1980 年,Carpetis 等[120]就较为系统地测试了 65~150K 条件下不同氢气吸附材料的性能。通常来说,微孔材料的吸放氢较快,同时可逆性较好,没有金属氢化物所常见的滞后现象。然而,这些材料只有在较低的温度下才能达到有实用价值的储氢量,其使用环境受到了较大的限制,同时低温保存也一定程度上增加了氢气储存的成本。因此,除了提高材料的最大储氢量这一固有目标之外,研究人员还致力于提高材料的工作温度。

目前比较有代表性的物理吸附储氢材料包括碳材料、沸石、金属有机框架、共价有机框架、多孔高分子（表5-4）。多孔碳材料具备很高的比表面积、热稳定和化学稳定性，制备简单和成本低，代表性材料为 BPL carbon[121]，其在 77K 和 8.5MPa→0.5MPa 的质量和体积工作容量高达 1.86wt% 和 16.5g/L。其缺点在于对氢气的吸附作用力较弱，孔径和结构难以调控，大部分为非定型。相比而言，沸石由于具备很高的比表面积、高结晶性、孔径均一、高稳定性和低成本，因而具备较好的储氢性能。如 NaX 在 77K 和 1.5MPa 条件的质量储氢容量为 1.79wt%[122]。但是，沸石材料存在同样的问题，如对氢气的吸附作用力较弱，孔径单一难调控，结构受限和质量储氢容量低。

表 5-4　常用物理吸附储氢材料的优缺点比较

	金属有机框架材料	共价有机框架材料	多孔高分子材料	碳材料	沸石材料
优势	高结晶性 超高比表面积、孔隙率 高孔径和功能调控性 富含未配位金属位点	结晶性 高比表面积、孔隙率 化学结构可调控 结构多样性	动态结构 化学结构多样性 化学和水稳定性	高热和化学稳定性 高可加工性 便宜	高结晶性 高热和水解稳定性 便宜
劣势	室温氢吸附容量低 可加工性差	缺乏氢吸附位点 活化困难 可加工性差	缺乏氢吸附位点 非晶态 孔径不均一	缺乏氢吸附位点 孔径不均一 孔结构不可控	缺乏氢吸附位点 结构单一缺乏多样性 质量吸附容量低 孔径调控性差
代表性材料	NU-1501(Al)： 14wt% 和 46.2g/L @ 77K 和 10MPa→ 160K 和 0.5MPa Ni₂(m-dobdc)： 1.9wt% 和 11g/L @ 298K 和 10MPa →0.5MPa	COF-103： 6.4wt% 和 29.2g/L @ 77K 和 8.5MPa →0.5MPa	PAF-1： 7wt%(excess) @ 77K，4.8MPa PIM-1： 2.6wt% @ 77K，10MPa	BPL Carbon： 1.86wt% 和 16.5g/L @ 77K 和 8.5MPa →0.5MPa	NaX： 1.79wt% @ 77K，1.5MPa

相对而言，金属有机框架（Metal-Organic Framework，MOF）是一种由有机物桥梁连接金属离子或团簇构成的晶体材料，因其超高的表面积、可调的孔径和可调的内部表面性质而闻名，在气体存储方面有巨大的潜力[123-125]。其具备高结晶性、超高比表面积和孔隙率、高孔径和功能调控性，以及富含未配位金属位点，因而具有较好的储氢应用前景。如 NU-1501(Al) 在 77K、10MPa 到 160K、0.5MPa 区间的质量和体积储氢容量分别为 14wt% 和 46.2g/L，Ni₂(m-dobdc) 在 298K 温度下 10MPa 到 0.5MPa 区间的质量和体积储氢容量分别为 1.9wt% 和 11g/L[126]。但是，MOF 材料在室温下氢吸附容量低，可加工性差。除此之外，共价有机框架材料（Covalent-Organic Frame，COF）和多孔高分子材料（Porous Polymer，POP）也被广泛用于储氢研究，但是均因缺乏氢吸附位点而存在吸附容量低等问题。本节将

着重介绍多孔碳材料和金属有机框架作为固态储氢材料的应用研究。

5.4.1 碳材料储氢原理

碳基材料，包括活性炭、碳纳米管等，由于其特殊的结构，被认为是合适的气体存储吸附剂，利用碳材料对氢气进行吸附的相关研究在 20 世纪初[127]就已经开始。碳材料的储氢原理在于氢气在高比表面积的碳材料表面进行物理吸附。碳材料具有密度较低有利于设备减重、在吸放氢过程中保持化学和热稳定的特点，可提高工作的可靠性，有利于其在储氢材料领域的应用。同时碳材料储量丰富、易加工、成本较为低廉，适合工业化和规模化的生产。

（1）活性炭

碳材料的活化有两种方式：

① 用不同的氧化气体，如空气、O_2、CO_2、蒸汽或其混合物进行物理活化。

② 用 KOH、NaOH、H_3PO_4 或 $ZnCl_2$ 等化学化合物进行化学活化。也可结合化学活化步骤（通常用 H_3PO_4 或 $ZnCl_2$）和物理活化步骤（通常用 CO_2），进一步增强孔隙度和调整活性炭的孔隙大小分布[128]。

大量的有机产品适合作为原料生产活性炭。由于具有低廉的成本和丰富的产量，木材、锯末、泥炭、椰子壳、果骨或稻壳是首选的非碳化原料（uncarbonized feedstocks）。碳化原料如煤、低温褐煤焦、木炭也可以被用于活性炭的生产。

活性炭在低温下的储氢能力较为优异。20 世纪 70 年代，Kidnay 等[129]进行了在储氢中使用活性炭的早期研究。他们测定了椰子壳活性炭样品在 76K 温度和 1~95atm 范围内的氢吸附等温线，发现 1kg 活性炭在 25atm 下吸附了 20.2g 氢。Carpetis 等[120]测试了 F12/350 活性炭样品，在 41.5atm 和 65K 下的最大可利用氢吸附量为 5.2wt%，并指出随着温度的降低，材料储氢能力也在增加。尤其在低于 150K 时，增加比例较为显著。Zhou 等[130]测试了活性炭 AX-21 颗粒在 77K 和不同压力下的氢吸附量，并提出用堆积密度和比表面积的变化来解释不同材料的吸附能力。吸附剂比表面积的损失导致质量储存容量的降低，而体积密度的增加则导致一定体积内吸附剂的释放量增加，从而导致体积储存容量的增加。Jorda'-Beneyto 等[131]通过加入黏结剂 WSC 以及 750℃下热解 2h 制备得到精制活性炭单体，在兼顾良好力学性能的基础上实现了高微孔体积和高密度，在 77K 与 4MPa 下氢吸附容量达到 29.7g/L。结果表明，在一定的体积基础上，要达到较大的氢吸附量，需要材料具有较大的微孔体积和较高的堆积密度。Sevilla 等[132]以桉树锯末为前体制备得到活性炭在 77K 和 2MPa 条件下，氢吸收率可达 6.4wt%，其研究结果进一步证明，氢的储存密度与碳的孔径密切相关（图 5-18），小于 1nm 的孔对储氢能力的提升十分显著。

要在接近室温的条件下实现这样大的储氢能力较为困难，研究人员对活性炭在室温下的储氢能力也开展了许多研究工作。Gao 等[133]利用蒸汽和 KOH 活化制备活性粘胶基碳纤维。其储氢能力随着比表面积和微孔体积的增加而增加。活性粘胶基碳纤维的 BET 比表面积和微孔体积分别为 $3144m^2/g$ 和 $0.744m^3/g$。采用基于容量法的压力组成等温线（PCT）测量系统，得到活性粘胶基碳纤维在 77K 和 298K、4MPa 下的储氢能力分别为 7.01wt% 和 1.46wt%。Fierro 等[134]由无烟煤与碱（Na 和 K）氢氧化物的化学活化制备得到活性炭，其

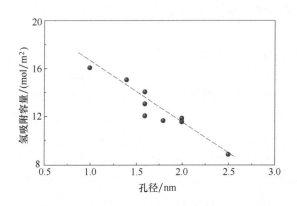

图 5-18　碳材料的氢吸收率和孔径大小关系图

表面积为 3220m²/g，在 77K 和 4MPa 下，获得了 6.0wt% 的最大储氢容量；在 298K 和 5MPa 下，该最大值降低至 0.6wt%。活性炭在室温下储氢能力较差可能是由于吸附氢的等容热在 5~8kJ/mol，不允许在室温下大量吸收氢分子[128]。Kuchta 等[135] 的理论研究表明，在假设的化学改性多孔碳中，吸附能为 15kJ/mol 或更高，孔径在 0.8~1.1nm 之间，体积存储容量可以达到实际应用所需的目标。为了实现在室温下有意义的储氢，氢吸附的等容热必须较高。活性炭上氢吸附的等容热可以通过表面修饰来增加，包括掺杂金属原子等。而 Alcaiz 等[136] 的计算表明，H₂ 在室温下主要在狭窄的微孔中吸附，而大于 7Å 的微孔对 H₂ 的吸附无效，因为它们只发生单层吸附。理论上，在理想的窄微孔碳中，H₂ 的最大吸附量约为 3.5wt%。

实验结果也表明了掺杂和微孔尺寸对室温下氢储存量影响较大。Li 和 Yang[137] 研究了含有 5.6wt% Pt 的 Pt 掺杂过活性炭（AX-21）上的储氢平衡和动力学。在室温和 10MPa 条件下，Pt-AX-21 样品（比表面积为 2518m²/g）的储氢容量 1.2wt% 比未掺杂 AX-21 样品（比表面积为 2880m²/g）的约 0.6wt% 提高了 2 倍。Xia 等[138] 测试了通过模板多孔碳的二氧化碳活化制备的活性炭材料中增强的室温储氢能力。这些碳材料具有高比表面积（2829m²/g）、大孔体积（2.34cm³/g）和分级孔隙结构，包括尺寸在 0.7~1.3nm 的初级微孔和尺寸在 2~4nm 之间的次级中孔。其中一种活性炭在 298K 和 8MPa 下表现出 0.95wt% 的高吸氢率。数据显示储氢容量和微孔体积之间存在密切关系。作者推断微孔的发展，尤其是直径在 1.2nm 左右的窄孔的迅速增加，似乎是增强活性炭室温储氢性能的关键。Geng 等[139] 采用两步还原法（乙二醇还原与氢还原）制备了 Pt/Pd 掺杂活性炭样品。吸氢结果表明，在 298K 时，Pt/Pd 掺杂活性炭样品的过量吸氢能力高于纯活性炭，这应归因于氢溢出效应。2.5% Pt 和 2.5% Pd 杂化掺杂的活性炭样品在 298K 和 18MPa 下显示出最高的吸氢能力（1.65wt%），并指出 Pt/Pd 催化剂的粒度和分布可能通过溢出对吸氢起关键作用。

就目前的研究结果而言[140]，这种溢出机制被定义为：在吸附或形成活性物种的条件下，在第一个表面上吸附或形成的活性物种迁移到另一个表面上。溢出机制通过三个步骤实现：

① 氢分子与氢原子解离，并与金属原子结合。

② 氢原子从金属原子表面向碳表面迁移。

③ 氢原子在碳表面扩散，移动一定距离后形成稳定的 C-H 键。

（2）碳纳米管

碳纳米管的结构由 Iijima[141] 在 1991 年发现，是一种独特的纳米直径内空心管状结构，相当于用大长度/直径比的石墨板轧卷曲而成，具有 0.7nm 到几个纳米的孔径，壳层的碳网与石墨层中碳原子的蜂窝状排列密切相关，可分为单壁碳纳米管和多壁碳纳米管。目前，碳纳米管主要通过电弧放电、激光消融和化学气相沉积三种技术生产[142]。前两种方法制备得到的碳纳米管质量较好但难以连续生产，化学气相沉积最为通用但所得产品缺陷密度较高。

关于碳纳米管储氢性能的研究可以追溯到 1997 年，Dillon 等[143] 报道了由热脱附测试推断的 5wt%~10wt% 的碳纳米管室温氢气容量，引起了碳纳米管储氢研究的热潮，尽管不久后所得数据被认为是由于金属纳米颗粒沉积引起的，但之后的研究工作确实证明了碳纳米管的储氢潜力。在 1999 年，Ye 等[144] 使用 Sieverts 装置，在低温（80K）和压力范围 4~8MPa 的条件下，用容量法测量了纯化后的碳纳米管对氢气的吸附。结果表明，高纯度碳纳米管结晶的氢吸附能力可达 8wt%。分析认为，当压力高于约 4MPa 时，单个单壁碳纳米管分离，氢在其暴露表面上物理吸附。Nijkamp 等[145] 研究了在 77K、0~0.1MPa 压力范围内大量碳质吸入剂对氢气的吸附。所选择的样品在表面积上有很大的差异。结果表明，氢的吸附量与比表面积有很好的相关性，主要是由于氢在样品上的物理吸附。但与活性炭类似，碳纳米管的室温储氢能力并不乐观，如 Nishimiya 等[146] 用体积法测量了平均直径为 1.32nm 的单壁碳纳米管的吸氢等温线。在 295K、106.7kPa，77K、107.9kPa 条件下，氢的最大含量分别为 0.932wt% 和 2.37wt%。更进一步的，Zhou 等[147] 对较宽温度和压力范围内收集的吸附等温线，系统研究了物理吸附的吸氢机理。他们认为，吸附的氢呈单层排列在碳表面；因此，储存容量取决于碳的比表面积。如果氢和固体表面之间的相互作用仍然是范德华力，则该规则也适用于其他有机/无机材料。由于碳纳米管的比表面积相对较小，它不能作为氢的良好载体，但超活性炭具有很大的潜力。

通过调整碳纳米管的表面特性和样品性质，可以提高碳纳米管的吸氢能力。引入缺陷，可以显著增加微孔体积，从而增加表面积，主要方法有球磨法、碱活化、酸处理和溴化等。Liu 等[148] 研究了球磨对开口短壁碳纳米管氢吸附行为的影响。在 8~9MPa 的压力下，研磨 10h 的碳纳米管在室温下的氢吸附量为 0.66wt%，约为未研磨的碳纳米管的 6 倍。MgO 研磨 1h 后，碳纳米管的氢吸附量为 0.69wt%。作者认为，氢吸附的增强是由于球磨增加了多壁碳纳米管的缺陷和表面积。Chen 等[149] 通过 KOH 活化与高温退火，实现了在环境温度和压力下，多层碳纳米管的储氢能力从 0.71wt% 到 4.47wt% 的巨大飞跃。进一步的，Zhang 等[150] 研究发现，通过 KOH-C 氧化还原反应在多壁碳纳米管壁上形成微孔（<2nm），导致在 0.8nm 处形成特征微孔峰。更重要的是，深度活化横向切割纳米管，从而导致催化剂颗粒的释放和中等尺寸孔的形成。相似的，利用金属纳米颗粒掺杂提高氢吸收能力也是一种选择。掺杂或包埋可保持碳纳米管形态的完整性。通过溢出机制将氢溢出到碳纳米管上被认为是提高碳纳米管整体储氢能力的有效手段。Lin 等[151] 测试了掺杂前后的碳纳米管储氢容量，未掺杂碳纳米管的储氢容量为 0.39wt%。当在碳纳米管表面形成均匀分布的纳米镍颗粒时，可储存多达 1.27wt% 的氢。Rather 等[152] 通过溅射法制备得到多壁碳纳米管在添加氢溢出催化剂钛后，在 298K 和平衡压力为 1.6MPa 的条件下，储氢能力从 0.43wt% 至 2.0wt%。溅射

样品储氢能力的提高归因于钛纳米颗粒在多壁碳纳米管外表面的良好排列装饰所产生的高效溢出机制。Reyhani 等[153]用容量法和电化学法研究 Ca、Co、Fe、Ni 和 Pd 修饰的多壁碳纳米管的储氢性能，发现与纯化的多壁碳纳米管相比，Ca、Co、Fe、Ni 和 Pd 粒子修饰的多壁碳纳米管中这些位点的结合能和储氢能力增加，主要是由于金属原子向碳原子的电子转移。特别的，缺陷位置的 Pd 颗粒会离解其表面的 H_2 分子，从而在相邻碳层之间的空间中产生五种元素中最高水平的储氢。

5.4.2　金属有机框架材料储氢原理

相比于传统的活性炭、沸石多孔材料，调控 MOF 的孔表面功能化可使其具备大量的强氢气吸附位点，从而具有更高的储氢容量。2003 年，Rosi 等[154]进行了 MOF 储氢的早期研究，他们测试了具有立方三维扩展多孔结构 MOF-5 成分为 $Zn_4O(BDC)_3$（BDC = 1，4-苯二甲酸），在较低压力 2MPa 下，当温度为 78K 时吸附氢 4.5wt%，在室温下吸附氢为 1.0wt%。2006 年，Wong 等在 77K 和饱和压力 8MPa 下测量了一系列 MOF 的吸氢能力，其中 MOF-177（7.5wt%）的储氢密度最高。实验结果同样表明，MOF 中的最大储氢容量与表面积密切相关（图 5-19）[155]。由此，改善 MOF 对 H_2 的吸附性能的最初努力主要是通过调节有机连接剂的长度，实现更高的孔隙度。储氢 MOF 材料的理想孔径应该与 H_2 分子的动力学直径匹配（~2.9Å），从而实现 H_2 分子和 MOF 之间的最佳相互作用，范德华作用力最大化[156]。MOF 和氢气之间的相互作用力可以用吸附热衡量，吸附热越大，相互作用力越大，反

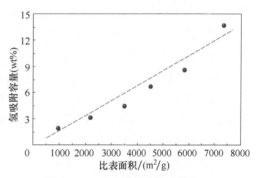

图 5-19　MOF 材料的最大储氢
容量与表面积关系

之亦然。目前大部分 MOF 的氢气吸附热在 5kJ/mol，理论计算则表明，高储氢容量 MOF 的最佳氢气吸附热在 15~25kJ/mol[157]。目前，增强 MOF 储氢容量的方法包括：增加不饱和配位金属中心或掺杂金属阳离子以提高 MOF 和氢分子间电荷诱导偶极子相互作用，以及掺杂钯或铂等易解离氢分子的贵金属以实现"溢出"机制。

（1）MOF 储氢能力提高策略

与碳材料相似，提高 H_2 的吸附热是另一种提高 MOF 储氢能力的策略，这可以通过去除金属中心的配位溶剂分子，在孔表面形成不饱和金属位点（unsaturated metal sites），通过开放金属位点与 H_2 分子之间电荷诱导的偶极相互作用来实现[158]。如 Xiao 等[159]测试了 HKUST-1 的储氢能力，在 77K 和 0.1MPa 下氢吸附量为 2.27wt%，在 1MPa 条件下为 3.6wt%。Yong 等[160]比较了 77K 下具有金属空位的 SNU-5（2.87wt%、0.1MPa；6.76wt%、5MPa），而相同条件下不具有金属空位的 SNU-4 的储氢能力则分别为 2.07wt% 和 4.49% wt%，说明了不饱和金属位点有助于 H_2 的存储。Kapelewski 等设计了含有不饱和 Ni^{2+} 金属中心的 Ni_2(m-dobdc) 材料，具有很强的 MOF-H_2 作用力，吸附热 13.7kJ/mol，77K、0.1MPa 条件下储氢容量为 2.2wt%[157]。

同样的，在 MOF 中掺杂金属原子（主要是 Li^+、Na^+ 和 K^+），而不是创造开放的金属位

点，通过金属阳离子和 H_2 分子之间的电荷诱导偶极子相互作用，提高 H_2 的吸附热也可以增强 MOF 的储氢能力。如 Lim 等[161]在 77K 和 0.1MPa 条件下比较了掺杂 K^+ 和未掺杂的 SNU-200MOF，其氢吸附热由 7.70kJ/mol 增加到 9.92kJ/mol，与之相应的储氢能力由 1.06wt%增加到 1.19wt%。

掺杂钯或铂等易解离氢分子的贵金属，解离的 H_2 从金属向支撑表面扩散，即"溢出"效应，可以增强 MOF 的储氢能力[162]。Li 等[163]通过在 Pd 纳米晶体表面生长 HKUST-1，形成 Pd@HKUST-1. 纳米复合物，能增强 74%的储氢能力。然而，Szilágyi 等[164]认为氢原子被主体通过氢溢出机制发生化学吸附是由碳桥来保证的。他们将催化剂钯颗粒引入 MOF 的孔中，同时确保良好的接触，从而使碳桥变得多余。钯纳米颗粒的加入确实增加了框架在环境温度下的吸氢量，但发现这完全是由于钯氢化物的形成。因此，需要进一步的实验研究和可重复的数据来阐明溢出效应。

（2）MOF 高压储氢进展

对于移动储氢来说，车辆的续驶里程与氢气的工作容量有关，而不是某一温度和压力下的绝对吸附容量。一般情况下，工作或可用容量定义为（图 5-20）[165]：在特定温度下供给压力和释放压力的容量差值（变压吸附过程）或者在特定压力下供给温度和释放温度的容量差值（变温吸附过程）。对于 MOF 材料储氢来说，一般采用变压吸附过程（PSA），氢气工作容量定义为在室温下（296~298K），最大充氢压力（约 10MPa）和最低释氢压力（约 0.5MPa）之间的氢吸附容量差值[157]。选择 10MPa 为最大充氢压力，是因为相对便宜的全金属 I 类储氢罐在此压力下能够安全操作和运行。目前，MOF 材料在这个定义条件下的工作容量比较低（<3.2wt%），而 Ni_2(m-dobdc) 材料拥有 298K 温度下的最高质量和体积储氢工作容量，分别为 1.9wt%和 11g/L[157]。Long 等则合成了 $V_2Cl_{2.8}$(btdd) 材料，通过二价钒金属位点的反馈 π 键能力，获得目前最高的氢吸附热（20.6kJ/mol）[166]，并具有较好的室温质量和体积储氢工作容量，分别为 1.5wt%和 9.8g/L。值得一提的是，该 MOF 材料的氢气吸附热是目前唯一实现的在最佳氢气吸附热 15~25kJ/mol 区间[157]。

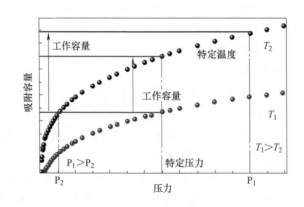

图 5-20　工作/可用容量的定义

室温下的氢气工作容量较低，但是适当改变储氢操作条件，如将变压吸附过程操作条件改为 77K 和 10MPa 到 160K 和 0.5MPa（图 5-21），就可以大大增加氢气工作容量，从而更有利于 DOE 储氢中心提出的储氢罐设计和制备[126]。MOF-5 材料的质量和体积储氢工作容量高达 7.8wt%和 51.9g/L（图 5-21）[167]。IRMOF-20 作为 MOF-5 的扩展结构，由于具有更高的比表面积而拥有较高的质量和体积储氢工作容量（9.1wt%和 51g/L）[167]，而 PCN-610 和 NU-100 材料则表现了极高的质量和体积储氢工作容量（13.9wt%和 47.6g/L）[168]。Snurr 等通过计算机机器学习结合巨正则系统蒙特卡罗模拟的方法，发现 MFU-4l 材料具有较高的质量和体积储氢工作容量（7.3wt%和 44.3g/L），而 Li^+ 掺杂的 MFU-4l-Li 材料具有更高的质量和体积储氢工作容量（9.4wt%和 50.2g/L）[169]。上述基于 Cu_2 和 Zn_4 金属簇的 MOF 材料虽具有很高的比表面积和储氢容量，但是结构稳定性欠缺。

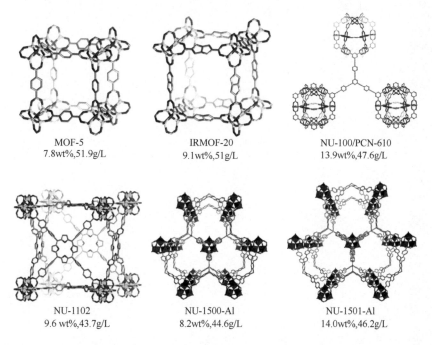

MOF-5
7.8wt%,51.9g/L

IRMOF-20
9.1wt%,51g/L

NU-100/PCN-610
13.9wt%,47.6g/L

NU-1102
9.6 wt%,43.7g/L

NU-1500-Al
8.2wt%,44.6g/L

NU-1501-Al
14.0wt%,46.2g/L

图 5-21　目前可用储氢容量最高的 MOF 晶体结构图（77K/10MPa→160K/0.5MPa）[126]

除了基于 Cu_2 和 Zn_4 金属簇的 MOF 材料，基于高价态 Zr_6、Al_3、Fe_3 金属簇和强金属-羧酸类配体配位键的 MOF 由于具备优异的结构稳定性，尤其是后期需要加工成型到储氢罐中，因此也常被用作高压固态储氢材料。Go'mez-Gualdro' 等人利用理论和实验相结合的方法开发出高稳定的锆基 MOF 材料，如 NU-1101、NU-1102 和 NU-1103，其中 NU-1103 具有极高的质量和体积储氢工作容量，分别为 12.6wt%和 43.2g/L[170]。Chen 等则开发了 NPF-200 材料，在 77K 温度下 10MPa 到 0.5MPa 压力区间的质量和体积储氢工作容量分别为 8.7wt%和 37.2g/L[171]。Farha 等开发了基于 Al_3O 和 Fe_3O 金属簇的 NU-1500-Al 和 NU-1501-Al 材料，其中 NU-1501-Al 获得目前最好的质量和体积储氢工作容量平衡，分别为 14.0wt%和 46.2g/L（图 5-21）[172]。尽管如此，较低的工作温度如 77K 到 160K，大大增加了其储氢能耗，因而限制了其在常温固态储氢中的应用。表 5-5 总结了常见 MOF 的储氢性能。

表 5-5 基准 MOF 材料的储氢性能

材料	BET /(m²/g)	孔隙率 /(cm³/g)	晶格密度 /(g/cm³)	BET① /(m²/cm³)	吸附热 /(kJ/mol)	工作吸附容量（吸附77K/10MPa，脱附160K/0.5MPa）		吸附容量（吸附77K/10MPa，脱附77K/0.5MPa）		吸附容量（吸附296K/10MPa，脱附296K/0.5MPa）	
						wt%	g/L	wt%	g/L	wt%	g/L
MOF-5[167]	3510	1.36	0.59	2070	5.2	7.8	51.9	4.5	31.1	约1.5	8.8[157]
IRMOF-20[167]	4070	1.65	0.51	2080	—	9.1	51.0	5.7	33.4	—	—
HKUST-1[173]	1980	0.75	0.88	1740	6.5	4.9	46.0	2.5	22.0	1.2	10.8
NU-125[173]	3230	1.33	0.58	1870	5.1	7.8	49.0	4.8	28.0	1.6	9.5
Cu-MOF-74[173]	1270	0.47	1.32	1680	5.6	3.0	39.0	1.1	15.0	0.8	10.1
UiO-67[173]	2360	0.91	0.69	1620	5.8	6.0	41.0	3.4	23.0	1.2	8.0
PCN-250[173]	1780	0.71	0.90	1595	6.6	4.9	47.0	2.0	18.0	1.2	10.4
CYCU-3-Al[173]	2450	1.56	0.48	1170	4.5	8.7	41.0	4.9	24.0	1.8	8.6
NU-1101[170]	4340	1.72	0.46	1990	5.5	9.1	46.6	6.1	29.0	约2.0	约9.3
NU-1103[170]	6245	2.72	0.30	1860	3.8	12.6	43.2	10.1	33.3	约3.2	约9.7
UMCM-9[168]	5040	2.31	0.37	1860	—	11.3	47.4	7.3	34.1	—	—
SNU-70[168]	4940	2.14	0.41	2030	5.1[174]	10.6	47.9	7.8	34.3	—	—
NU-100[168]	6050	3.17	0.29	1755	6.1[174]	13.9	47.6	10.1	35.5	—	—
NU-1501-Fe[172]	7140	2.90	0.30	2130	4.0	13.2	45.4	10.8	32.4	约2.6	约7.8
NU-1501-Al[172]	7310	2.91	0.28	2060	4.0	14.0	46.2	10.0	28.0	约3.1	约8.7
NPF-200[171]	5830	2.17	0.39	2268	4.5	—	—	8.7	37.2	—	—
MFU-4l[169]	3160	1.30	0.56	1766	5.5	7.3	44.3	5.4	33.4	约1.4	7.8
MFU-4l-Li[169]	4070	1.66	0.48	1950	5.4	9.4	50.2	6.9	35.4	1.8	8.7
Ni₂(m-dobdc)[157]	1321	0.56	0.58 (0.366②)	—	12.3	约3.6	约20.58	—	—	约1.9③	11.0③
V₂Cl₂.₈(btdd)[166]	1920	1.12	0.64	1229	20.9	—	—	—	—	约1.5③	约9.8③

① 基于晶格密度。
② 填装密度。
③ 298K。

（3）MOF 材料工程化应用研究

从实际移动储氢工程化应用角度讲，气体燃料需要高密度储存[175]。例如，天然气在常温下被储存在 18~25MPa 坚固的厚壁钢容器中。储存容器的低存储容量加上本身质量，占据了系统总质量的 90%，而复杂多级压缩的成本造成该技术无法实际应用[175]。针对 480~800km 续驶里程，美国能源部设立的移动储氢目标是质量和体积储氢工作容量分别为 6.5wt% 和 50g/L，而目前单纯靠压缩难以实现[176]。此外，对于长距离移动储氢来说，需要更高的体积储氢工作容量来解决其分配和使用中的实际安全和经济障碍问题，这涉及后续 MOF 材料的加工成型和造粒应用[177]。将粉末成功包装和致密化成颗粒决定了 MOF 材料用于氢气储存的下游工艺[178,179]。目前大部分计算体积储氢工作容量采用 MOF 的晶格密度（crystallographic density）[126]，没有考虑 MOF 粉末间的间隙，使用振实密度（tap density）则使得体积储氢工作容量大幅下降，而提高 MOF 成型后块状材料的包装密度（packaging density）成为解决这一问题的关键[180]。由于粉末堆积效率低，MOF 材料的实际储氢容量达不到理论值，机械压缩造粒方法已被广泛采用以增加 MOF 材料的包装密度，有助于提高体积储氢工作容量[181]，但是会造成 MOF 材料的稳定性变差和结构坍塌。

加州大学伯克利分校 Long 等研究了 Ni_2（m-dobdc）材料的实际变温吸附过程（TSA）储氢性能，并采用包装密度（0.366g/mL）计算体积储氢工作容量，获得在 10MPa 下 -75℃ 到 25℃ 温度区间下的体积储氢工作容量高达 23g/L[157]。美国密歇根大学 Matzger 等提出用晶体形貌工程和晶粒尺寸控制的策略优化 MOF-5 材料的实际储氢性能，并显著提高了填充效率和体积储氢容量[182]。与商用 MOF-5 材料（0.189g/mL）相比，由于 MOF-5 材料的填充密度提高（0.308~0.365g/mL），其容积储氢性能显著提高。发现 7:1 质量比混合的不同晶体尺寸的 MOF-5（2349）和 MOF-5（808）混合材料包装密度可高达 0.380g/mL，在 77K、10MPa 到 160K、0.5MPa 工作区间的体积储氢工作容量高达 30.5g/L，超过典型 70MPa 压缩储氢系统的体积储氢工作容量（25g/L），并超过美国能源部 2020 年的目标体积工作容量（30g/L）。该工作揭示了提高粉末堆积密度和减少机械压缩造成材料结构坍塌之间的关键联系，从而为开发具有高比表面积和高包装密度的 MOF 吸附材料提供了理论基础。

总而言之，目前大部分 MOF 材料储氢仍停留在解决 MOF 常温储氢容量低、结构不稳定等科学问题上，而解决粉末堆积密度（包装密度）低和储氢容器传质传热来提高 MOF 材料的体积储氢工作容量和能量利用效率等工程问题对移动储氢领域同等重要。未来 MOF 材料的储氢应用研究需要从这两方面考虑。

5.5　固态储运氢技术及其应用

固态储运氢技术指以储氢合金、配位氢化物、MOF 等固态储氢材料为储氢介质，通过物理/化学吸附或形成氢化物储存与运输氢气的技术。目前，具有实用化价值的是储氢合金，将储氢合金装填在特定的储氢罐中，实现合金的充放氢。固态储运氢技术具有以下优点：储氢密度高，体积储氢密度≥100g/L；工作压力较低，充氢时可直接与电解水制氢出口压力适配，无需增压设备；系统安全性好，无爆炸危险；可实现多次（>1000 次）可逆充放氢，重复使用；反应简单，放氢纯度高。

根据应用场景的不同，可以选择不同体系的储氢合金：

① 低温型储氢合金：工作温度在室温附近的储氢合金，如 $LaNi_5$ 系、$TiFe$ 系、$TiMn_2$ 系、V 基固溶体等，可统称为低温型储氢合金。这些储氢合金的材料质量储氢密度相对较低（1wt%～3.7wt%），但是由于其在室温即可释放氢气，适合加氢站、固定式储能等固定场景，或叉车等特殊移动应用场景的氢气储存。

② 高温型储氢合金：工作温度≥150℃的储氢合金，如 Mg 系，可以称为高温型储氢合金。Mg 系合金的质量储氢密度为 4wt%～7.6wt%，可以在常温常压下进行氢气的存储和运输。而我国镁资源总储量占全球约 22.5%，位居世界第一，且近五年镁锭的市占率均保持在 85%以上，原料来源丰富且成本低。因此，镁系储氢合金适合用于氢气的规模储运应用场景，包括但不限于氢冶金、规模储能、加氢站等应用场景的氢气储存与运输。

早在 20 世纪 80 年代，日本川崎重工就采用 1000kg 的混合稀土-镍-铝合金制成当时世界上最大的固态储氢罐，储氢量达 175m³，并于 1985 年将储氢合金容器成功地用在丰田汽车的四冲程发动机上，在公路上行驶了 200km。随后，日本化学技术研究所用 1200kg 混合稀土 AB_5 型合金制成储氢量 240m³ 的储氢罐。法国 McPhy 公司在 2010 年前后开发了以镁基合金为储氢介质的 McStore 储氢系统，单罐储氢量可达 5kg（图 5-22）。该系统目前在意大利的 INGRID 示范项目中用作储氢介质来实现电力调节。在我国，固态储氢罐研究与国外基本同步，浙江大学早年研制出储氢量 240m³ 的低温固态储氢罐用于氢回收与净化；有研科技集团有限公司（原北京有色金属研究总院）则在 2012 年就研发出基于 AB_2 型储氢合金、储氢量达 40m³ 的储氢系统，并与 5kW 燃料电池系统成功耦合，为通信基站连续供电近 17h。但是，由于当时氢能市场需求较少，因此固态储运氢技术并未得到规模应用。

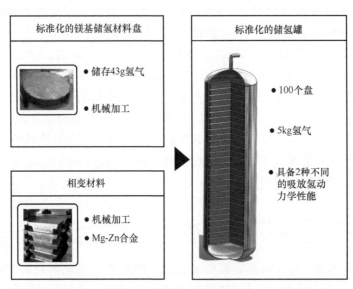

图 5-22　McPhy 公司生产的镁基固态储氢材料及其储氢罐

近年来，随着氢能产业的发展，固态储氢技术因其高密度和高安全的特点，逐渐得到国内外众多单位的研究和应用。欧盟在 2020 年启动 HyCARE 项目，项目采用 TiFe 系作为储氢合金，合金储氢量为 1.42wt%，循环 250 次后的容量为 1.16wt%。该项目的储氢设备通过与配套的 20kW 的 PEM 制氢设备、10kW 的 PEMFC 燃料电池堆进行耦合，进一步提高整体热量利用效率。2020 年澳大利亚新南威尔士大学与 LAVO 合作，推出了 40kW·h 的备用电源用氢电池系统，系统采用低温型储氢合金作为氢储存介质，形成"太阳能电池-电解水制氢-固态储氢-燃料电池发电"一体式系统。日本东芝 2019 年开发了名为 H₂One 的固定式"制氢-储氢-发电"一体式系统（图 5-23），该系统以低温型储氢合金为储氢介质，已在新加坡成功应用于备用电源。澳大利亚的 Hydrexia 公司在 2015 年成功开发了基于镁基合金的储运氢装备，单车储运氢量 700kg，可用于氢气的大规模安全储运。

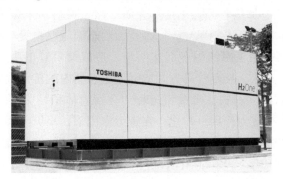

图 5-23　H₂One "制氢-储氢-发电"一体式系统

我国的有研科技集团有限公司近年开发了基于 TiMn₂ 系储氢合金的车载储氢系统，总储氢量 17kg，应用于氢燃料电池公交车（图 5-24a），同时开发了储氢量 1000m³ 的 TiFe 储氢系统，有望应用于河北沽源风电制氢项目，作为现场安全紧凑的氢气缓存。安泰创明新能源材料（常州）研究院有限公司基于改性 AB₅ 型储氢合金，开发了续航 80km 的氢燃料电池助力两轮车（图 5-24b），已投放产业园区示范应用。上海交通大学与氢储（上海）能源科技有限公司合作研制出我国首个 60kg 级镁基固态储氢装置原型（图 5-24c），并与宝武清洁能源有限公司合作开发了名为"氢行者"的"太阳能发电-电解水制氢-镁基固态储/供氢"撬装式一体化氢能源系统，其示范运行验证了镁基固态储氢技术的可行性。综上，目前国内外正在开发面向应用场景的固态储运氢技术，但是固态储运氢技术仍处于产业化初期阶段，仍需解决材料的规模低成本制备、大容量储氢罐设计、高温余热耦合集成等技术，实现储氢合金的高效安全吸放氢。

a) 全球首辆低压合金储氢燃料电池公交车　　　b) 氢燃料电池助力两轮车　　　c) 大型镁基固态储氢装置原型

图 5-24　国内部分固态储运氢应用

固态储氢罐主要包括固态储氢材料，壳体，气体管道及过滤器，鳍片、金属泡沫、加热管等强化传热介质，预置空余空间等。

① 壳体：由于圆形壳体的密封和耐压特性良好，固态储氢罐的壳体多为圆柱形。

② 气体管道及过滤器：氢气在充放氢过程中，沿着气体管道，并通过过滤器进出储氢罐。过滤器的主要作用是避免储氢材料颗粒被氢气流动携带着进入气体管道。此外，对于大型固态储氢罐，为了保证氢气在储氢罐内的均匀性，可以在容器内加装若干过滤器，提供氢气快速流动通道，使得储氢罐内的氢气压力保持相对均匀。

③ 鳍片、金属泡沫、加热管等强化传热介质：储氢材料粉末床由于粉末堆积的接触热阻过大，床体有效热导率低至 $1\sim7W/(m\cdot K)$，而固态储氢材料吸/放氢为放/吸热反应，导致储氢材料吸放氢过程中储氢罐内温度起伏明显，造成储氢罐的吸放氢性能显著降低。因此，多采用鳍片、金属泡沫、导热管等方式增强储氢容器内的传热性能。

④ 预置空余空间：储氢材料在吸放氢过程中会发生体积膨胀和收缩现象，在长期循环服役后，储氢材料颗粒在应力作用下粉化，在重力作用下，小尺寸颗粒在储氢罐底部发生密堆，导致储氢罐底部在吸氢过程中发生明显的应力集中，威胁储氢罐的结构安全。因此，一般会在储氢罐内部预留 10%~20% 的空间，容纳储氢材料吸氢时增加的体积，减小吸氢引起的容器应力。对于在重力方向较长的储氢罐，可采用分层的方式，缓解储氢材料粉化自压实现象。典型的固态储氢罐设计如图 5-25 所示。

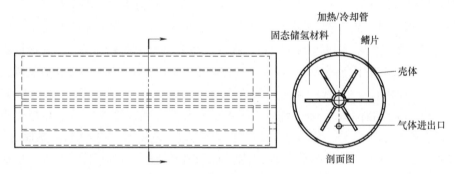

图 5-25　典型的固态储氢罐设计

目前，多采用理论仿真和实验结合的方法进行固态储氢罐的设计。固态储氢罐吸放氢数学模型的控制方程主要包括储氢合金的吸放氢反应平衡压方程和动力学方程，以及描述储氢罐热量传递和氢气流动的传热传质方程[183-185]。在构建储氢罐吸放氢数学模型时，常会采用如下假设：H_2 为理想气体；局部平衡假设，每个单元内的压力、温度和氢含量均相同；忽略辐射换热作用；储氢合金、不锈钢等固体及氢气的热物性参数保持不变。对于建立的数学模型，一般在计算机上通过有限元方法进行求解。主要采用自编程序或商业化软件（如 COMSOL Multiphysics、Ansys Fluent 等）对数学模型进行离散、迭代求解，并捕捉求解过程中温度、压力、氢含量等变量的变化情况。

（1）储氢合金的吸放氢反应平衡压方程

通过对储氢罐吸放氢过程的分析，发现储氢材料的吸放氢平衡压决定了吸放氢反应是否可以发生。因此，必须考虑储氢合金在不同温度下的 PCT 曲线，得到平衡压和温度、氢含量（H/M）的数值关系。目前，预报合金 PCT 曲线主要有以下几种方式：多项式拟合+Van't Hoff 方程；微观参数法预测合金熔变和 PCT 曲线；统计热力学理论预报；相图计算方法。其中，第 1 种方法只需要一个参考温度下的 PCT 曲线，结合 van't Hoff 方程对不同温度下的 PCT 曲线进行预测。第 2 种方法考虑了电负差、尺寸因素等微观结构参数，并对某一体系合金的熔变值进行预报，同时通过分段处理的方式对 PCT 曲线进行预报。第 3 种和第 4 种方法是基于化学势相等的原理，构建合金-氢的热力学相关数据库，进而对合金吸放氢 PCT 进行预报。

相较于其他平衡压预报方法，第 1 种"多项式拟合+van't Hoff 方程"的方法具有以下优点：方法简单，参数极易获得；适用范围广且预报结果准确；预报曲线光滑，不存在第 2~4 种方法中过渡区难以处理的问题，非常有利于增强模型求解过程中的收敛性。其存在的缺点主要是模型中除了熔变值存在物理意义外，参考温度下的平衡压采用多项式拟合，无明确的物理含义。但是，平衡压方程在数学模型中的作用是预报不同温度和 H/M 值下的平衡压，若预报的平衡压存在突变，则极易引起迭代求解过程中出现奇异点，进而导致模型无法收敛，计算失败。因此，"多项式拟合+van't Hoff 方程"的方法在数学模型中得到极为广泛的应用。

（2）储氢合金的吸放氢反应动力学方程

在数学模型中，需要构建描述合金在不同压力、温度和氢含量下的瞬时吸放氢速率，用以计算各个单元在计算时间间隔内的压力、温度和氢含量的变化量。一般用合金密度差和等温等压动力学两类方法计算瞬时吸放氢速率。

1）合金密度差方法。对于合金密度差计算吸放氢速率的方法，最早由 Mayer 在 1987 年使用，其方程为

$$v = -C_0 \exp\left(\frac{-E_a}{R_g T}\right) \ln\left(\frac{P}{P_{eq}}\right)(\rho_{MH} - \rho_s) \tag{5-38}$$

式中，v 为吸放氢速率；C_0 为常数；E_a 为反应活化能；ρ_{MH} 为氢化物的密度；ρ_s 为合金相的密度。该方程曾被用在 LaNi$_5$、ZrCo 等体系中。但是，该速率计算方法具有较大局限性：

① 吸放氢动力学机理不明，无法描述合金的吸放氢机理。

② 适用性不足：无法应用于控速步骤及方程参数随压力或粒径变化的情况。

因此，用合金密度差计算吸放氢速率的方法存在应用限制。

2）等温等压动力学方法。大部分的数学模型采用等温等压动力学方程对合金吸放氢过程进行描述。吸放氢动力学方程主要用来描述合金在不同温度、粒径、压力和 H/M 条件下的吸放氢速率。吸放氢速率方程的一般形式为

$$v = k_0 e^{-\frac{E_a}{R_g T}} f(P, P_{eq}) g(\xi) \tag{5-39}$$

式中，k_0 为本征速率常数；ξ 为反应分数，定义为当前合金吸氢量与最大吸氢量的比值；$f(P, P_{eq})$ 为压力项；$g(\xi)$ 为与反应分数有关的项。吸放氢速率方程一般采用已有的等温等压动力学方程对吸放氢过程中反应分数-时间数据进行分析，在得到活化能和速率常数等参数后转换成速率方程。目前，描述合金吸放氢过程的传统等温等压动力学方程主要构建了反应分数和时间的方程，见表 5-6。这些动力学方程均属于半经验模型，在一定假设的基础

上推导而来。其中 Chou 模型对速率常数 k 进行了展开，揭露了速率常数和温度、压力、平衡压力的关系。对表中的动力学方程进行偏导即可得到形似方程的速率方程。

表 5-6　一些等温等压动力学方程

方程名	动力学方程表达式	控速步骤
Chou	$1-(1-\xi)^{1/3}=k_0\exp\left(\dfrac{-E_a}{R_gT}\right)(\sqrt{P}-\sqrt{P_{eq}})t$	表面渗透或化学反应控速
	$\left[1-(1-\xi)^{1/3}\right]^2=k_0\exp\left(\dfrac{-E_a}{R_gT}\right)(\sqrt{P}-\sqrt{P_{eq}})t$	扩散控速
Jander	$\left[1-(1-\xi)^{1/3}\right]^2=kt$	扩散控速
Contracting Volume	$1-(1-\xi)^{1/3}=kt$	界面移动控速
Ginstling-Brounshtein	$(1-\xi)\ln(1-\xi)+\xi=kt$	扩散控速
Valensi-Carter	$\dfrac{\omega-[1+(\omega-1)\xi]-(\omega-1)(1-\xi)^{2/3}}{\omega-1}=kt$	扩散控速
Jonhson-Mehl-Avrami-Kolomogorov(JMAK)	$[-\ln(1-\xi)]^{1/n}=kt$	形核长大控速(与 n 值有关)

注：k 为速率常数；ω 为合金吸放氢前后的体积膨胀比；n 为 Avrami 指数。

合金的动力学一般通过 Sievert 方法（或称为定容法）进行测试。测试在等温等压条件下进行，并通过气体状态方程计算合金的氢含量，进而获得反应分数与时间的曲线。根据动力学方程的不同，将反应分数转换成表 5-6 中方程等式左边项，作其和时间的散点图，进行线性拟合后，判断该温度和压力条件下的合金吸放氢控速步骤；拟合不同温度和压力条件下的曲线，判断压力项表达式以及活化能和速率常数值。最终获得合金的吸放氢动力学机理及对应的动力学方程，用于固态储氢罐的吸放氢反应数学模型中。

由于合金的吸放氢过程过于复杂，其速率及控速步骤会受到粒径、压力、温度、制备和加工条件、催化相等因素影响。单纯地使用密度差进行吸放氢速率计算无法准确预报合金真实的吸放氢速率，而采用动力学方程对合金在不同条件下的吸放氢过程进行分析，可以揭示合金在某一个条件范围内的吸放氢动力学机理（包括控速步骤、活化能和速率常数等）。在判断了合金吸放氢机理并获得动力学参数的基础上，可以用动力学方程预报这个条件范围内其余温度、粒径等参数下的吸放氢速率。但是值得注意的是，由于动力学方程是半经验的，它只能在研究所包括的有限范围内适用，超出此范围外推的数据误差相对较大。

（3）传热方程

由于固态储氢罐的组成较为复杂，一般针对不同区域分别确定控制方程。

1）粉末区域和过滤器区域。粉末区域中除了合金粉末间的热导，还存在氢气流动导致的对流传热，因此需要在热量传递方程中考虑热导和对流传热作用。而氢气的黏度系数极低，一般忽略氢气黏度耗散对传热的影响。同时，由于吸放氢反应的热效应，需要在热量传递方程中引入热源项。因此，粉末区域的热量传递方程一般为

$$(\rho C_p)_e\frac{\partial T}{\partial t}+\nabla(\rho_g C_{pg}uT)=\nabla(\lambda_e\nabla T)+S_T \tag{5-40}$$

式中，$(\rho C_p)_e$ 为有效密度和比热容乘积；ρ_g 为氢气密度；C_{pg} 为氢气比热容；u 为气体流速；S_T 为热源项；λ_e 为粉末床的有效热导率。

对于过滤器区域，不存在吸放氢反应，因此 S_T 恒为 0。对于粉末区域，S_T 的值与吸放氢速率有关，其计算方程为

$$S_T = \pm \frac{\rho_s(1-\varepsilon)M_H \Delta H}{M_{H2}M_s}v \tag{5-41}$$

式中，M_{H2}、M_H 和 M_s 分别为氢气、氢原子和合金的相对摩尔质量；ε 为粉末床的孔隙率。

热量传递方程中的有效密度比热容乘积 $(\rho C_p)_e$，一般通过合金和氢气的密度比热容乘积求体积平均得到：

$$(\rho C_p)_e = \varepsilon \rho_g C_{pg} + (1-\varepsilon)\rho_s C_{ps} \tag{5-42}$$

式中，ρ_s 为固体密度；C_{ps} 为固体的比热容。

2）空白区域。空白区域仅存在氢气的传热，使用下式进行描述：

$$\rho_g C_{pg}\frac{\partial T}{\partial t} + \nabla(\rho_g C_{pg}uT) = \nabla(\lambda_g \nabla T) \tag{5-43}$$

3）固体区域。对于内外不锈钢壁等固体区域，仅存在固体热导作用：

$$\rho_s C_{ps}\frac{\partial T}{\partial t} = \nabla(\lambda_s \nabla T) \tag{5-44}$$

（4）传质方程

1）粉末区域和过滤器区域。对于粉末区域，一般可以将其认为是多孔介质，可以使用达西定律描述粉末床中压力和气体流速的关系：

$$u = -\frac{K}{\mu_g}\nabla P \tag{5-45}$$

式中，K 为粉末床渗透率；μ_g 为气体黏度系数。

气体密度的变化通过质量传递方程描述：

$$\frac{\partial \varepsilon \rho_g}{\partial t} + \nabla(\rho_g u) = -S_P \tag{5-46}$$

对于过滤器区域，质量源项 S_P 恒为 0。对于粉末区域，S_P 与速率有关：

$$S_P = \pm \rho_s(1-\varepsilon)\frac{M_H}{M_s}v \tag{5-47}$$

2）空白区域。氢气的流动使用 Navier-Stokes 方程进行描述：

$$\frac{\partial \rho_g u}{\partial t} + \nabla(\rho_g uu) = -\nabla P + \mu_g \nabla^2 u + \rho_g g \tag{5-48}$$

而压力、气体密度的变化通过质量传递方程描述：

$$\frac{\partial \rho_g}{\partial t} + \nabla(\rho_g u) = 0 \tag{5-49}$$

课 后 习 题

1. 以下储氢金属（合金）中，储氢密度最高的是（　　）。

A. LaNi$_5$　　　　　　　B. V　　　　　　　　C. Mg　　　　　　　D. TiFe

2. 下面属于金属氢化物的是（　　）。

A. Mg_2FeH_6 B. AlH_3 C. $Mg(BH_4)_2$ D. $LiAlH_4$

3. 关于固态储氢材料水解放氢方程式不正确的是（   ）。

A. $NH_3BH_3+2H_2O \rightarrow NH_4^+ + BO_2^- + 3H_2$ B. $MgH_2 + H_2O \rightarrow Mg(OH)_2 + 2H_2$

C. $NaBH_4 + 2H_2O \rightarrow NaBO_2 + 4H_2$ D. $LiBH_4 \rightarrow LiH + B + 3/2H_2$

4. 下面属于 $LiBH_4$ 的优点包括（   ）。

A. 储氢量高   B. 常温吸放氢   C. 可逆循环性佳   D. 放氢速率快

5. 下面属于 AB 型 TiFe 合金的优点包括（   ）。

A. 抗杂质能力强   B. 常温吸放氢   C. 成本较低   D. 使用寿命长

6. 以下储氢材料可逆吸放氢的是（   ）。

A. Mg   B. $LiBH_2NH_3$ C. 石墨烯   D. LiH-$LiNH_2$

7. 某 AB_5 合金的吸氢焓变值为 $-30kJ/mol\ H_2$，25℃的吸氢平台压为 0.12MPa，请问 40℃时的平台压为_____。

8. 固态储氢材料的主要分类为_____、_____、_____、_____。

9. 固态储氢罐部件主要包括：_____、_____、_____、_____、_____、_____。

10. MgH_2 的理论质量储氢密度为_____，吸放氢可逆反应方程式为_____。

11. 储氢金属（合金）的制备方法包括_____、_____、_____、_____。

12. ① $LiAlH_4$ 的三步放氢反应为_____、_____、_____；② $NaAlH_4$ 的三步放氢反应为_____、_____、_____。

13. 简述金属氢化物吸氢过程的主要步骤。

14. 简述固态储运氢技术的特点。

15. 请写出 MgH_2 和 $LiNH_2BH_3$ 与液态水反应的方程式，并计算各 1kg 的储氢材料完全水解可释放的氢气质量。

16. 比较金属氢化物、配位氢化物、氨硼烷及其衍生物、物理吸附储氢材料的优缺点。

17. 一般情况下，体积储氢容量等于质量储氢容量和 MOF 材料密度的乘积，根据本章质量和体积储氢工作容量定义，请完成下列问题：

（1）完成下列列表并选择质量和体积储氢工作容量最高的 MOF 材料。

（2）比较下面四种材料的吸附热并讨论如何合成储氢容量高的 MOF 材料。

MOF 材料	1	2	3	4
包装密度/（g/mL）	0.6	0.8	0.9	0.95
温度/K	298	298	298	298
吸附热/（kJ/mol）	7.7	8.4	10.9	18.6
10MPa 压力下质量吸附容量（wt%）	6.7	5.5	8.5	10.5
0.5MPa 压力下质量吸附容量（wt%）	2.4	1.2	3.6	2.7
质量储氢工作容量（wt%）				
体积储氢工作容量（g/L）				

参 考 文 献

［1］ LOTOTSKYY M V, YARTYS V A, POLLET B G, et al. Metal hydride hydrogen compressors: A review ［J］. International Journal of Hydrogen Energy, 2014, 39 (11): 5818-5851.

［2］ 倪成员. 特种 MH/Ni 电池用稀土系储氢电极合金的制备与电化学性能 ［D］. 长沙: 中南大学, 2012.

［3］ 黄红霞, 黄可龙, 刘素琴. 储氢技术及其关键材料研究进展 ［J］. 化工新型材料, 2008, 36 (11): 4.

［4］ ZüTTEL A. Materials for hydrogen storage ［J］. Materials Today, 2003, 6 (9): 24-33.

［5］ LAI Q W, PASKEVICIUS M, SHEPPARD D A, et al. Hydrogen storage materials for mobile and stationary applications: current state of the art ［J］. Chemsuschem, 2015, 8 (17): 2789-2825.

［6］ 蔡颖, 许剑轶, 胡锋, 等. 储氢技术与材料 ［M］. 北京: 化学工业出版社, 2018.

［7］ 张秋雨, 邹建新, 任莉, 等. 核壳结构纳米镁基复合储氢材料研究进展 ［J］. 材料科学与工艺, 2020, 28 (3): 10.

［8］ LIU T, WANG C, WU Y. Mg-based nanocomposites with improved hydrogen storage performances ［J］. International Journal of Hydrogen Energy, 2014, 39 (26): 14262-14274.

［9］ JIA Y, SUN C, SHEN S, et al. Combination of nanosizing and interfacial effect: Future perspective for designing Mg-based nanomaterials for hydrogen storage ［J］. Renewable and Sustainable Energy Reviews, 2015, 44: 289-303.

［10］ ZOU J, LONG S, CHEN X, et al. Preparation and hydrogen sorption properties of a Ni decorated Mg based Mg@ Ni nano-composite ［J］. International Journal of Hydrogen Energy, 2015, 40 (4): 1820-1828.

［11］ ZOU J, ZENG X, YING Y, et al. Study on the hydrogen storage properties of core-shell structured Mg-RE (RE=Nd, Gd, Er) nano-composites synthesized through arc plasma method ［J］. International Journal of Hydrogen Energy, 2013, 38 (5): 2337-2346.

［12］ ZOU J, ZENG X, YING Y, et al. Preparation and hydrogen sorption properties of a nano-structured Mg based Mg-La-O composite ［J］. International Journal of Hydrogen Energy, 2012, 37 (17): 13067-13073.

［13］ 李谦, 林勤, 蒋利军, 等. 氢化燃烧法合成镁基储氢合金进展 ［J］. 稀有金属, 2002, 26 (5): 386-390.

［14］ 张怀伟, 郑鑫遥, 刘洋, 等. 稀土元素在储氢材料中的应用进展 ［J］. 中国稀土学报, 2016, 34 (1): 10.

［15］ 韩晓强. 稀土系 AB_5 型低钴及无钴储氢合金研究 ［D］. 沈阳: 东北大学, 2016.

［16］ 陈思, 张宁, 阚洪敏, 等. $LaNi_5$ 系储氢合金的研究现状及展望 ［J］. 化工新型材料, 2017, 45 (9): 26-28.

［17］ NORITAKE T A, TOWATA M, SENO S, et al. Chemical bonding of hydrogen in MgH_2 ［J］. Applied Physics Letters, 2002, 81 (11): 2008-2010.

［18］ AGUEY-ZINSOU K F, ARES-FERNANDEZ JR. Hydrogen in magnesium: new perspectives toward functional stores ［J］. Energy & Environmental Science, 2010, 3 (5): 526-543.

［19］ ANDERS, ANDREASEN. Hydrogenation properties of Mg-Al alloys ［J］. International Journal of Hydrogen Energy, 2008, 33 (24): 7489-7497.

［20］ JOHN J, VAJO, et al. Altering hydrogen storage properties by hydride destabilization through alloy formation: LiH and MgH_2 destabilized with Si ［J］. Journal of Physical Chemistry B, 2004: 108 (37): 13977-13983.

［21］ SI T Z, ZHANG J B, LIU D M, et al. A new reversible Mg_3Ag-H_2 system for hydrogen storage ［J］. Journal of Alloys and Compounds, 2013, 581: 246-249.

[22] ZHONG H C, WANG H, LIU J W, et al. Altered desorption enthalpy of MgH$_2$ by the reversible formation of Mg(In) solid solution [J]. Scripta Materialia, 2011, 65 (4): 285-287.

[23] CUI J, WANG H, LIU J, et al. Remarkable enhancement in dehydrogenation of MgH$_2$ by a nano-coating of multi-valence Ti-based catalysts [J]. Journal of Materials Chemistry A, 2013, 1 (18): 5603.

[24] SKRIPNYUK V M, RABKIN E. Mg$_3$Cd: A model alloy for studying the destabilization of magnesium hydride [J]. International Journal of Hydrogen Energy, 2012, 37 (14): 10724-10732.

[25] 欧阳柳章, 童燕青, 董汉武, 等. Mg$_3$La 化合物储氢性能及 Ni 的加入对其性能的影响 [C]//第七届全国氢能学术会议论文集. [S. l.]: [s. n.], 2006.

[26] REILLY J J, WISWALL R H. Reaction of hydrogen with alloys of magnesium and nickel and the formation of Mg$_2$NiH$_4$ [J]. Inorganic Chemistry, 1968, 7 (11): 2254-2256.

[27] DIDISHEIM J J, ZOLLIKER P, YVON K, et al. Dimagnesium iron (II) hydride, Mg$_2$FeH$_6$, containing octahedral FeH$_6^{4-}$ anions [J]. Inorganic Chemistry, 1984, 23 (13): 1953-1957.

[28] GENNARI F C, CASTRO F J, GAMBOA J J A. Synthesis of Mg$_2$FeH$_6$ by reactive mechanical alloying: formation and decomposition properties [J]. Journal of Alloys and Compounds, 2002, 339 (1-2): 261-267.

[29] SAITA I, SAITO K, AKIYAMA T. Hydriding combustion synthesis of Mg$_2$Ni$_{1-x}$Fe$_x$ hydride [J]. Journal of Alloys and Compounds, 2005, 390 (1-2): 265-269.

[30] POZZO M, ALFE D. Hydrogen dissociation and diffusion on transition metal (= Ti, Zr, V, Fe, Ru, Co, Rh, Ni, Pd, Cu, Ag)-doped Mg(0001) surfaces [J]. International Journal of Hydrogen Energy, 2009, 34 (4): 1922-1930.

[31] CUI J, LIU J W, WANG H, et al. Mg-TM (TM: Ti, Nb, V, Co, Mo or Ni) core-shell like nanostructures: synthesis, hydrogen storage performance and catalytic mechanism [J]. Journal of Materials Chemistry A, 2014, 2 (25): 9645-9655.

[32] ZHU W, PANDA S, LU C, et al. Using a self-assembled two-dimensional MXenes-based catalyst (2D-Ni@ Ti$_3$C$_2$) to enhance hydrogen storage properties of MgH$_2$ [J]. ACS Applied Materials & Interfaces, 2020, 12 (45): 50333-50343.

[33] BHATNAGAR A, PANDEY S K, VISHWAKARMA A, et al. Fe$_3$O$_4$@ Graphene as a superior catalyst for hydrogen de/absorption from/in MgH$_2$/Mg [J]. Journal of Materials Chemistry A, 2016, 4 (38): 14761-14772.

[34] LOTOSKY Y, MYKHAYLO, DENYS, et al. An outstanding effect of graphite in nano-MgH$_2$-TiH$_2$ on hydrogen storage performance dagger [J]. Journal of Materials Chemistry A, 2018, 6 (23): 10740-10754.

[35] LIU Y, ZOU J, ZENG X, et al. Study on hydrogen storage properties of Mg-X (X = Fe, Co, V) nano-composites co-precipitated from solution [J]. RSC Advances, 2015, 5 (10): 7687-7696.

[36] LIU Y, ZOU J, ZENG X, et al. Hydrogen storage properties of a Mg-Ni nanocomposite coprecipitated from solution [J]. The Journal of Physical Chemistry C, 2014, 118 (32): 18401-18411.

[37] XIA G, TAN Y, CHEN X, et al. Monodisperse magnesium hydride nanoparticles uniformly self-assembled on graphene [J]. Adv Mater, 2015, 27 (39): 5981-5988.

[38] ZHU W, REN L, LU C, et al. Nanoconfined and in situ catalyzed MgH$_2$ self-assembled on 3D Ti$_3$C$_2$ MXene folded nanosheets with enhanced hydrogen sorption performances [J]. ACS Nano, 2021, 15 (11): 18494-18504.

[39] LI W, LI C, MA H, et al. Magnesium nanowires: Enhanced kinetics for hydrogen absorption and desorption [J]. Journal of the American Chemical Society, 2007, 129 (21): 6710-6711.

［40］BSENBERG U, DOPPIU S, MOSEGAARD L, et al. Hydrogen sorption properties of MgH_2-$LiBH_4$ composites ［J］. Acta Materialia, 2007, 55 (11)：3951-3958.

［41］TAYEH T, AWAD A S, NAKHL M, et al. Production of hydrogen from magnesium hydrides hydrolysis ［J］. International Journal of Hydrogen Energy, 2014, 39 (7)：3109-3117.

［42］HUANG M, OUYANG L, WANG H, et al. Hydrogen generation by hydrolysis of MgH_2 and enhanced kinetics performance of ammonium chloride introducing ［J］. International Journal of Hydrogen Energy, 2015, 40 (18)：6145-6150.

［43］YANG B, ZOU J, HUANG T, et al. Enhanced hydrogenation and hydrolysis properties of core-shell structured Mg-MO_x (M＝Al, Ti and Fe) nanocomposites prepared by arc plasma method ［J］. Chemical Engineering Journal, 2019, 371：233-243.

［44］MAO J, ZOU J, LU C, et al. Hydrogen storage and hydrolysis properties of core-shell structured Mg-MFx (M＝V, Ni, La and Ce) nano-composites prepared by arc plasma method ［J］. Journal of Power Sources, 2017, 366：131-142.

［45］宋强. 水下无人航行器燃料电池技术浅谈 ［J］. 舰船科学技术, 2020, 42 (23)：150-154.

［46］李媛, 张璐, 韩树民. 稀土-镁-镍系超晶格合金结构与储氢性能研究及进展 ［J］. 燕山大学学报, 2020, 44 (3)：323-330.

［47］KADIR K, SAKAI T, UEHARA I. Synthesis and structure determination of a new series of hydrogen storage alloys；RMg_2Ni_9 (R＝La, Ce, Pr, Nd, Sm and Gd) built from $MgNi_2$ Laves-type layers alternating with AB_5 layers-ScienceDirect ［J］. Journal of Alloys and Compounds, 1997, 257 (1-2)：115-121.

［48］KADIR K, SAKAI T, UEHARA I. Structural investigation and hydrogen capacity of YMg_2Ni_9 and $(Y_{0.5}Ca_{0.5})$ (MgCa) Ni_9：new phases in the AB_2C_9 system isostructural with $LaMg_2Ni_9$ ［J］. Journal of Alloys and Compounds, 1999, 287 (1-2)：264-270.

［49］KOHNO T, YOSHIDA H, KAWASHIMA F, et al. Hydrogen storage properties of new ternary system alloys：La_2MgNi_9, $La_5Mg_2Ni_{23}$, La_3MgNi_{14} ［J］. Journal of Alloys and Compounds, 2000, 311 (2)：L5-L7.

［50］GUO X, WANG S, LIU X, et al. Laves phase hydrogen storage alloys for super-high-pressure metal hydride hydrogen compressors ［J］. Rare Metals, 2011, 30 (003)：227-231.

［51］ZOTOV T A, SIVOV R B, MOVLAEV E A, et al. IMC hydrides with high hydrogen dissociation pressure ［J］. Journal of Alloys and Compounds, 2011, 509 (supp-S2)：S839-S843.

［52］SHILOV A L, PADURETS L N, KOST M E. Thermodynamics of hydrides of intermetallic compounds of transition metals ［J］. Zh. Fiz. Khim. , 1985, 59 (8)：1857-1875.

［53］KINACI A, AYDINOL M K. Ab initio investigation of FeTi-H system ［J］. International Journal of Hydrogen Energy, 2007, 32 (13)：2466-2474.

［54］THOMPSON P, PICK M A, REIDINGER F, et al. Neutron diffraction study of β iron titanium deuteride ［J］. Journal of Physics F：Metal Physics, 1978, 8 (4)：L75.

［55］赵栋梁, 尚宏伟, 李亚琴, 等. 钛铁基储氢合金在车载储能领域的应用研究 ［J］. 稀有金属, 2017, 41 (5)：515-533.

［56］SANDROCK G D, GOODELL P D. Surface poisoning of $LaNi_5$, FeTi and (Fe, Mn) Ti by O_2, Co and H_2O ［J］. Journal of The Less-Common Metals, 1980, 73 (1)：161-168.

［57］HIRATA T. Hydrogen absorption and desorption properties of $FeTi_{1.14}O_{0.03}$ in impure hydrogen containing CO, CO_2 and oxygen ［J］. Journal of the Less Common Metals, 1985, 107 (1)：23-33.

［58］SZAJEK A, JURCZYK M, JANKOWSKA E. The electronic and electrochemical properties of the TiFe-based alloys ［J］. Journal of Alloys and Compounds, 2003, 348 (1-2)：285-292.

［59］严义刚，闫康平，陈云贵，等. 钒基固溶体型贮氢合金的研究进展［J］. 稀有金属，2004，28（4）：6.

［60］裴沛，张沛龙，张蓓，等. V系储氢合金及其合金化［J］. 材料导报，2006，20（10）：123-127.

［61］HAO L, CHEN Y, YAN Y, et al. Influence of Ni or Mn on hydrogen absorption-desorption performance of V-Ti-Cr-Fe alloys［J］. Materials Science & Engineering A, 2007, 459（1-2）：204-208.

［62］严义刚. V-Ti-Cr-Fe贮氢合金的结构与吸放氢行为研究［D］. 成都：四川大学，2007.

［63］ZüTTEL A, RENTSCH S, FISCHER P, et al. Hydrogen storage properties of LiBH$_4$［J］. Journal of Alloys and Compounds, 2003, 356-357：515-520.

［64］KOLLONITSCH J, FUCHS O, GáBOR V. New and known complex borohydrides and some of their applications in organic syntheses［J］. Nature, 1954, 173（4394）：125-126.

［65］MOSEGAARD L, MØLLER B, JØRGENSEN J E, et al. Intermediate phases observed during decomposition of LiBH$_4$［J］. Journal of Alloys and Compounds, 2007, 446：301-305.

［66］BENZIDI H, GARARA M, LAKHAL M, et al. Vibrational and thermodynamic properties of LiBH$_4$ polymorphs from first-principles calculations［J］. International Journal of Hydrogen Energy, 2018, 43（13）：6625-6631.

［67］ZüTTEL A, BORGSCHULTE A, ORIMO SI. Tetrahydroborates as new hydrogen storage materials［J］. Scripta Materialia, 2007, 56（10）：823-828.

［68］ORIMO S, NAKAMORI Y, KITAHARA G, et al. Dehydriding and rehydriding reactions of LiBH$_4$［J］. Journal of Alloys & Compounds, 2005, 404：427-430.

［69］MAURON P, BUCHTER F, FRIEDRICHS O, et al. Stability and reversibility of LiBH$_4$［J］. Journal of Physical Chemistry B, 2008, 112（3）：906.

［70］PINKERTON F E, MEISNER G P, MEYER M S, et al. Hydrogen desorption exceeding ten weight percent from the new quaternary hydride Li$_3$BN$_2$H$_8$［J］. The Journal of Physical Chemistry B, 109（1）：6-8.

［71］JOHN J V, SKY L S, FLORIAN M. Reversible storage of hydrogen in destabilized LiBH$_4$［J］. The Journal of Physical Chemistry B, 2005, 109（9）：3719-3722.

［72］NAKAMORI Y, MIWA K, NINOMIYA A, et al. Correlation between thermodynamical stabilities of metal borohydrides and cation electronegativites：First-principles calculations and experiments［J］. Physical Review B, 2006, 74（4）：045126.

［73］LIU H, JIAO L, ZHAO Y, et al. Improved dehydrogenation performance of LiBH$_4$ by confinement into porous TiO$_2$ micro-tubes［J］. Journal of Materials Chemistry A, 2014, 2（24）：9244-9250.

［74］SURREY A, MINELLA C B, FECHLER N, et al. Improved hydrogen storage properties of LiBH$_4$ via nano-confinement in micro-and mesoporous aerogel-like carbon［J］. International Journal of Hydrogen Energy, 2016, 41（12）：5540-5548.

［75］NGENE P, VERKUIJLEN MHW, ZHENG Q, et al. The role of Ni in increasing the reversibility of the hydrogen release from nanoconfined LiBH$_4$［J］. Faraday Discussions, 2011, 151：47-58.

［76］THIANGVIRIYA S, UTKE R. LiBH$_4$ nanoconfined in activated carbon nanofiber for reversible hydrogen storage［J］. International Journal of Hydrogen Energy, 2015, 40（11）：4167-4174.

［77］LEI Z, SUN W, SONG L, et al. Enhanced hydrogen storage properties and reversibility of LiBH$_4$ confined in two-dimensional Ti$_3$C$_2$［J］. ACS Applied Materials & Interfaces, 2018, 10（23）：19598-19604.

［78］SHAO J, XIAO X, FAN X, et al. Low-temperature reversible hydrogen storage properties of LiBH$_4$：A synergetic effect of nanoconfinement and nanocatalysis［J］. Journal of Physical Chemistry C, 2014, 118（21）：11252-11260.

［79］ ZHANG X, ZHANG L, ZHANG W, et al. Nano-synergy enables highly reversible storage of 9. 2 wt% hydro-gen at mild conditions with lithium borohydride ［J］. Nano Energy, 2021, 83: 105839.

［80］ AVOROTYNSKA O, EL-KHARBACHI A, DELEDDA S, et al. Recent progress in magnesium borohydride $Mg(BH_4)_2$: Fundamentals and applications for energy storage ［J］. International Journal of Hydrogen Energy, 2016, 41 (32): 14387-14403.

［81］ PASKEVICIUS M, PITT M P, WEBB C J, et al. In-situ X-ray diffraction study of gamma-$Mg(BH_4)_2$ de-composition ［J］. The Journal of Physical Chemistry C, 2012, 116 (29): 15231.

［82］ YANG J, HE F, PING S, et al. Reversible dehydrogenation of $Mg(BH_4)_2$-LiH composite under moderate conditions ［J］. International Journal of Hydrogen Energy, 2012, 37 (8): 6776-6783.

［83］ LIU Y, YANG Y, ZHOU Y, et al. Hydrogen storage properties and mechanisms of the $Mg(BH_4)_2$-$NaAlH_4$ system ［J］. International Journal of Hydrogen Energy, 2012, 37 (22): 17137-17145.

［84］ YU X B, GUO Y H, SUN D L, et al. A combined hydrogen storage system of $Mg(BH_4)_2$-$LiNH_2$ with favora-ble dehydrogenation ［J］. The Journal of Physical Chemistry C, 2010, 114 (10): 4733-4737.

［85］ SUN N, XU B, ZHAO S, et al. Influences of Al, Ti and Nb doping on the structure and hydrogen storage property of $Mg(BH_4)_2$ (001) surface-A theoretical study ［J］. International Journal of Hydrogen Energy, 2015, 40 (33): 10516-10526.

［86］ LAI Q, AGUEY-ZINSOU K F. Destabilisation of $Ca(BH_4)_2$ and $Mg(BH_4)_2$: Via confinement in nanoporous Cu_2S hollow spheres ［J］. Sustainable Energy & Fuels, 2017, 1 (6): 1308-1319.

［87］ CHONG L, ZOU J, ZENG X, et al. Mechanisms of reversible hydrogen storage in $NaBH_4$ through NdF_3 addi-tion ［J］. Journal of Materials Chemistry A, 2013, 1 (12): 3983-3991.

［88］ CHONG L, ZOU J, ZENG X, et al. Effects of LnF_3 on reversible and cyclic hydrogen sorption behaviors in $NaBH_4$: electronic nature of Ln versus crystallographic factors ［J］. Journal of Materials Chemistry A, 2014, 3 (8): 4493-4500.

［89］ CHONG L, ZENG X, DING W, et al. $NaBH_4$ in "graphene wrapper:" significantly enhanced hydrogen storage capacity and regenerability through nanoencapsulation ［J］. Advanced Materials, 2015, 27 (34): 5070-5074.

［90］ CHRISTIAN M, AGUEY-ZINSOU K F. Synthesis of core-shell $NaBH_4$@ M (M=Co, Cu, Fe, Ni, Sn) nano-particles leading to various morphologies and hydrogen storage properties ［J］. Chemical Communications, 2013, 49 (60): 6794-6796.

［91］ RAFI-UD-DIN, ZHANG L, PING L, et al. Catalytic effects of nano-sized TiC additions on the hydrogen stor-age properties of $LiAlH_4$ ［J］. Journal of Alloys and Compounds, 2010, 508 (1): 119-128.

［92］ LIU S S, SUN L X, ZHANG Y, et al. Effect of ball milling time on the hydrogen storage properties of TiF_3-doped $LiAlH_4$ ［J］. International Journal of Hydrogen Energy, 2009, 34 (19): 8079-8085.

［93］ ZANG L, CAI J, ZHAO L, et al. Improved hydrogen storage properties of $LiAlH_4$ by mechanical milling with TiF_3 ［J］. Journal of Alloys and Compounds, 2015, 647: 756-762.

［94］ LI Z, ZHAI F, WAN Q, et al. Enhanced hydrogen storage properties of $LiAlH_4$ catalyzed by $CoFe_2O_4$ nanop-articles ［J］. Rsc Advances, 2014, 4 (36): 18989-18997.

［95］ ZANG L, LIU S, GUO H, et al. In situ synthesis of 3D flower-like nanocrystalline Ni/C and its effect on hy-drogen storage properties of $LiAlH_4$ ［J］. Chemistry-An Asian Journal, 2017, 18: 350-357.

［96］ 罗红整. Ti, Y 掺杂对 $NaAlH_4$ 的原位制备及其可逆吸放氢性能的影响 ［D］. 南宁: 广西大学, 2018.

［97］ CHEN P, XIONG Z T, L J Z, et al. Interaction of hydrogen with metal nitrides and imides ［J］. Nature, 2002. 420: 302-304.

［98］LUO W.（LiNH$_2$-MgH$_2$）：a viable hydrogen storage system［J］. Journal of Alloys and Compounds，2004，381（1-2）：284-287.

［99］LIU Y，HU J，WU G，et al. Formation and equilibrium of ammonia in the Mg(NH$_2$)$_2$-2LiH hydrogen storage system［J］. Journal of Physical Chemistry C，2008，112（4）：1293-1298.

［100］CHANDRA M，QIANG X. Room temperature hydrogen generation from aqueous ammonia-borane using noble metal nano-clusters as highly active catalysts［J］. Journal of Power Sources，2007，168（1）：135-142.

［101］LIU P，XIAOJUN G，KANG K，et al. Highly efficient catalytic hydrogen evolution from ammonia borane using the synergistic effect of crystallinity and size of noble-metal-free nanoparticles supported by porous metal-organic frameworks［J］. ACS Applied Materials & Interfaces，2017，9（12）：10759-10767.

［102］MORI K，MIYAWAKI K，YAMASHITA H. Ru and Ru-Ni nanoparticles on TiO$_2$ support as extremely active catalysts for hydrogen production from ammonia-borane［J］. ACS Catalysis，2016，6：3128-3135.

［103］AKBAYRAK S，TONBUL Y，ÖZKAR S. Ceria supported rhodium nanoparticles：superb catalytic activity in hydrogen generation from the hydrolysis of ammonia borane［J］. Applied Catalysis B：Environmental，2016，198：162-170.

［104］WEI W，LU Z H，YAN L，et al. Mesoporous carbon nitride supported Pd and Pd-Ni nanoparticles as highly efficient catalyst for catalytic hydrolysis of NH$_3$BH$_3$［J］. Chemcatchem，2018，10（7）：1620-1626.

［105］WEN L，SU J，WU X，et al. Ruthenium supported on MIL-96：an efficient catalyst for hydrolytic dehydrogenation of ammonia borane for chemical hydrogen storage［J］. International Journal of Hydrogen Energy，2014，39（30）：17129-17135.

［106］REJ S，HSIA C F，CHEN T Y，et al. Facet-dependent and light-assisted efficient hydrogen evolution from ammonia borane using gold-palladium core-shell nanocatalysts［J］. Angwandte Chemie-International Edition，2016，128（25）：7338-7342.

［107］WU C，WU G，XIONG Z，et al. Stepwise phase transition in the formation of lithium amidoborane［J］. Inorganic Chemistry，2010，49（9）：4319-4323.

［108］HIMASHINIE V. Potassium（I）amidotrihydroborate：structure and hydrogen release［J］. Journal of the American Chemical Society，2010，132（34）：11836-11837.

［109］CHEN X，FENG Y，GU Q，et al. Synthesis，structures and hydrogen storage properties of two new H-enriched compounds：Mg(BH$_4$)$_2$(NH$_3$BH$_3$)$_2$ and Mg(BH$_4$)$_2$·(NH$_3$)$_2$(NH$_3$BH$_3$)［J］. Dalton Transactions，2013，42（40）：14365-14368.

［110］JEPSEN L H，SKIBSTED J，JENSEN T R. Investigations of the thermal decomposition of MBH$_4$-2NH$_3$BH$_3$，M= Na，K［J］. Journal of Alloys and Compounds，2013，580：S287-S291.

［111］CHEN W，HUANG Z，WU G，et al. New synthetic procedure for NaNH$_2$(BH$_3$)$_2$ and evaluation of its hydrogen storage properties［J］. Science China Chemistry，2015，58（1）：169-173.

［112］CHUA Y S，WU G，XIONG Z，et al. Synthesis，structure and dehydrogenation of magnesium amidoborane monoammoniate［J］. Chemical Communications，2010，46（31）：5752-5754.

［113］CHUA Y S，WU G，XIONG Z，et al. Calcium amidoborane ammoniate—synthesis，structure，and hydrogen storage properties［J］. Chemistry of Materials，2009，21（20）：4899-4904.

［114］XIA G，YU X，GUO Y，et al. Amminelithium amidoborane Li(NH$_3$)NH$_2$BH$_3$：a new coordination compound with favorable dehydrogenation characteristics［J］. Chemistry-A European Journal，2010，16（12）：3763-3769.

［115］Wu C，Wu G，Xiong Z，et al. LiNH$_2$BH$_3$·NH$_3$BH$_3$：structure and hydrogen storage properties［J］. Chemistry of Materials，2010，22（1）：3-5.

［116］ FU H, YANG J Z, WANG X J, et al. Preparation and dehydrogenation properties of lithium hydrazidobis (borane) (LiNH(BH_3)NH_2BH_3) ［J］. Inorganic Chemistry, 2014, 53 (14): 7334-7339.

［117］ JOHNSON S R, DAVID W I F, ROYSE D M, et al. The monoammoniate of lithium borohydride, Li(NH_3) BH_4: an effective ammonia storage compound ［J］. Chemistry-An Asian Journal, 2009, 4 (6): 849-854.

［118］ MCCUSKER LB, LIEBAU F, ENGELHARDT G. Nomenclature of structural and compositional characteristics of ordered microporous and mesoporous materials with inorganic hosts (IUPAC Recommendations 2001) ［J］. Pure and Applied Chemistry, 2001, 73 (2): 381-394.

［119］ SIMONYAN V V, JOHNSON J K. Hydrogen storage in carbon nanotubes and graphitic nanofibers ［J］. Journal of Alloys and Compounds, 2002, 330: 659-665.

［120］ CARPETIS C, PESCHKA W. A study on hydrogen storage by use of cryoadsorbents ［J］. International Journal of Hydrogen Energy, 1980, 5 (5): 539-554.

［121］ FURUKAWA H, YAGHI O M. Storage of hydrogen, methane, and carbon dioxide in highly porous covalent organic frameworks for clean energy applications ［J］. Journal of the American Chemical Society, 2009, 131 (25): 8875-8883.

［122］ LANGMI H W, WALTON A, AL-MAMOURI M M, et al. Hydrogen adsorption in zeolites A, X, Y and RHO ［J］. Journal of Alloys and Compounds, 2003, 356-357: 710-715.

［123］ XU W, TU B, LIU Q, et al. Anisotropic reticular chemistry ［J］. Nature Reviews Materials, 2020:

［124］ TRICKETT C A, HELAL A, AL-MAYTHALONY B A, et al. The chemistry of metal-organic frameworks for CO_2 capture, regeneration and conversion ［J］. Nature Reviews Materials, 2017, 2: 17045.

［125］ SIEGELMAN R L, KIM E J, LONG J R. Porous materials for carbon dioxide separations ［J］. Nature Materials, 2021, 20 (8): 1060-1072.

［126］ CHEN Z, KIRLIKOVALI K O, IDREES K B, et al. Porous materials for hydrogen storage ［J］. Chem, 2022, 8 (3): 693-716.

［127］ MCBAIN J W, XCIX. The mechanism of the adsorption ("sorption") of hydrogen by carbon ［J］. The London, Edinburgh, and Dublin Philosophical Magazine and Journal of Science, 1909, 18 (108): 916-935.

［128］ SEVILLA M, MOKAYA R. Energy storage applications of activated carbons: supercapacitors and hydrogen storage ［J］. Energy & Environmental Science, 2014, 7 (4): 1250-1280.

［129］ KIDNAY A J, HIZA M J. High pressure adsorption isotherms of neon, hydrogen, and helium at 76K ［C］//Advances in Cryogenic Engineering. Boston: Springer, 1967: 730-740.

［130］ ZHOU L, ZHOU Y, SUN Y. Enhanced storage of hydrogen at the temperature of liquid nitrogen ［J］. International Journal of Hydrogen Energy, 2004, 29 (3): 319-322.

［131］ JORDá-BENEYTO M, LOZANO-CASTELLó D, SUáREZ-GARCíA F, et al. Advanced activated carbon monoliths and activated carbons for hydrogen storage ［J］. Microporous and Mesoporous Materials, 2008, 112 (1): 235-242.

［132］ SEVILLA M, FUERTES A B, MOKAYA R. High density hydrogen storage in superactivated carbons from hydrothermally carbonized renewable organic materials ［J］. Energy & Environmental Science, 2011, 4 (4): 1400-1410.

［133］ GAO F, ZHAO D L, LI Y, et al. Preparation and hydrogen storage of activated rayon-based carbon fibers with high specific surface area ［J］. Journal of Physics and Chemistry of Solids, 2010, 71 (4): 444-447.

［134］ FIERRO V, SZCZUREK A, ZLOTEA C, et al. Experimental evidence of an upper limit for hydrogen storage at 77K on activated carbons ［J］. Carbon, 2010, 48 (7): 1902-1911.

［135］KUCHTA B, FIRLEJ L, PFEIFER P, et al. Numerical estimation of hydrogen storage limits in carbon-based nanospaces ［J］. Carbon, 2010, 48 (1): 223-231.

［136］ALCAñIZ-MONGE J, ROMáN-MARTíNEZ M C. Upper limit of hydrogen adsorption on activated carbons at room temperature: A thermodynamic approach to understand the hydrogen adsorption on microporous carbons ［J］. Microporous and Mesoporous Materials, 2008, 112 (1): 510-520.

［137］LI Y, YANG R T. Hydrogen storage on platinum nanoparticles doped on superactivated carbon ［J］. The Journal of Physical Chemistry C, 2007, 111 (29): 11086-11094.

［138］XIA K, HU J, JIANG J. Enhanced room-temperature hydrogen storage in super-activated carbons: The role of porosity development by activation ［J］. Applied Surface Science, 2014, 315: 261-267.

［139］GENG Z, WANG D, ZHANG C, et al. Spillover enhanced hydrogen uptake of Pt/Pd doped corncob-derived activated carbon with ultra-high surface area at high pressure ［J］. International Journal of Hydrogen Energy, 2014, 39 (25): 13643-13649.

［140］ROSTAMI S, POUR A N, IZADYAR M. A review on modified carbon materials as promising agents for hydrogen storage ［J］. Science Progress, 2018, 101 (2): 171-191.

［141］IIJIMA S. Helical microtubules of graphitic carbon ［J］. Nature, 1991, 354 (6348): 56-58.

［142］LI W, WANG H, REN Z, et al. Co-production of hydrogen and multi-wall carbon nanotubes from ethanol decomposition over Fe/Al$_2$O$_3$ catalysts ［J］. Applied Catalysis B: Environmental, 2008, 84 (3): 433-439.

［143］DILLON A C, JONES K M, BEKKEDAHL T A, et al. Storage of hydrogen in single-walled carbon nanotubes ［J］. Nature, 1997, 386 (6623): 377-379.

［144］YE Y, AHN C C, WITHAM C, et al. Hydrogen adsorption and cohesive energy of single-walled carbon nanotubes ［J］. Applied Physics Letters, 1999, 74 (16): 2307-2309.

［145］NIJKAMP M G, RAAYMAKERS J, VAN DILLEN A J, et al. Hydrogen storage using physisorption-materials demands ［J］. Applied Physics A, 2001, 72 (5): 619-623.

［146］NISHIMIYA N, ISHIGAKI K, TAKIKAWA H, et al. Hydrogen sorption by single-walled carbon nanotubes prepared by a torch arc method ［J］. Journal of Alloys and Compounds, 2002, 339 (1): 275-282.

［147］ZHOU L, ZHOU Y, SUN Y. Studies on the mechanism and capacity of hydrogen uptake by physisorption-based materials ［J］. International Journal of Hydrogen Energy, 2006, 31 (2): 259-264.

［148］LIU F, ZHANG X, CHENG J, et al. Preparation of short carbon nanotubes by mechanical ball milling and their hydrogen adsorption behavior ［J］. Carbon, 2003, 41 (13): 2527-2532.

［149］CHEN C H, HUANG C C. Hydrogen storage by KOH-modified multi-walled carbon nanotubes ［J］. International Journal of Hydrogen Energy, 2007, 32 (2): 237-246.

［150］ZHANG X, CHEN W. Mechanisms of pore formation on multi-wall carbon nanotubes by KOH activation ［J］. Microporous and Mesoporous Materials, 2015, 206: 194-201.

［151］LIN K Y, TSAI W T, YANG T J. Effect of Ni nanoparticle distribution on hydrogen uptake in carbon nanotubes ［J］. Journal of Power Sources, 2011, 196 (7): 3389-3394.

［152］RATHER S U, HWANG S W. Comparative hydrogen uptake study on Titanium-MWCNTs composite prepared by two different methods ［J］. International Journal of Hydrogen Energy, 2016, 41 (40): 18114-18120.

［153］REYHANI A, MORTAZAVI S Z, MIRERSHADI S, et al. Hydrogen storage in decorated multiwalled carbon nanotubes by Ca, Co, Fe, Ni, and Pd nanoparticles under ambient conditions ［J］. The Journal of Physical Chemistry C, 2011, 115 (14): 6994-7001.

［154］ROSI N L, ECKERT J, EDDAOUDI M, et al. Hydrogen storage in microporous metal-organic frameworks

［J］. Science, 2003, 300 (5622): 1127-1129.

［155］ WONG-FOY A G, MATZGER A J, YAGHI O M. Exceptional H₂ saturation uptake in microporous metal-organic frameworks ［J］. Journal of the American Chemical Society, 2006, 128 (11): 3494-3495.

［156］ SUH M P, PARK H J, PRASAD T K, et al. Hydrogen storage in metal-organic frameworks ［J］. Chemical Reviews, 2012, 112 (2): 782-835.

［157］ KAPELEWSKI M T, RUNČEVSKI T, TARVER J D, et al. Record high hydrogen storage capacity in the metal-organic framework Ni₂ (m-dobdc) at near-ambient temperatures ［J］. Chemistry of Materials, 2018, 30 (22): 8179-8189.

［158］ HE T, PACHFULE P, WU H, et al. Hydrogen carriers ［J］. Nature Reviews Materials, 2016, 1 (12): 16059.

［159］ XIAO B, WHEATLEY P S, ZHAO X, et al. High-capacity hydrogen and nitric oxide adsorption and storage in a metal-organic framework ［J］. Journal of the American Chemical Society, 2007, 129 (5): 1203-1209.

［160］ LEE Y G, MOON H R, CHEON Y E, et al. A comparison of the H₂ sorption capacities of isostructural metal-organic frameworks with and without accessible metal sites: ［{Zn₂(abtc)(dmf)₂}₃］ and ［{Cu₂(abtc) (dmf)₂}₃］ versus ［{Cu₂(abtc)}₃］ ［J］. Angewandte Chemie International Edition, 2008, 47 (40): 7741-7745.

［161］ LIM D W, CHYUN S A, SUH M P. Hydrogen storage in a potassium-ion-bound metal-organic framework incorporating crown ether struts as specific cation binding sites ［J］. Angewandte Chemie International Edition, 2014, 53 (30): 7819-7822.

［162］ ALLENDORF M D, HULVEY Z, GENNETT T, et al. An assessment of strategies for the development of solid-state adsorbents for vehicular hydrogen storage ［J］. Energy & Environmental Science, 2018, 11 (10): 2784-2812.

［163］ LI G, KOBAYASHI H, TAYLOR J M, et al. Hydrogen storage in Pd nanocrystals covered with a metal-organic framework ［J］. Nature Materials, 2014, 13 (8): 802-806.

［164］ SZILáGYI P Á, CALLINI E, ANASTASOPOL A, et al. Probing hydrogen spillover in Pd@MIL-101 (Cr) with a focus on hydrogen chemisorption ［J］. Physical Chemistry Chemical Physics, 2014, 16 (12): 5803-5809.

［165］ MASON J A, OKTAWIEC J, TAYLOR M K, et al. Methane storage in flexible metal-organic frameworks with intrinsic thermal management ［J］. Nature, 2015, 527 (7578): 357-361.

［166］ JARAMILLO D E, JIANG H Z H, EVANS H A, et al. Ambient-temperature hydrogen storage via Vanadium (ii) -dihydrogen complexation in a metal-organic framework ［J］. Journal of the American Chemical Society, 2021, 143 (16): 6248-6256.

［167］ AHMED A, LIU Y, PUREWAL J, et al. Balancing gravimetric and volumetric hydrogen density in MOFs ［J］. Energy & Environmental Science, 2017, 10 (11): 2459-2471.

［168］ AHMED A, SETH S, PUREWAL J, et al. Exceptional hydrogen storage achieved by screening nearly half a million metal-organic frameworks ［J］. Nature Communications, 2019, 10 (1): 1568.

［169］ CHEN Z, MIAN M R, LEE S J, et al. Fine-tuning a robust metal-organic framework toward enhanced clean energy gas storage ［J］. Journal of the American Chemical Society, 2021, 143 (45): 18838-18843.

［170］ GóMEZ-GUALDRóN D A, WANG T C, GARCíA-HOLLEY P, et al. Understanding volumetric and gravimetric hydrogen adsorption trade-off in metal-organic frameworks ［J］. ACS Applied Materials & Interfaces, 2017, 9 (39): 33419-33428.

［171］ ZHANG X, LIN R B, WANG J, et al. Optimization of the pore structures of MOFs for record high hydrogen volumetric working capacity ［J］. Advanced Materials, 2020, 32: 1907995.

［172］ CHEN Z, LI P, ANDERSON R, et al. Balancing volumetric and gravimetric uptake in highly porous materials for clean energy ［J］. Science, 2020, 368 (6488): 297.

［173］ CONNOLLY B M, MADDEN D G, WHEATLEY A E H, et al. Shaping the future of fuel: Monolithic metal-organic frameworks for high-density gas storage ［J］. Journal of the American Chemical Society, 2020, 142 (19): 8541-8549.

［174］ HUANG Y, CHENG Y, ZHANG J. A review of high density solid hydrogen storage materials by pyrolysis for promising mobile applications ［J］. Industrial & Engineering Chemistry Research, 2021, 60 (7): 2737-2771.

［175］ GERHARD D. PIRNGRUBER, LLEWELLYN P L. Metal-organic frameworks: Applications from catalysis to gas storage ［M］. Weinheim: Wiley-VCH Verlag GmbH & Co. KGaA, 2011.

［176］ KUNDU T, SHAH B B, BOLINOIS L, et al. Functionalization-induced breathing control in metal-organic frameworks for methane storage with high deliverable capacity ［J］. Chemistry of Materials, 2019, 31 (8): 2842-2847.

［177］ HU Z, WANG Y, SHAH B B, et al. CO_2 capture in metal-organic framework adsorbents: an engineering perspective ［J］. Advanced Sustainable Systems, 2019, 3 (1): 1800080.

［178］ HU Z, KUNDU T, WANG Y, et al. Modulated hydrothermal synthesis of highly stable MOF-808 (Hf) for methane storage ［J］. ACS Sustainable Chemistry & Engineering, 2020, 8: 17042-17053.

［179］ PETERSON G W, DECOSTE J B, GLOVER T G, et al. Effects of pelletization pressure on the physical and chemical properties of the metal-organic frameworks $Cu_3(BTC)_2$ and UiO-66 ［J］. Microporous and Mesoporous Materials, 2013, 179: 48-53.

［180］ SURESH K, AULAKH D, PUREWAL J, et al. Optimizing hydrogen storage in MOFs through engineering of crystal morphology and control of crystal size ［J］. Journal of the American Chemical Society, 2021, 143 (28): 10727-10734.

［181］ GARCíA-HOLLEY P, SCHWEITZER B, ISLAMOGLU T, et al. Benchmark study of hydrogen storage in metal-organic frameworks under temperature and pressure swing conditions ［J］. ACS Energy Letters, 2018, 3 (3): 748-754.

［182］ PRASAD T K, SUH M P. Control of interpenetration and gas-sorption properties of metal-organic frameworks by a simple change in ligand design ［J］. Chemistry-A European Journal, 2012, 18 (28): 8673-8680.

［183］ LIN X, ZHU Q, LENG H, et al. Numerical analysis of the effects of particle radius and porosity on hydrogen absorption performances in metal hydride tank ［J］. Applied Energy, 2019, 250: 1065-1072.

［184］ LIN X, YANG H, ZHU Q, et al. Numerical simulation of a metal hydride tank with $LaNi_{4.25}Al_{0.75}$ using a novel kinetic model at constant flows ［J］. Chemical Engineering Journal, 2020, 401: 126115.

［185］ LIN X, XIE W, ZHU Q, et al. Rational optimization of metal hydride tank with $LaNi_{4.25}Al_{0.75}$ as hydrogen storage medium ［J］. Chemical Engineering Journal, 2021, 421: 127844.

附 录

附录 A　缩写表

缩写词	英文名称	中文名称
ASME	American Society of Mechanical Engineers	美国机械工程师协会
DOE	Department of Energy	美国能源部
ISO	International Organization for Standardization	国际标准化组织
IEA	International Energy Agency	国际能源署
NIST	National Institute of Standard and Technology	美国国家标准技术所
ANSI	American National Standards Institute	美国国家标准学会
CSA	Canadian Standards Association	加拿大标准协会
MSLV	Multifunctional steel layered vessel	钢带错绕式容器
HE	Heat exchanger	热交换器
LOHC	Liquid organic hydrogen carriers	液态有机储氢载体
LH_2	Liquid hydrogen	液氢
NEC	N-ethylcarbazole	N-乙基咔唑
DBT	Dibenzyltoluene	二苄基甲苯
PNEC	Perhydro-N-ethylcarbazole	十二氢乙基咔唑
H18-DBT	Perhydro-dibenzyltoluene	十八氢化苄基甲苯
BZ	Benzene	苯
TOL	Toluene	甲苯
NAP	Naphthalene	萘
DEC	Decahydronaphthalene	十氢化萘
CHE	Cyclohexane	环己烷

（续）

缩写词	英文名称	中文名称
MCH	Methyl cyclohexane	甲基环己烷
ACC	Activated carbon	活性炭
PEMFC	Proton exchange membrane fuel cell	质子交换膜燃料电池
PEM	Proton exchange membrane	质子交换膜
CDP	Proton conductive membrane	质子导电膜
CLAS	Chemical looping ammonia synthesis	化学链合成氨技术
ECAS	Electrochemical ammonia synthesis	电化学合成氨技术
PAS	Plasma ammonia synthesis	等离子体合成氨技术
PCSA	Photochemical synthesis of ammonia	光化学合成氨技术
ASU	Air separation unit	空分装置
HER	Hydrogen evolution reaction	析氢反应
OER	Oxygen evolution reaction	析氧反应
NRR	Nitrogen reduction reaction	氮还原反应
CNT	Carbon nano tube	碳纳米管
GHSV	Gas hourly space velocity	气体体积空速
CCS	Carbon capture and storage	二氧化碳捕集与储存
DAC	Direct air capture	直接空气二氧化碳捕集
DE	Decomposition	甲醇直接裂解
POX	Partial oxidation	甲醇部分氧化裂解
MSR	Methanol steam reforming	甲醇与水蒸气重整
ATR	Autothermal reforming	甲醇自热重整制氢
PCT	Pressure-composition-temperature	压力-组成-温度
HEV	Hybrid electrical vehicle	混合动力汽车
HT	High temperature	高温
LT	Low temperature	低温
MOF	Metal organic frame	金属有机框架
COF	Covalent organic frame	共价有机框架
POP	Porous polymer	多孔高分子
CTAB	Cetyl trimethyl ammonium bromide	十六烷基三甲基溴化铵
rGO	Reduced graphene oxide	还原氧化石墨烯
XRD	X-Ray diffraction	X 射线衍射
FTIR	Fourier transform infrared spectroscopy	傅里叶变换红外吸收光谱
PPC	P-doped porous carbon	磷掺杂多孔碳
TOF	Turnover frequency	转化频率

160

（续）

缩写词	英文名称	中文名称
MWCNT	Multiwalled carbon nanotube	多壁碳纳米管
MH	Metal hydride	金属氢化物
LCOS	Levelized cost of energy	平准化能源成本
P2H	Power to hydrogen	电转氢
HS	Hydrogen storage	储氢
H2P	Hydrogen to power	氢转电
H2G	Hydrogen to gas	氢转气
H2H	Hydrogen to hydrogen	氢转氢
H2T	Hydrogen to heat	氢转热

附录 B 符号表

符号	单位	含义
P	Pa	压力
V	m^3	体积
n	mol	物质摩尔量
R	$J/(mol \cdot K)$	标准气体常数
T	K	热力学温度
Z	—	压缩因子
A	$m^6 \cdot Pa/mol^2$	偶极相互作用力或斥力常数
B	m^3/mol	氢气分子所占体积
C	K/Pa	氢气状态方程的系数
K	—	平衡常数
H	J	气体的焓
U	J	气体的内能
μ	K/Pa	焦耳-汤姆孙系数
ΔH	kJ/mol	反应焓变
ΔS	$J/mol \cdot K$	反应熵变
F	—	自由度
p	—	相数
v	1/s	反应速率
k_B	J/K	Boltzmann 常数
E_a	kJ/mol	反应活化能

（续）

符号	单位	含义
S	MPa	最小屈服强度
δ	mm	公称壁厚
D	mm	公称直径
F_f	—	设计系数
E_f	—	轴向接头系数
T_f	—	温度折减系数
H_f	—	材料性能系数
ρ	kg/m^3	密度
H/M	—	氢含量
k	1/s	速率常数
ξ	—	反应分数
ω	—	吸放氢前后的体积膨胀比
C_p	J/(kg·K)	比热容
u	m/s	流速
M	g/mol	相对摩尔质量
ε	—	孔隙率
μ_g	Pa·s	气体黏度系数
S_T	J/(s·m^3)	热源项
S_P	kg/(s·m^3)	质量源项